Technische Mechanik mit SMath Studio

Prof. Dr.-Ing. Martin Kraska

Technische Mechanik mit SMath Studio

Springer Vieweg

Prof. Dr.-Ing. Martin Kraska
Fachbereich Technik
Technische Hochschule Brandenburg
Brandenburg an der Havel, Deutschland

ISBN 978-3-658-50591-2 ISBN 978-3-658-50592-9 (eBook)
https://doi.org/10.1007/978-3-658-50592-9

Die Deutsche Nationalbibliothek verzeichnet diese Publikation in der Deutschen Nationalbibliografie; detaillierte bibliografische Daten sind im Internet über https://portal.dnb.de abrufbar.

Planung/Lektorat: Ellen-Susanne Klabunde
Springer Vieweg ist ein Imprint der eingetragenen Gesellschaft Springer Fachmedien Wiesbaden GmbH und ist ein Teil von Springer Nature.
Die Anschrift der Gesellschaft ist: Abraham-Lincoln-Str. 46, 65189 Wiesbaden, Germany

Wenn Sie dieses Produkt entsorgen, geben Sie das Papier bitte zum Recycling.

Vorwort

Vor etwa 20 Jahren habe ich SMath Studio entdeckt, als damals auch für die kommerzielle Anwendung kostenlose Alternative zu Mathcad, und gelegentlich in der Ingenieursarbeit genutzt. Nach dem Wechsel an die Technische Hochschule Brandenburg (THB) fand ich den Freiraum, mich eingehender mit der Software zu beschäftigen. Ich begann, Tutorials und Handbücher für den Einsatz in der Lehre zu schreiben und habe mir im Anwenderforum den Moderatoren-Status erarbeitet. Seit über 10 Jahren betreue ich die Entwicklung einer Schnittstelle zum freien und quelloffenen Computer-Algebra-Programm Maxima. Diese bietet z.B. die symbolische Integration und Gleichungslösung sowie dreidimensionale Diagramme.

Nach einigen unlektorierten Internetveröffentlichungen sowie Tagungs- und Zeitschriftenbeiträgen ist dies nun mein erstes „richtiges" Buch zum Thema SMath Studio. Die Literatur insgesamt ist überschaubar, obwohl seit 2022 insbesondere in Russland eine Explosion an Neuerscheinungen zu beobachten ist – nicht zuletzt, weil dort die akademische Welt aufgrund der Sanktionspolitik gezwungen ist, sich auf die eigenen Ressourcen zu besinnen. Autoren, die bis vor wenigen Jahren mit Mathcad gearbeitet haben, wenden sich nun SMath Studio zu.

Eine wichtige Inspiration und Aufgabenvorlage für das vorliegende Werk war das vor über 20 Jahren erschienene Buch „Technische Mechanik mit Mathcad, Matlab und Maple" der Autoren Henning, Jahr und Mrowka. Obwohl Mathcad und SMath Studio vom Konzept her ähnliche Programme sind, lassen sich die Lösungswege häufig nicht direkt übertragen. Viele Möglichkeiten erschließen sich erst durch zusätzliche Plug-ins und es gibt für numerische Verfahren und die grafische Darstellung in SMath meist mehrere Alternativen.

Die weitgehende Übernahme der Aufgabenstellungen aus dem genannten Werk bietet einen spannenden Vergleich zwischen den Umsetzungen der Berechnungsverfahren mit Mathcad und SMath Studio. Neben numerischen Lösungen darf natürlich auch die Maxima-basierte Computeralgebra für Modellbildung und symbolische Lösungen nicht fehlen. SMath Studio wird dabei auf sehr unterschiedlichen Stufen demonstriert. Von der einfachen Umsetzung gegebener Formeln bis hin zu tiefen Griffen in die Trickkiste ist alles dabei.

Das Buch versteht sich nicht als eigenständiges Lehrbuch der Technischen Mechanik mit ein wenig SMath Studio, sondern eher als eine Einführung in SMath Studio mit vielfältigen Anwendungen auf dem Gebiet der Technischen Mechanik. Dabei erfolgt die Darstellung der Grundlagen hauptsächlich mit dem Ziel, sich auf Begriffe und Notation zu verständigen.

Die Mechanik ist nur ein Beispiel für die vielen Fachgebiete, in denen Programme wie SMath Studio zur Durchführung und Dokumentation technischer Berechnungen eingesetzt werden können. Das Buch möchte ermuntern, sich mit diesem Konzept vertraut zu machen. Es soll Einsteiger und Umsteiger unterstützen.

Versierte Ingenieure werden mit leistungsfähigen Werkzeugen besser, weniger versierte Ingenieure werden damit zu einer Gefahr für sich und andere. Es gibt keine fehlerfreie oder narrensichere Berechnungssoftware. Auch hier gilt das Motto von Albrecht Müller: Glauben Sie wenig, hinterfragen Sie alles, denken Sie selbst!

Potsdam, Dezember 2025 Martin Kraska

Danksagung

Zunächst geht mein Dank an Gerhard Henning, Andreas Jahr und Uwe Mrowka, deren Buch „Technische Mechanik mit Mathcad, Matlab und Maple" mir als Inspiration und Aufgabenvorlage diente.

Ein besonderer Dank geht an die SMath-Community. Hier ist zunächst der Entwickler von SMath Studio Andrey Ivashov zu nennen, der das Softwareprojekt ins Leben gerufen hat und aktiver denn je daran arbeitet.

Davide Carpi ist zu danken für die Entwicklung der Plug-ins Nonlinear Solvers und Custom Functions.

Viacheslav Mezentsev ist zu danken für die Entwicklung der Plug-ins X-Y Plot, Mathcad Toolbox, Image Region und DotNumerics.

Zur Entwicklung des Maxima-Plug-ins haben die Studenten der Technischen Hochschule Brandenburg Kay Graubmann, der 2013 die Erstimplementation übernommen hat, sowie Muizzuddin Faiz Bin Mohmad Fauzi, der den Code 2023 überarbeitet und 2024 für Linux ertüchtigt hat, beigetragen. Das Maple-Plug-in von Viacheslav Mezentsev war Inspiration für das Interface-Konzept zu Maxima. Davide Carpi und Andrey Ivashov haben beim Einstieg in die Plug-in-Programmierung und bei auftretenden Problemen geholfen.

Danken möchte ich ebenfalls Valery Ochkov, der schon weit im Rentenalter immer noch am Moskauer Energieinstitut tätig ist und äußerst produktiv zu SMath Studio publiziert und den Einsatz an Schulen und Hochschulen voranbringt. Der Austausch mit ihm ist stets anregend.

Nicht zuletzt danken möchte ich auch Ellen Klabunde und Susanne Schemann von Springer Nature, die mich bei diesem Projekt umfassend beraten und unterstützt haben, sowie meinen Studenten Julian Schwarz, Behzad Zarabi und Jonathan Gorka, die die Beispiele im Buch nachvollzogen und Lücken in den Anleitungen aufgedeckt sowie einige Fehler gefunden haben.

Interessenkonflikt Der/die Autor*in hat keine relevanten Interessenskonflikte im Zusammenhang mit dieser Publikation.

Inhaltsverzeichnis

1. Einleitung

SMath Studio, oder einfach SMath (SMath LLC, 2025), ist ein Programm zur Durchführung und Dokumentation technischer Berechnungen. Ein SMath-Dokument besteht aus frei auf dem Papier angeordneten Formeln, Texten, Diagrammen und Bildern (Abb. 2.1). Formeln kann man aus taschenrechnerartigen Paletten zusammenstellen. Erfahrene Anwender können das Programm sehr effizient ohne Maus bedienen. Großartig ist die umfassende Unterstützung von Maßeinheiten. Die Formeln sind gleichzeitig Rechenanweisung und Dokumentation. Formeln erscheinen in natürlicher mathematischer Schreibweise (nicht wie Programmcode), so dass auch Dritte, die das Programm nicht kennen, sie verstehen können.

Diese Art von Berechnungsprogrammen bildet eine eigene Softwareklasse, deren bedeutendster Vertreter Mathcad ist (PTC Inc., 2025). An dessen Bedienkonzept orientiert sich SMath Studio, auch wenn es sich nicht als Mathcad-Clone versteht.

SMath entstand ursprünglich als Hobbyprojekt des Sankt Petersburger Softwareentwicklers Andrey Ivashov. Inzwischen wird es von der Firma SMath LLC entwickelt und betreut, deren Geschäftsführer Andrey Ivashov ist.

SMath ist für den Privatgebrauch kostenlos. Im Unterschied zu Mathcad gibt es in der kostenlosen Version nur unwesentliche Einschränkungen des Leistungsumfangs. Für den gewerblichen Gebrauch in westlichen Ländern kann das Programm über SMath Israel (SMath Israel, 2025) lizenziert werden.

SMath hat eine integrierte Erweiterungsverwaltung (*extension manager*). Diese bietet Zugriff auf eine Online-Galerie, in der die Community Programmerweiterungen (Plug-ins), Anwendungsbeispiele, Dokumentationen und Code-Bausteine (*snippets*) veröffentlichen kann.

Unter Leitung des Autors entstand an der Technischen Hochschule Brandenburg seit 2013 das Maxima-Plug-in, die das quelloffene Computeralgebraprogramm Maxima (Maxima Development Team, 2025) an SMath anbindet und so neben symbolischen Rechenfunktionen auch erweiterte Grafikmöglichkeiten bietet.

1.1. Gliederung

Am Anfang des Buches stehen zwei Kapitel zu SMath Studio. In der Einführung wird alles vermittelt, was für einfache Rechenblätter wichtig ist. Diese Anleitung

M. Kraska, *Technische Mechanik mit SMath Studio*,
https://doi.org/10.1007/978-3-658-50592-9_1

ist eine aktualisierte Version der SMath-Einführung Kraska (2023a). Nach wenigen Stunden kennen Sie das Bedienungskonzept und haben das Rechenblatt gemäß Abb. 2.1 erstellt.

Mit Kap. 3.6 folgt eine zusammenhängende Darstellung all derer Funktionen und Vorgehensweisen, die im weiteren Buch anhand der Beispiele eingeführt werden. Wenn Sie die Beispiele linear durcharbeiten wollen, können Sie dieses Kapitel überspringen und es später als Referenz verwenden.

Es kann aber auch nicht schaden, sich zunächst einen Überblick über die erweiterten Möglichkeiten zu verschaffen, insbesondere, wenn Sie dann gezielt einzelne Beispiele nachvollziehen wollen.

Im Anhang finden Sie Übersichten zu den verfügbaren Operatoren (also den Bausteinen für Formeln im Rechenblatt) und deren Eingabe, sowie zu den Tastaturbefehlen, mit denen SMath Studio sehr effizient bedient werden kann.

Die restlichen Kapitel teilen sich in Themen aus Statik, Festigkeitslehre und Dynamik auf, wobei die Struktur weitgehend Henning, Jahr und Mrowka (2004) folgt.

In Kap. 4.2 geht es um das Gleichgewicht starrer Körper. Bei der Modellbildung werden Operationen wie die Komponentenzerlegung von Kräften mit Einheitsvektoren und die Momentenberechnung mit dem Kreuzprodukt behandelt. Die entstehenden linearen Gleichungssysteme werden mit verschiedenen Verfahren symbolisch und numerisch gelöst.

Um Schnittlasten (Querkraft- und Biegemomentenverläufe) an geraden und gekrümmten Trägern geht es im folgenden Kap. 5.7. SMath-seitig liegt hier der Schwerpunkt auf der symbolischen und numerischen Integration der Schnittlastendifferenzialgleichungen sowie auf der grafischen Darstellung der Ergebnisse.

Das Thema Haftung und Reibung (Kap. 6.3) beschließt das Gebiet der Starrkörperstatik. Hier wird untersucht, unter welchen Umständen Gleichgewicht in Systemen mit Reibkontakt möglich ist. Reibkraft und Haftkraft werden als Funktion von Systemparametern ausgedrückt. Die Frage nach den stabilen Bereichen führt auf nichtlineare Gleichungen, deren Lösung in SMath bei dieser Gelegenheit behandelt wird.

Kap. 7.4 beschäftigt sich mit der Spannungsberechnung. Ergänzend zum üblichen Mechanik-Grundkurs wird ein Verfahren zur Berechnung der Querschnittskenngrößen (Fläche, statische Momente, Trägheitsmomente) für allgemeine Polygone angegeben, welches sich sehr einfach in SMath umsetzen lässt. Darüber hinaus wird am Beispiel der Hauptspannungsberechnung die Lösung von Eigenwertproblemen der linearen Algebra gezeigt.

In Kap. 8.4 werden Verformungen elastischer Systeme mit dem Prinzip der virtuellen Kräfte bestimmt. Dabei werden Methoden aus den vorangegangenen Kapiteln gemeinsam verwendet. Die Computeralgebra mit Maxima kommt intensiv zum Einsatz.

Die Kinematik ist Gegenstand von Kap. 9.3. In SMath Studio werden in Beispielen zur Punktkinematik die symbolische Ableitungsbildung sowie die Vektoralgebra für die Umrechnung von kartesischen auf polare und natürliche Koordinaten benutzt.

Kap. 10.5 behandelt die Kinetik, also den Zusammenhang zwischen der Bewegung und den wirkenden Kräften. Dabei kommen der Arbeitssatz und die direkte Zeitintegration der Bewegungsgleichungen zur Anwendung. Das erfolgt symbolisch sowie mit verschiedenen numerischen Verfahren. Am Beispiel von Schwingern mit einem Freiheitsgrad wird das Prinzip der virtuellen Arbeit für die Reduktion komplexer Systeme auf eine generalisierte Koordinate angewendet.

1.2. Schreibweisen

SMath unterstützt eine verständliche mathematische Schreibweise:

- Anwenderdefinierte Variablen und Funktionen werden schräg geschrieben und können Textindizes haben, die Teil des Namens sind.
- Vordefinierte Funktionen und Konstanten einschließlich Maßeinheiten werden aufrecht (steil) geschrieben.
- Maßeinheiten werden darüber hinaus blau dargestellt, was sie besser erkennbar und unterscheidbar macht.
- Viele Funktionen haben eine allgemein verständliche Operatordarstellung.

Einige Grenzen seien hier nicht verschwiegen:

- In Variablennamen sind Dekorationen wie Punkt $\dot{x}$, Doppelpunkt $\ddot{x}$, Hut/-Dach $\hat{a}$, Pfeil $\overrightarrow{a}$, Überstreichung $\bar{a}$ oder Unterstreichung $\underline{a}$ nur möglich, wenn man entsprechende Buchstaben in der Zeichentabelle des Betriebssystems findet.
- Einzeilige Brüche wie a/b oder m/s sind nicht möglich. Brüche werden immer mit horizontalem Bruchstrich geschrieben.

Physikalische Größen werden üblicherweise mit einbuchstabigen Symbolen, eventuell ergänzt durch Textindizes, bezeichnet. Diese Konvention wird auch für SMath Rechenblätter empfohlen und im vorliegenden Buch weitgehend angewendet. Das resultiert in kompakten Formeln mit gut erkennbarer Struktur.

Sprechende selbstdokumentierende Variablennamen, wie sie in der Programmierung üblich sind, führen schnell zu unübersichtlichen langgestreckten Formeln. Besser ist es dann, erläuternde Texte oder den Beschreibungsmechanismus in SMath zu benutzen.

Menüpunkte und sonstige Elemente der Benutzeroberfläche werden im Buch serifenfrei geschrieben, z.B. Datei> Speichern unter.

Wenn im Buchtext Namen von Funktionen und Variablen erwähnt werden, orientiert sich ihre Formatierung am Erscheinungsbild im Rechenblatt. Selbstdefinierte Namen erscheinen in schräger Schreibmaschinenschrift, z.B. *`simp`*(). Vordefinierte Namen erscheinen aufrecht, z.B. `cos`().

1.3. Begleitmaterial

Die Rechenblätter zu den Beispielen sind online frei verfügbar (Kraska, 2025). Einige davon sind auch in der Cloud-Version von SMath Studio ausführbar. Abgedeckt werden das Beispielrechenblatt des Einführungskapitels 2.1.5 sowie die Beispiele der Kapitel 4.2 bis 10.5. Die Dateinamen entsprechen weitgehend den Beispielnummern.

1.4. Weiterführende Literatur

Ein etwas älteres, aber sehr umfassendes Handbuch zu SMath Studio ist Kraska (2020). Dort wird auf viele Aspekte eingegangen, die im vorliegenden Buch nicht zur Sprache kommen: z.B. interaktive Bedienelemente, Tabellen, Datenimport, Programmierung und Debugging.

Kraska (2023a) ist eine englischsprachige Einführung in symbolische Rechnungen (Computeralgebra) und Diagrammerstellung mit Maxima. Das ist die offizielle Dokumentation des Maxima-Plug-ins.

Kraska (2023b) ist eine vertiefte Darstellung zu den Themen Matrizen und Vektoren, Datenimport, Diagrammen, insbesondere zu den Möglichkeiten des X-Y-Plot-Bereichs, zu Tabellen sowie Statistik und Regressionsanalyse.

Liengme (2015) ist nach Wissen des Autors das erste Buch überhaupt, welches zu SMath Studio veröffentlicht wurde. Es führt anhand von Aufgabenstellungen aus der Physik in SMath ein und demonstriert auch einige numerische Verfahren. Das Buch kommt mit umfangreichem Begleitmaterial.

Eine dezidierte Einführung in SMath Studio ist das leider gegenwärtig (November 2025) nicht lieferbare Buch Urroz (2022).

Inzwischen gibt es auch einige ingenieurwissenschaftliche Lehrbücher, in denen SMath-Beispiele vorkommen, z.B. zur Wärmetechnik (Schmid, 2024) oder zur Technischen Mechanik, etwa (Geike, 2020) oder (Geike, 2023). Letzteres ist eine gute Ergänzung zum vorliegenden Buch, da dort die Aufstellung von Bewegungsgleichungen mit den Lagrangeschen Gleichungen 2. Art vertieft wird. Dabei wird intensiv die automatische symbolische Differenziation in SMath Studio benutzt.

Als Referenz für die Technische Mechanik werden die Werke (Gross u. a., 2024a, Statik), (Gross u. a., 2024b, Festigkeitslehre) und (Gross u. a., 2024c, Kinematik/Kinetik) empfohlen.

Literatur

Geike, T. (2020). *Rechenbuch Fluidtechnik: mit Mathcad, SMath Studio und Python.* Books on Demand, S. 106. ISBN: 978-3752629705.

– (2023). *Kinematik und Kinetik: Ein Grundkurs mit Python, Julia und SMath Studio.* Books on Demand. ISBN: 978-3757820220.

Gross, D. u. a. (2024a). *Technische Mechanik 1: Statik.* Hrsg. von Werner Hauger, Jörg Schröder und Wolfgang A. Wall. 15. Auflage. Berlin, Heidelberg: Springer. 1292 S. ISBN: 978-3-662-69443-5. DOI: 10.1007/978-3-662-69443-5.
– (2024b). *Technische Mechanik 2: Elastostatik.* Springer Berlin Heidelberg. ISBN: 9783662684238. DOI: 10.1007/978-3-662-68423-8.
– (2024c). *Technische Mechanik 3: Kinetik.* Springer Berlin Heidelberg. ISBN: 978-3-662-69441-1. DOI: https://doi.org/10.1007/978-3-662-69441-1.
Henning, G., A. Jahr und U. Mrowka (2004). *Technische Mechanik mit Mathcad, Matlab und Maple.* Wiebaden: Vieweg.
Kraska, M. (2020). *SMath Studio mit Maxima. Einführung und Referenz für Version 0.99.7561.* Technische Hochschule Brandenburg. DOI: 10.25933/opus4-2946.
– (2023a). *Technisches Rechnen mit SMath. Erste Schritte.* DOI: 10.25933/opus4-2947.
– (2023b). *Technisches Rechnen mit SMath. Matrizen, Diagramme, Datenverarbeitung.* Technische Hochschule Brandenburg. DOI: 10.25933/opus4-2948.
– (2025). *Begleitmaterial zu "Technische Mechanik mit SMath Studio".* URL: https://github.com/sn-code-inside/Technische-Mechanik-mit-SMath.
Liengme, B. V. (2015). *SMath for Physics.* Morgan & Claypool. DOI: 10.1088/978-1-6270-5925-1.
Maxima Development Team (2025). *Maxima: A Computer Algebra System.* https://maxima.sourceforge.io. Accessed on: 13. September 2025.
PTC Inc. (2025). *Mathcad: Engineering Calculation Software.* https://www.ptc.com/en/products/mathcad. Accessed on: 13. September 2025.
Schmid, H. (2024). *Python und SMath in der Wärmetechnik: Wärmeübertragung, Sonnenenergie, Gasmischungen u. Verbrennungsrechnung.* Springer Berlin Heidelberg. ISBN: 978-3-662-70230-7. DOI: https://doi.org/10.1007/978-3-662-70230-7.
SMath Israel (2025). *SMath Studio: A Software for Performing and Documenting Engineering Calculations.* https://smath.com/en-US/view/SMathStudio/contacts. Accessed on: 13. September 2025.
SMath LLC (2025). *SMath Studio: A Software for Performing and Documenting Engineering Calculations.* https://smath.com. Accessed on: 13. September 2025.
Urroz, Gilberto (2022). *Introduction to SMath Studio. Reference and Math Applications.* Independently Published. ISBN: 979-8828500512.

2. SMath Studio: Einführung

2.1. Erstkontakt

Abb. 2.1 zeigt ein Rechenblatt mit den typischen Merkmalen von SMath Studio:

- Texte, Formeln, Skizzen und Diagramme können frei auf dem Rechenblatt angeordnet werden.
- Die Formeln erscheinen in der gewohnten mathematischen Notation.
- In den Rechnungen können Maßeinheiten verwendet werden. Diese erscheinen blau und normgerecht aufrecht (steil).
- Formeln mit := sind Definitionen.
- Formeln mit = sind Ergebnisanzeigen. Deren Maßeinheit kann man festlegen, die Umrechnung erfolgt automatisch.

Es stehen einige Formatierungsmöglichkeiten zur Verfügung. So werden im vorliegenden Buch Eingabedaten gelb hinterlegt und Ergebnisse eingerahmt. Es geht natürlich auch anders, aber eine einheitliche Gestaltung erleichtert die Benutzung der Rechenblätter.

2.1.1. Installation

Die Installation ist ganz einfach:

- Gehen Sie auf die Webseite smath.com und weiter zu Download.
- Laden Sie dort den Windows-Installer herunter, das sind nur wenige MB.
- Installieren Sie das Programm für sich oder für alle Benutzer des Rechners (letzteres erfordert Admin-Rechte).

Anschließend haben Sie ein Icon „SMath Solver" auf dem Desktop, welches an die Symbolik der Berliner S-Bahn erinnert.

M. Kraska, *Technische Mechanik mit SMath Studio*,
https://doi.org/10.1007/978-3-658-50592-9_2

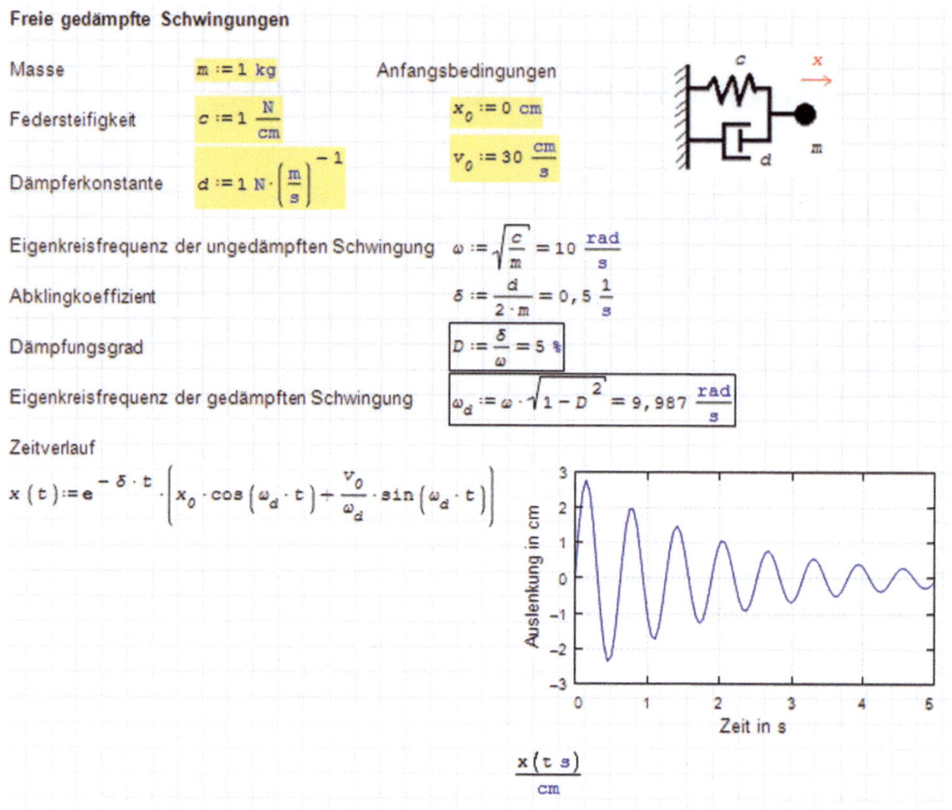

Abbildung 2.1.: Rechenblatt mit Formeln, Text, Skizze und Diagramm. Hier wurden die Basisversion von SMath und das X-Y-Plot-Plug-in benutzt.

Starten Sie das Programm durch Doppelklick auf das Icon. Während das Programm lädt, wird ein Begrüßungsbildschirm angezeigt. Am Ende erscheint das Programmfenster (Abb. 2.2). Der gerasterte Bereich ist das Rechenblatt, wo die Objekte wie Text, Formeln, Diagramme und Skizzen angeordnet werden. Darüber befinden sich das Hauptmenü und die Werkzeugleiste, rechts finden Sie die Seitenleiste mit den Symbolpaletten. In der Statuszeile am unteren Rand können Sie die Ansicht des Rechenblatts (Zoomstufe, Anzeige des Druckbereichs/der Seitenränder) steuern.

2.1.2. Registrierung und Aktivierung

SMath ist in der Basisversion für den persönlichen nichtkommerziellen Gebrauch kostenlos und ohne Registrierung und Aktivierung nutzbar. Notfalls können Sie diese Schritte also überspringen.

Einschränkungen der Basisversion[1]:

[1] smath.com/en-US/view/SMathStudio/pricing

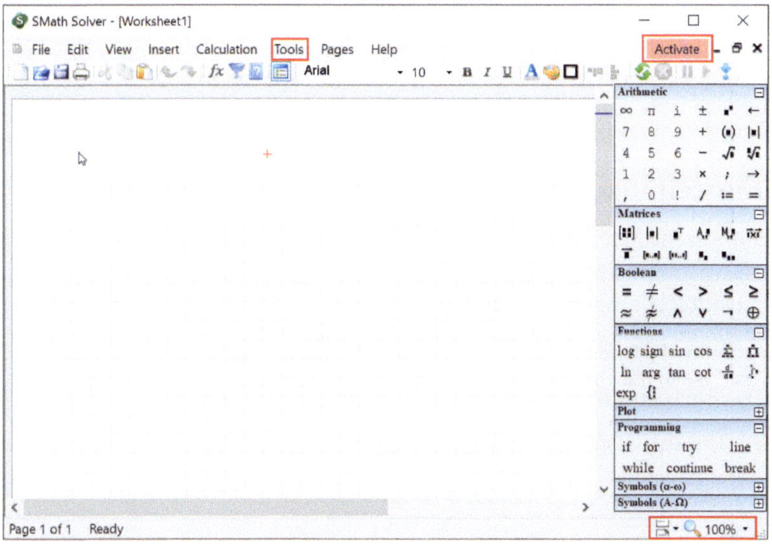

Abbildung 2.2.: SMath Studio im Ausgangszustand. Unter dem Menüpunkt Tools werden Einstellungen vorgenommen, unter Activate können Sie sich kostenfrei registrieren. Unten rechts können Sie zoomen und den Seitenrand ein/ausschalten.

- Eingeschränkte Nutzung der Cloud-Version von SMath (Platzbegrenzung, alle Rechenblätter öffentlich, keine Versionsverwaltung),
- Einschränkungen beim Exportieren von Rechenblättern als ausführbare Anwendungen,
- Beschränkung auf 5 Geräte mit einer Registrierung (email-Adresse),
- Wasserzeichen auf Ausdrucken und PDF-Exporten.

In der Basisversion gibt es keine Begrenzung der Rechen- oder Dokumentationsfunktionen. Allerdings sind einige kommerzielle Erweiterungen (Plug-ins) nicht verfügbar.

Klick auf den roten Knopf Activate rechts oben öffnet das Login-Portal.

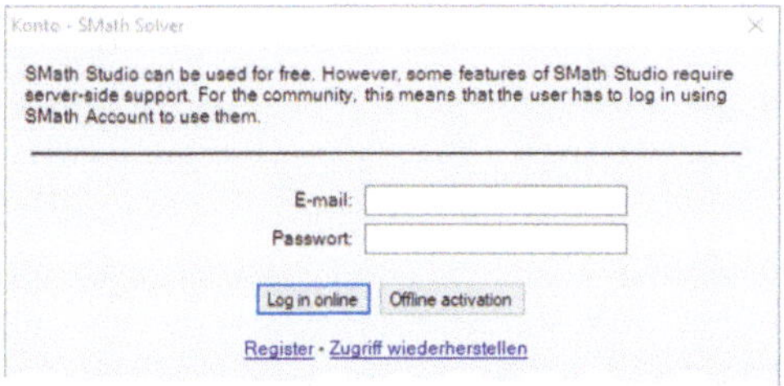

Für die Aktivierung benötigt man ein SMath-Konto, welches man sich unter Register anlegen kann. Abgefragt werden dabei E-mail, gewünschter Nutzername (Login), Name und Passwort. Dazu kommt eine Testfrage zur Abwehr von Bots.

Nach erfolgreicher Registrierung kann man sich mit seinen Daten anmelden. Der Aktivierungsknopf wechselt dann auf Grün und zeigt den Namen an.

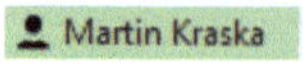

2.1.3. Einstellungen für Sprache und Schreibweisen

Nun sollten Sie SMath Studio noch an Ihre persönlichen Bedürfnisse anpassen. Das geht im Hauptmenü unter Tools> Options (oder Extras> Einstellungen, wenn Sie schon auf Deutsch umgestellt haben).

- Sprache auf Deutsch stellen: Tools> Options: Language: German,
- Weitere Einstellungen anpassen: Extras> Einstellungen,
- Auf der Seite Interface legen Sie fest:
  - Sprache für die Benutzeroberfläche und das Maßeinheitensystem,
  - Darstellung von Funktionsnamen (z.B. `atan` oder `arctg`),
  - Trennzeichen für Dezimalbrüche und Funktionen mit mehreren Argumenten (z.B. `round`(π; 2)).

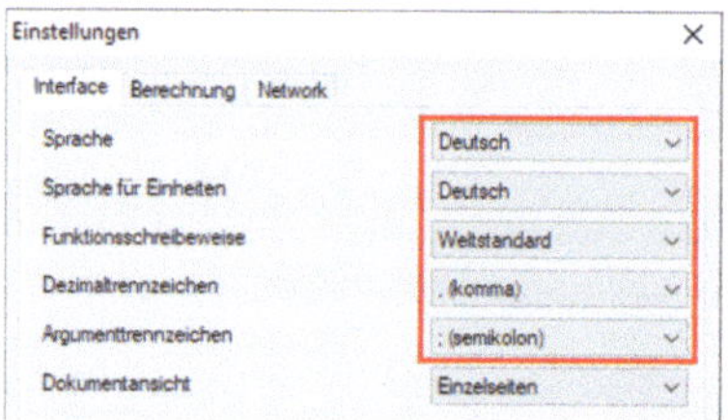

Diese Einstellungen wirken sich sofort global auf das ganze Rechenblatt aus.

2.1.4. Einstellungen für die Ergebnisdarstellung

Auf der Seite Berechnung kann man die Voreinstellungen für die Ergebnisdarstellung ändern. Sie wirken sich nur auf neue Formeln aus. Für einzelne Formeln kann man die Einstellungen in deren Kontextmenü ändern, dazu aber später.

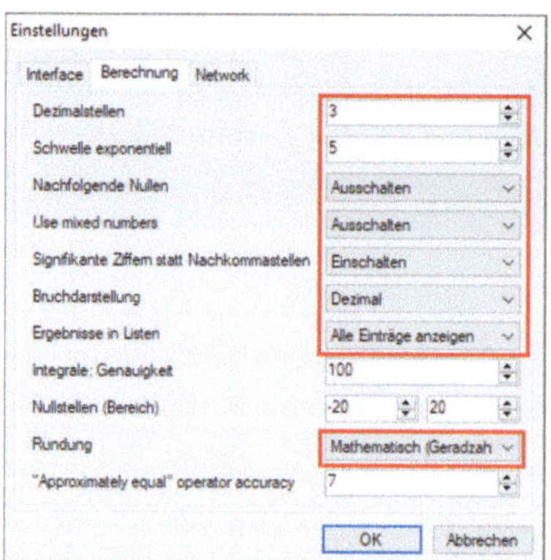

Die Einstellungen besagen:

- 3 Dezimalstellen sollen angezeigt werden. Diese Genauigkeit ist für technische Berechnungen meist sinnvoll.
- Ab dem Wert 10^5 werden Zahlen in Exponentialschreibweise (also z.B. $1{,}43 \cdot 10^5$) dargestellt.
- Nachfolgende Nullen an Dezimalbrüchen werden weggelassen, also 1 statt 1,00.
- Die Dezimalstellen geben die Mantissenlänge (Zahl der signifikanten Ziffern) und nicht die der Nachkommastellen an. Zusammen mit der Einstellung Dezimalstellen = 3 gibt das z.B. $\pi = 3{,}14$.
- Brüche werden als Dezimalbruch (und nicht mit Bruchstrich) angezeigt.
- Rundungen erfolgen mathematisch (Geradzahlregel, wenn auf die letzte zu erhaltende Stelle nur noch eine 5 folgt, dann wird zur nächstliegenden Geradzahl gerundet).

Hintergrund: Fließkommazahlen werden intern als Produkt aus einer Basiszahl und einer Zehnerpotenz dargestellt. Die Zehnerpotenz entspricht einer Verschiebung des Dezimalkommas in der Basiszahl. Je nach Größenordnung des darzustellenden Wertes „fließt" das Komma also an die richtige Stelle.

Die Zehnerpotenz gibt die Größenordnung des Werts an. Die Anzahl der Ziffern in der Basiszahl gibt die Genauigkeit der Zahlendarstellung an. Die Ziffernfolge der Basiszahl heißt Mantisse. Ihre Länge entspricht der Zahl der signifikanten Ziffern.

Die Einstellungen wirken sich nur auf die Ergebnisanzeige aus. Intern wird immer mit der Standardgenauigkeit von Fließkommazahlen (15–16 signifikante Stellen) gerechnet.

In technischen Berechnungen sind Eingabedaten selten genauer als auf drei signifikante Ziffern bekannt. Es macht daher nur ausnahmsweise Sinn, Ergebnisse genauer anzuzeigen. Grundsätzlich sollte man nie mehr Ziffern darstellen, als man von der Genauigkeit her wirklich vertreten kann. Daher empfehlen wir die Ergebnisdarstellung mit drei signifikanten Ziffern als Voreinstellung.

Nachfolgende Nullen bei Dezimalbrüchen können sinnvoll sein, wenn man die tatsächlich garantierte Genauigkeit betonen will. Beispiel: 1400 mm = 1,400 m. Bei einer Anzeige 1,4 m würde offenbleiben, ob der Wert überhaupt zentimetergenau ist. Die ganze Zahl 2 würde aber bei eingeschalteten nachfolgenden Nullen und drei signifikanten Ziffern angezeigt werden als 2,00. Das möchte man meist auch nicht. Daher empfehlen wir, die nachfolgenden Nullen standardmäßig abzuschalten und nur im Einzelfall bei Bedarf zu aktivieren.

Die Werkseinstellung von SMath (4 Nachkommastellen) führt in den meisten Fällen zu unnötig langen Ziffernfolgen, die eine nicht vorhandene Genauigkeit vortäuschen.

2.1.5. Einstellungen für das Rechenblattformat

Die Bearbeitungsansicht kann in der Statuszeile unten rechts zwischen verschiedenen Modi umgeschaltet werden:

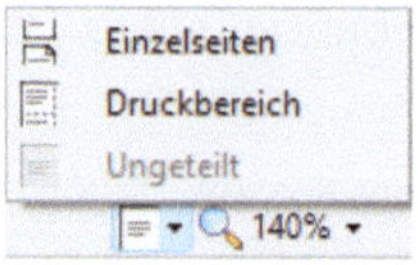

- Einzelseiten: Rechenblatt mit Seitenrändern einschließlich Kopf- und Fußzeilen. Diese Variante ist in Abb. 2.2 zu sehen.
- Druckbereich: Arbeitsfläche mit Seitenumbruch und Breitenbegrenzung
- Ungeteilt: Unbegrenzte Arbeitsfläche

Unter Datei> Blatteinstellungen können Sie Papierformat und Seitenränder sowie einige Einstellungen für den Druck festlegen.

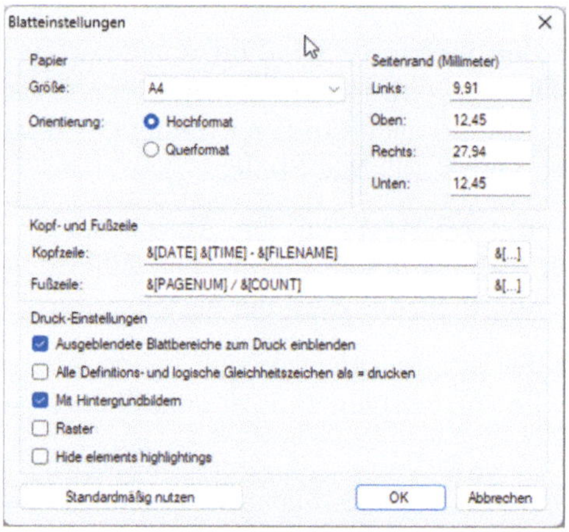

- Ausgeblendete Blattbereiche zum Druck einblenden: Blattbereiche sind Linienpaare, mit denen man Bereiche im Rechenblatt begrenzen und ausblenden kann.
- Alle Definitions- und logische Gleichheitszeichen als = drucken: Normalerweise werden Definitionen als := angezeigt und logische Gleichheitszeichen **=** sind fett. Dabei sollte es auch bleiben.
- Raster: ob das Gitterraster mitgedruckt wird.
- Hide elements highlighting: Inaktive Formeln werden ausgegraut. Formeln, die die Maßeinheiten in Variablen ignorieren, werden braun umrandet. Beide Markierungen können im Druck unterdrückt werden. Das ist aber nicht zu empfehlen.

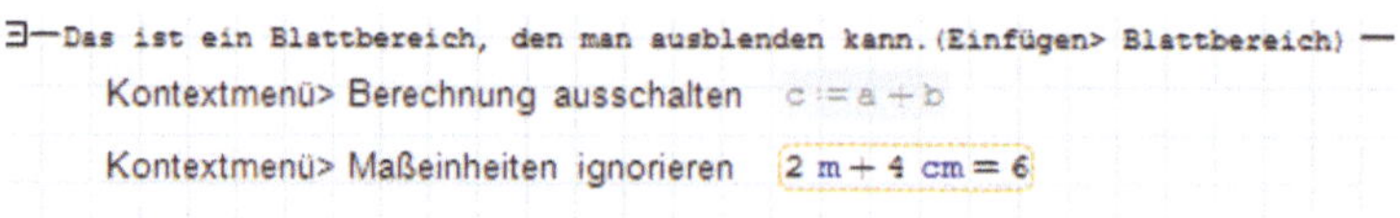

2.2. Text und Formeln

2.2.1. Speichern und Rückgängig machen

Wenn die Voreinstellungen angepasst sind, können Sie mit dem ersten Rechenblatt loslegen. SMath macht keine Sicherheitskopien, deshalb speichern Sie schon mal das leere Rechenblatt unter dem gewünschten Namen. Das funktioniert wie in jedem anderen Programm mit Datei> Speichern unter. SMath-Rechenblätter haben die Dateiendung *.sm*.

Speichern Sie regelmäßig (am bequemsten mit Strg S, das heißt: Strg und S gleichzeitig drücken).

Rückgängig machen per Strg Z und Wiederherstellen per Strg Y funktionieren in den meisten Fällen, aber maximal bis zum letzten Speicherpunkt.

Rückgängig machen mit Strg Z ist die beste Korrektur für Tippfehler. Die Rücktaste ⌫ entfernt in einigen Fällen mehr als nur das letzte Zeichen, im Extremfall wird die ganze Formel gelöscht.

Legen Sie ein neues Rechenblatt mit dem Namen *Schwingung.sm* an.

2.2.2. Text

Klicken Sie auf eine leere Stelle im Rechenblatt und schreiben Sie einfach drauf los.

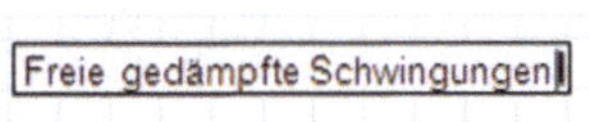

Beim ersten Leerzeichen weiß SMath, dass Sie einen Text schreiben wollen, denn in Formeln kommen Leerzeichen nicht vor. Es wird also ein Textbereich erzeugt.

Wenn in einem Text kein Leerzeichen vorkommt, fügen Sie einfach eins hinten dran oder erzeugen den Textbereich mit Einfügen> Textbereich oder beginnen mit einem Anführungszeichen " .

Die Textbreite können Sie nachträglich ändern, indem Sie am vertikalen Balken rechts ziehen. Dabei werden die Zeilen passend umgebrochen. Eine Silbentrennung kennt SMath jedoch nicht.

In der Werkzeugleiste finden Sie Knöpfe für

- **Fett (bold)** Strg B,
- *Kursiv (italic)* Strg I,
- Unterstreichung Strg U,
- Schriftfarbe,
- Schrifthintergrund,
- Rahmen (um den ganzen Textbereich),

Die Einstellungen gelten für markierten Text, ansonsten für den ganzen Bereich. Will man einzelne Teile einrahmen, fügt man diese als neuen Textbereich ein: Einfügen> Textbereich. Den kann man dann separat einrahmen.

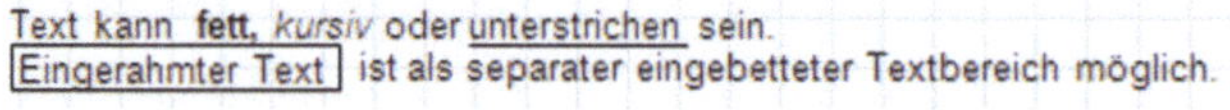

Man sollte sparsam mit Formatierungen sein, weil es (noch) keine Formatvorlagen in SMath gibt.

Nun können Sie alle Texte eintragen.

2.2.3. Formeln

Solange Sie kein Leerzeichen schreiben, erzeugen Sie durch Tippen auf dem Rechenblatt immer eine Formel (Formelbereich).

Rechnen wir ein wenig: Klicken Sie auf eine leere Stelle im Rechenblatt und tippen Sie `1+1=`

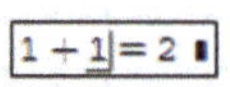

Das schwarze Viereck (Platzhalter) rechts davon ist für Maßeinheiten, das brauchen wir hier aber nicht. Klickt man außerhalb der Formel auf das Rechenblatt oder wechselt mit [↓] oder [↑] den aktuellen Bereich, verschwindet der Platzhalter.

Statt zu tippen, können Sie auch die Taschenrechnerpalette Arithmetik am rechten Rand mit der Maus benutzen. Lässt man die Maus über einer Taste schweben, wird der passende Tastaturbefehl angezeigt.

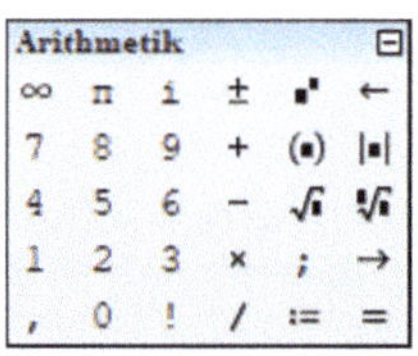

Einfügen von Funktionen: Funktionen werden eingefügt, indem man ihren Namen mit Klammer-auf schreibt, z.B. `sin(`. Manche Funktionen finden sich auch auf den Paletten der Seitenleiste. Eine Übersicht über alle verfügbaren Funktionen vermittelt der Dialog Einfügen> Funktionen. Analog gibt es auch den Dialog Einfügen> Operatoren.

Einfügemarke und Wirkbereich: Der Cursor besteht in Formeln aus zwei Linien:

- Vertikale Linie: Sie kennzeichnet den Einfügepunkt und steht immer entweder vor oder hinter einem Operand (Platzhalter, Name oder ganzer Ausdruck). Sie wird mit der Maus gesetzt.
- Horizontale Linie: Sie kennzeichnet die Reichweite oder den Wirkbereich des einzufügenden Operators. Sie kann mit der Leertaste erweitert werden.

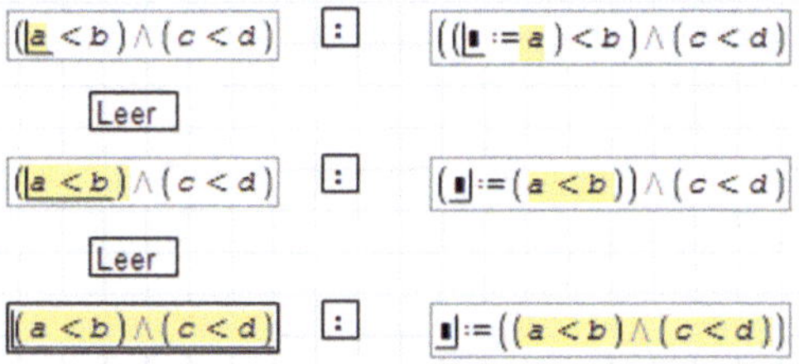

Wenn der Wirkbereich bei einer Einfügung nicht stimmt, macht man die Einfügung am besten mit Strg Z rückgängig, korrigiert den Wirkbereich und fügt erneut ein.

Klammern entfernen: Manchmal fügt SMath Klammern ein, die für das Verständnis der Formel nicht nötig sind. So kann man sie entfernen:

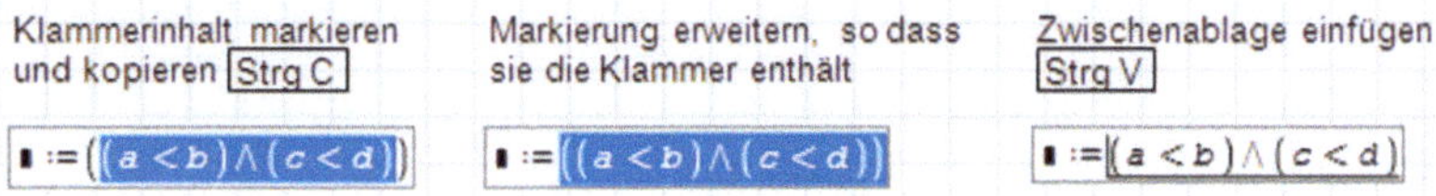

2.2.4. Variablen mit Einheiten definieren

Variablen definiert man mit dem Operator :=. Er ist in der Palette Arithmetik zu finden oder kann durch Tippen von : (Doppelpunkt) erzeugt werden. Tippen Sie `m:1'kg`

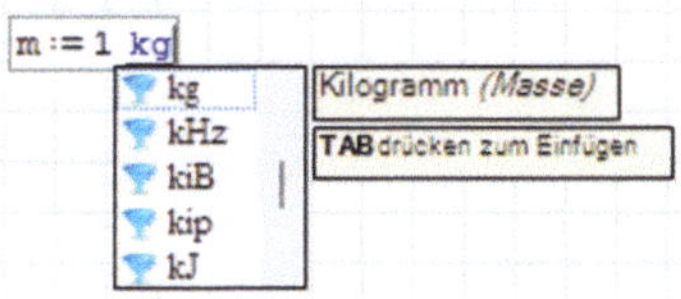

Das Hochkomma (Apostroph) ' kündigt eine Maßeinheit an, mit der man die vorangehende Zahl multiplizieren kann. Beim Tippen von Namen (Buchstaben) wird die **dynamische Hilfe** angezeigt. Wenn sie einen Namen erkennt, zeigt sie dessen Bedeutung an. So vermeidet man Eingabefehler.

Wie in der Mathematik kommt es auch in SMath Studio auf Groß-und Kleinschreibung an. a und A sind zwei verschiedene Variablen. Würde SMath diese gleich behandeln, würde viel Verwirrung entstehen.

Tiefgestellte Namensteile (Textindizes) erzeugt man mit einem Punkt oder Komma. Schreiben Sie `v.0:30'cm/'s`

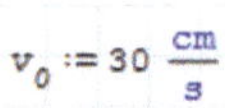

Griechische Buchstaben erhält man aus den Paletten Symbole (α-ω) und Symbole (A-Ω) der Seitenleiste.

Verwenden Sie keine griechischen Buchstaben, die genauso aussehen, wie lateinische. Sie bekommen sonst verschiedene Namen, die Sie optisch nicht unterscheiden können.

Manchmal sind Ähnlichkeiten nicht zu vermeiden, besonders häufig werden verwechselt:

- w (wie Wilhelm) und ω (omega),
- σ (sigma) und δ (delta),
- ρ (rho) und p (wie Petra).

$$w := 5\ \text{cm} \qquad \sigma := 200\ \text{MPa} \qquad p := 10\ \text{bar}$$

$$\omega := 2\ \frac{\text{rad}}{\text{s}} \qquad \delta := 2\ \text{mm} \qquad \rho := 1\ \frac{\text{g}}{\text{cm}^3}$$

Die griechischen Buchstaben können aus passenden lateinischen Buchstaben mit der Tastenkombination [Strg G] erzeugt werden, achten Sie auf die Hilfetexte in den Buchstabenpaletten. Beispielsweise erzeugt man α durch [a] gefolgt von [Strg G].

> Nun können Sie die Formeln eintragen. Die Funktion $x(t)$ definieren wir später. Wenn Sie Probleme mit den Maßeinheiten haben, schauen Sie in Abschn. 2.3.6 nach.

2.2.5. Funktionen definieren

Funktionen werden genauso wie Variablen mit dem Operator := definiert.

Links steht der Funktionsname, dann folgt eine Klammer auf [(], dann das Argument oder die Argumente und am Ende eine Klammer zu [)]. Letztere muss man nie selbst eingeben, da eine öffnende Klammer stets die schließende Klammer mit erzeugt und einen Platzhalter dazwischen setzt.

Rechts steht der Ausdruck, der den Funktionswert liefert. Darin sollten die Argumente vorkommen, deren Werte beim Funktionsaufruf übergeben werden. Es können aber auch alle anderen Variablen aus dem Rechenblatt benutzt werden.

Beispiel: Die Eingabe

`c(a;b` [Leer] `:\a^2` [Leer] `+b^2`

erzeugt eine Funktion:

$$c(a;b) := \sqrt{a^2 + b^2}$$

Sie ist nun in der dynamischen Hilfe bekannt. Das ist eine Liste der bekannten Namen (Variablen, Funktionen, Einheiten), aus der man die passenden Einträge auswählen kann. Sie erscheint, sobald man etwas auf dem Rechenblatt tippt, z.B. den Buchstaben „c". Dann zeigt sie alles an, was mit c beginnt. Im Folgenden Beispiel sieht man die im Rechenblatt schon definierte Variable c (Federsteifigkeit), die Maßeinheit c (Lichtgeschwindigkeit), die eben definierte Funktion $c(a, b)$ sowie die Maßeinheiten C (Coulomb) und ca (Centiare, eine eher ungebräuchliche Abkürzung für 1/100 ar, also $1\,\text{m}^2$).

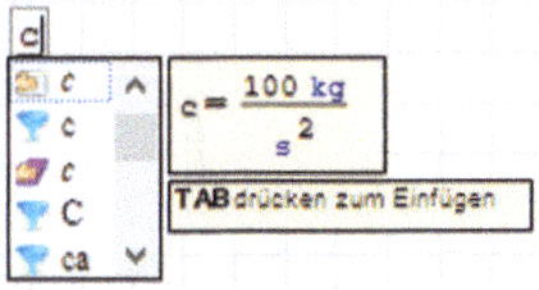

Die Funktion kann man nun für bestimmte Werte auswerten:

$$c(3\ \mathrm{m};\ 4\ \mathrm{m}) = 5\ \mathrm{m}$$

Definieren Sie nun die Funktion $x(t)$.

2.2.6. Ergebnisse formatieren

Rechtsklick auf einen Formelbereich öffnet das Kontextmenü:

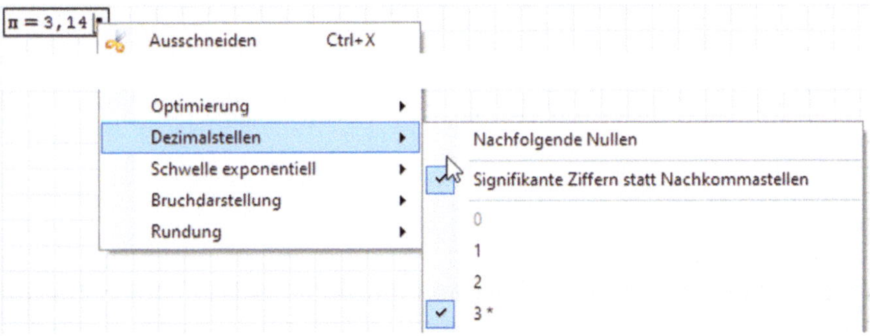

Hier können Sie für ein einzelnes Ergebnis die Einstellungen ändern. Die Voreinstellungen für das Programm werden unter Extras> Einstellungen> Berechnung gesetzt (siehe Abschn. 2.1.4).

- Optimierung: Hier kann man auf Symbolisch umstellen. In dieser Einführung bleiben wir immer bei Numerisch.
- Dezimalstellen: Genauigkeit der Anzeige. Der Haken bei Signifikante Ziffern statt Nachkommastellen sagt, wie der Wert interpretiert wird:

$1000 \cdot \pi = 3140$	3 signifikante Ziffern (Voreinstellung)
$1000 \cdot \pi = 3141{,}6$	5 signifikante Ziffern
$1000 \cdot \pi = 3141{,}593$	3 Nachkommastellen
$1000 \cdot \pi = 3141{,}59265$	5 Nachkommastellen

- Schwelle exponentiell: Ab welcher Größenordnung wird eine Zahl mit abgetrennter Zehnerpotenz geschrieben:

$1000 \cdot \pi = 3140$	Schwelle exponentiell = 5 (Voreinstellung)
$1000 \cdot \pi = 3{,}14 \cdot 10^{3}$	Schwelle exponentiell = 3

- Bruchdarstellung: Dezimalbruch oder mit Bruchstrich (letzteres nur selten bei numerischen Ergebnissen sinnvoll):

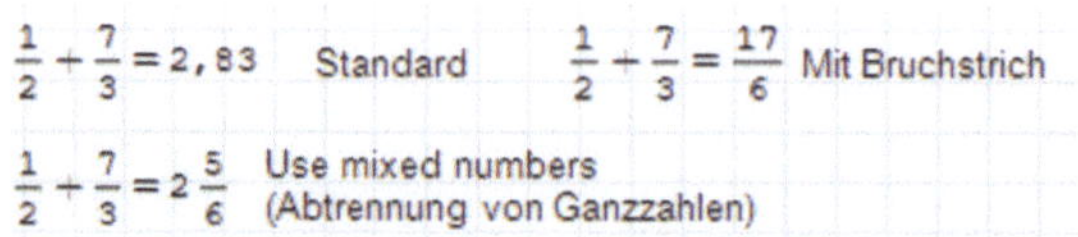

Wenn die Zahl der Nachkommastellen festgelegt wird, hängt die Ergebnisgenauigkeit von der Größe der Zahl und von der verwendeten Maßeinheit ab. Daher die **Empfehlung: Immer die Zahl der signifikanten Ziffern festlegen.**

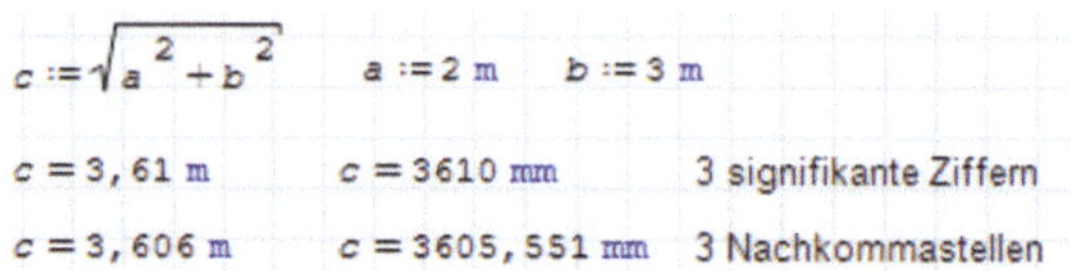

2.2.7. Aufräumen

Bereiche können frei auf dem Rechenblatt angeordnet werden.

Die Auswertung erfolgt immer von links nach rechts und von oben nach unten. Bezugspunkt ist die linke obere Ecke des Bereichs. Innerhalb einer Zeile muss daher auf die Position der Oberkante geachtet werden.

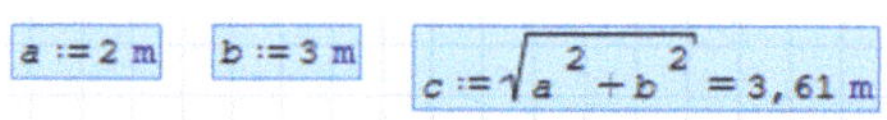

Kopieren, Verschieben oder Löschen ganzer Formeln: Dafür zieht man mit der Maus ein Rechteckfenster über die zu markierenden Bereiche. Sie erscheinen dann in Hellblau:

So markierte Bereiche kann man dann

- mit Maus oder Pfeiltasten verschieben,
- mit [Strg C] kopieren,
- mit [Entf] oder [Strg X] entfernen,
- mit [Strg] und Maus-Ziehen duplizieren.

Konventionen für die Formatierung: Mit Formatierungen sollte sparsam umgegangen werden. Folgende Konventionen empfehlen wir:

- Eingabewerte hellgelb hinterlegen,
- Ergebnisse einrahmen.

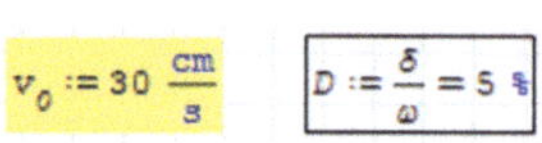

Platz machen, Platz entfernen: Die Abstände zwischen den Zeilen sollten nicht unnötig groß sein. Dann passt mehr Inhalt auf den Bildschirm oder auf die Druckseite.

Wenn man den vertikalen Abstand zwischen Bereichen ändern will, stellt man die rote Mausmarke auf das Rechenblatt dazwischen.

- Enter erzeugt zusätzlichen Platz.
- ⌫ oder Entf entfernen Platz.

2.2.8. Formeln in Texten

Man kann Formeln auch in Text einfügen. Diese werden genauso formatiert und wirken genauso wie separate Formeln im Rechenblatt. Sie können also ebenso für die Definition von Variablen oder die Anzeige von Ergebnissen genutzt werden.

- Platzieren Sie den Cursor an die Einfügestelle, am besten zwischen zwei Leerzeichen.
- Fügen Sie einen neuen Formelbereich ein mit Alt + und Esc oder mit Einfügen> Formel.
- Editieren Sie die Formel.
- Kehren Sie mit Enter in den Textbereich zurück. Der Cursor steht dann direkt hinter der Formel.

Direkt im Rechenblatt ist die obere linke Ecke der Formeln entscheidend für die Abarbeitungsreihenfolge. Bei Formeln im Text entspricht sie jedoch der Position im Textfluss, unabhängig davon, wie weit die Formeln einer Zeile nach oben ragen.

Im folgenden Beispiel sind die gelb hinterlegten Formeln **aktive Definitionen oder Berechnungen** und die rot hinterlegten Formeln dienen nur der Erklärung, haben aber keine Auswirkungen auf das Rechenblatt. **Inaktive Gleichungen** kann man mit dem Booleschen (logischen) Gleichheitszeichen erzeugen.

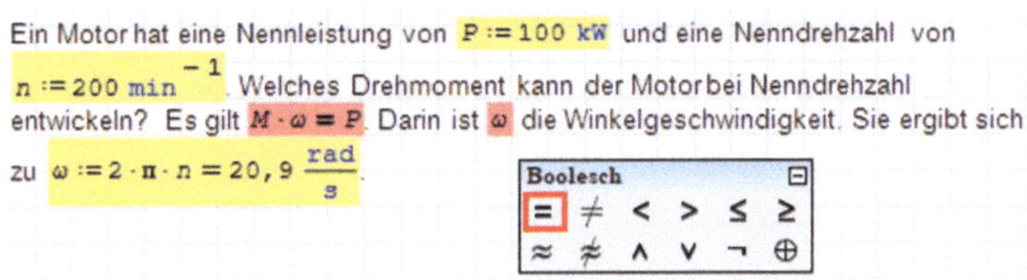

2.3. Maßeinheiten

SMath beherrscht das Rechnen mit Maßeinheiten. Variablen können mit Einheiten definiert werden und Ergebnisse werden automatisch in vorgegebene Einheiten umgerechnet. Maßeinheiten werden in SMath blau und aufrecht geschrieben, während Variablennamen schwarz und kursiv geschrieben werden.

Wenn die Einheiten z.B. in Summen nicht zusammenpassen, gibt es eine Fehlermeldung. SMath führt also eine gewisse Einheitenkontrolle durch. Das ist aber kein Rundum-Sorglos-Paket, denn man muss beispielsweise genau zwischen Frequenzen und Winkelgeschwindigkeiten (siehe Seite 22) sowie Temperaturen und Temperaturdifferenzen (Seite 23) unterscheiden.

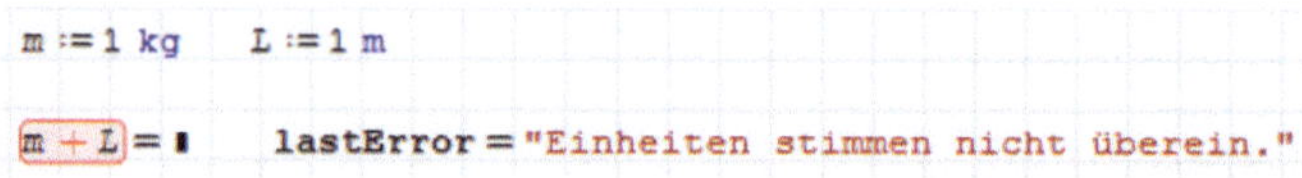

Einheiten werden intern mit einem vorangestellten Hochkomma gekennzeichnet, so kann der Buchstabe m einmal für die Variable m (Masse) und einmal für die Maßeinheit m (Meter) stehen. Gegebenenfalls muss man dann in der dynamischen Hilfe auswählen.

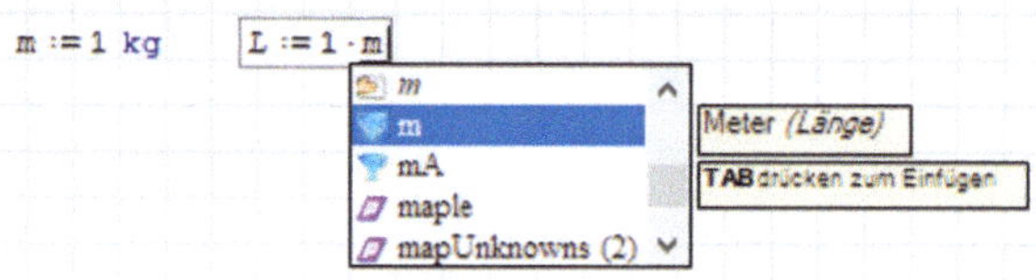

2.3.1. Einheiten einfügen

Einheiten sind eigentlich nur speziell gekennzeichnete Variablennamen, die intern auf Basiseinheiten umgerechnet werden.[2]

Der Auswahldialog für Maßeinheiten ist erreichbar über Einfügen> Einheit, Strg W oder mit in der Werkzeugleiste. Darin kann man anhand der physikalischen Dimension oder anhand von Buchstaben (Schnelle Suche) eingrenzen:

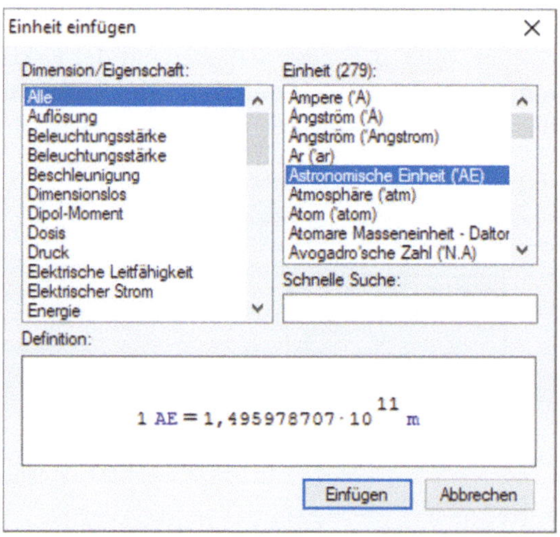

[2]Sie werden aber immer als Skalare betrachtet, während allgemeine Variablen beliebige Objekte (Skalare, Vektoren, Zeichenketten) darstellen können.

Unter Dimension/Eigenschaft> Physikalische Konstanten findet man auch einige vordefinierte physikalische Konstanten. Eine besondere Einheit ist das Prozent, welches für den Faktor 1/100 steht.

$1\,\% = 0{,}01 \qquad a := 40 \qquad b := 70 \qquad \frac{a}{b} = 57{,}1\,\%$

Am schnellsten gibt man die Einheiten mit der Tastatur ein. Die dynamischen Hilfe zeigt, ob der Name erkannt wird.

2.3.2. Einheiten in der Ergebnisanzeige

SMath macht für Ergebnisse Einheitenvorschläge.

$1\,\text{N} \cdot 1\,\text{m} = 1\,\text{J}\ \blacksquare$

Nicht immer entsprechen diese Einheiten den für die Größe üblichen. So kann SMath nicht wissen, ob es sich um ein Drehmonent = Kraft mal Hebel $1\,\text{N} \cdot 1\,\text{m} = 1\,\text{Nm}$ oder oder um eine Arbeit = Kraft mal Weg $1\,\text{N} \cdot 1\,\text{m} = 1\,\text{J}$ handelt. Daher kann man die Anzeigeeinheit in jeder Formel überschreiben.

Die gewünschte Ergebniseinheit tippt man in den schwarzen Platzhalter rechts vom Ergebnis oder fügt sie aus dem Auswahldialog ein. Dabei kann man zusammengesetzte Einheiten mit den passenden Rechenoperatoren aufbauen. Das Multiplikationszeichen (der Punkt) wird zwischen Einheiten sowie zwischen Zahlen und Einheiten nicht angezeigt.

$1\,\text{N} \cdot 1\,\text{m} = 1\,\text{N}\,\text{m}$

Die Neuberechnung erfolgt erst, wenn man den Formelbereich verlässt (woandershin klicken oder mit den Pfeiltasten [↓] oder [↑]).

Auf diese Weise sind **Einheitenumrechnungen** extrem einfach. Schreiben Sie: `6'ft=`. Dann setzen Sie den Cursor in den Platzhalter rechts und tippen Sie `'km` oder bestätigen Sie km in der dynamischen Hilfe mit [⇆] (Tabulator).

$6\,\text{ft} = 0{,}00183\,\text{km}$

Hier sieht man den Vorteil der Ergebnisanzeige mit drei signifikanten Stellen statt einer festen Zahl von Nachkommastellen. Die erforderliche Zahl der Nachkommastellen wird automatisch bestimmt.

Bei drei Nachkommastellen hätte man hier nur noch den Wert 0,001 km gesehen.

> Prüfen Sie die Formeln und machen Sie erforderliche Ergänzungen und Korrekturen.
> Für das Beispielrechenblatt braucht man die weiteren Inhalte zu Winkeln, Winkelgeschwindigkeiten und Temperatureinheiten nicht. Sie sind aber trotzdem wichtig, weil da nicht alles intuitiv ist und häufig Fehler gemacht werden.

2.3.3. Grad und Bogenmaß

Die Basiseinheit für **Winkel** ist der Radiant (rad), das dimensionslose Verhältnis u/r zwischen Kreisbogenlänge u und Radius r. Dieses ist bei einem Vollkreis mit $u = 2\pi r$ gleich 2π. Dazu gibt es noch weitere vordefinierte Winkeleinheiten, die aber intern immer in Radiant umgerechnet werden.

$1\ \mathrm{rad} = 57{,}2958\ °$	Standardeinheit: Radiant	
$1\ ° = 1\ °$	Grad	
$1\ \mathrm{Gon} = 0{,}9\ °$	Neugrad, Gon	$\frac{\pi}{2}\ \% = 1\ \mathrm{Gon}$
$1\ \mathrm{U} = 360\ °$	Umdrehung	$1\ \mathrm{U} = 2 \cdot \pi\ \mathrm{rad}$
$1\ ' = \frac{1}{60}\ °$	Bogenminute	
$1\ '' = \frac{1}{3600}\ °$	Bogensekunde	

Hinweis: Einige Ergebnisse wurden hier symbolisch angezeigt (Operator $\rightarrow$ in der Arithmetik-Palette), so dass dort keine Dezimalbrüche stehen, sondern die exakten Werte $1/60$, $1/3600$ oder 2π.

Winkelfunktionen erwarten ihr Argument in Radiant. Aber da Angaben in ° korrekt in Radiant umgerechnet werden, kann man z.B. statt $\pi/2$ einfach $90°$ schreiben.

$\sin(\pi) = 0$ $\quad \sin\left(\frac{\pi}{2}\right) = 1$ $\quad \sin(180\ °) = 0$ $\quad \sin(90\ °) = 1$

$\mathrm{atan}(1) = 0{,}785$ numerisch

$\mathrm{atan}(1) = \frac{\pi}{4}$ symbolisch

$\mathrm{atan}(1) = 45\ °$

2.3.4. Frequenzen und Winkelgeschwindigkeiten

Es ist wichtig, zunächst folgende Größen auseinanderzuhalten:

- **Frequenz** (Formelzeichen f) ist die Zahl von Ereignissen (Schwingungsperioden, Impulse) pro Zeit. Sie wird in Hz (Hertz) gemessen.
- **Winkelgeschwindigkeit** (Formelzeichen ω, kleines Omega) ist der bei einer Drehung zurückgelegte Winkel pro Zeit. Sie wird in rad/s gemessen.
- **Kreisfrequenz** ist eine spezielle Winkelgeschwindigkeit, die bei harmonischen Schwingungen verwendet wird. Dabei wird einer vollen Periode der Winkelwert 2π zugeordnet. Die Kreisfrequenz wird auch in rad/s gemessen.
- **Drehzahl** (Formelzeichen n) ist physikalisch gesehen eine Winkelgeschwindigkeit, wobei sie aber wie eine Frequenz, also Ereignisse (volle Umdrehungen) pro Zeit, definiert wird. Sie wird in U/min oder min^{-1} angegeben.

SMath weicht an zwei Stellen von diesen Konventionen ab:

- In SMath ist die Einheit $\mathrm{U} = 2\pi$ als Winkel definiert! Daher ist $10\,\mathrm{U/min}^{-1}$ eine Winkelgeschwindigkeit.

Wenn die Drehzahl im Sinne einer Frequenz verwendet werden soll, muss als Einheit min^{-1} benutzt werden.

- SMath hält standardmäßig alles, was die Dimension 1/Zeit hat, für eine Frequenz. Daher wird auch bei Winkelgeschwindigkeiten im Ergebnis (bei numerischer Auswertung) zunächst die Einheit Hz (Hertz) angezeigt, was natürlich falsch ist. Richtig ist hier 1/s oder rad/s (manuell als Ergebniseinheit vorgeben):

  $$\frac{20\,°}{s} = 0{,}349\ \text{Hz} \qquad \frac{20\,°}{s} = 0{,}349\ \frac{1}{s} \qquad \frac{20\,°}{s} = 0{,}349\ \frac{\text{rad}}{s}$$

  Bei einer Drehzahl ist die Angabe in Hz korrekt, da Ereignisse pro Zeit gemessen werden

  $$\text{min}^{-1} = 0{,}0167\ \text{Hz}$$

Für Drehzahl und Winkelgeschwindigkeit gelten verschiedene Gleichungen. Beispielsweise ist die Leistung P das Produkt aus Drehmoment M und Winkelgeschwindigkeit ω. Wird statt der Winkelgeschwindigkeit die Drehzahl n verwendet, muss der Umrechnungsfaktor 2π in die Formel integriert werden.

$$\omega := 3000\ \frac{\text{U}}{\text{min}} \qquad M := 100\ \text{N m} \qquad P := \omega \cdot M = 31{,}4\ \text{kW}$$

$$\omega = 314\ \frac{\text{rad}}{s}$$

$$n := 3000\ \text{min}^{-1} \qquad M := 100\ \text{N m} \qquad P := 2 \cdot \pi \cdot n \cdot M = 31{,}4\ \text{kW}$$

$$n = 50\ \text{Hz}$$

2.3.5. Temperatureinheiten

Die Umrechnungsformeln für Temperaturen (Zustandsgröße) und Temperaturdifferenzen sind verschieden.

- **Temperatur**: Es gilt $0°\text{C} = 273,15\,\text{K}$ und $0\,\text{K} = -273,15°\text{C}$.
- **Temperaturdifferenz** und Temperaturänderungen: $1\,\text{K} = 1°\text{C}$.

Der Benutzer muss kennzeichnen, ob ein Wert eine Temperatur oder eine Temperaturdifferenz ist.

Die Lösung in SMath: **Bei Temperaturänderungen wird** Einheiten wie °C (Grad Celsius) oder °F (Grad Fahrenheit) **ein Δ vorangestellt** (der griechische Buchstabe Delta, D gefolgt von Strg G).

Bei K (Kelvin) muss man nichts tun, da dies eine absolute Einheit ohne Nullpunktverschiebung ist.

Die Beispiele in rot zeigen, was passiert, wenn man den Unterschied in SMath nicht beachtet!

Temperatur	20 °C = 293 K	300 K = 26,8 °C
Temperaturdifferenz	20 Δ°C = 20 K	20 K = 20 Δ°C
Temperatur + Differenz = Temperatur	10 °C + 20 K = 30 °C	
	10 °C + 20 Δ°C = 30 °C	
	10 °C + 20 °C = 303 °C	
Temperatur - Temperatur = Differenz	10 °C − 20 °C = − 10 K	
	10 °C − 20 °C = − 10 Δ°C	
	10 °C − 20 °C = − 283 °C	

Vorsicht bei negativen Zahlenwerten in nicht-absoluten Einheiten! Diese müssen geklammert werden!

− 10 °C = − 556 °C   (− 10) °C = − 10 °C

Was ist hier passiert? Auf der linken Seite steht genau genommen: Null minus zehn Grad Celsius. Wegen Punktrechnung vor Strichrechnung rechnet SMath zunächst $10°\text{C} = 283,15\,\text{K}$, und wendet dann das Minuszeichen an. Die linke Seite wird also völlig korrekt ausgewertet zu $-(10°\text{C}) = -(283,15\,\text{K})$.

Bei der Anzeige in °C müssen vom Kelvin-Zahlenwert wieder 273,15 abgezogen werden, was dann den Wert von -556,3 ergibt.

Das ist irritierend, denn normalerweise gilt das Vorzeichen bei negativen Zahlen als Teil der Zahl und nicht als Strichrechnung. In SMath wird aber das Minus als Strichrechnung betrachtet. Das gewohnte Verhalten muss man deshalb mit Klammern erzwingen.

2.3.6. Zugeschnittene Größengleichungen

In der Physik sollten Formeln nicht davon abhängen, welche Maßeinheiten für die darin vorkommenden Größen (Variablen) verwendet werden. Die Variablen stehen darin für das Produkt aus Zahlenwert und Maßeinheit. Solche Gleichungen, die maßeinheitenunabhängig sind, heißen *physikalische oder Größengleichung.*

In vielen technischen Regelwerken, Dokumentationen oder Lehrbüchern findet man aber häufig Formeln, die nur funktionieren, wenn man für die Symbole Zahlenwerte in vorgegebenen Maßeinheiten einsetzt. Das sind dann *Zahlenwertgleichungen* oder *zugeschnittene Größengleichungen.* Die Symbole darin stehen nur für den Zahlenwert. Die zu verwendende Maßeinheit wird im Kontext separat festgelegt und findet sich zum Beispiel in einem Symbolverzeichnis.

Ihre Anwendung in der Handrechnung oder in Software ohne Maßeinheiten wie Excel ist einfach, weil alle erforderlichen Einheitenumrechnungen in einen extra Faktor ausgelagert werden. Dieser Faktor ist dann Teil der Gleichung, die aber nur gilt, wenn die eingesetzten Zahlenwerte sich auf die richtigen Maßeinheiten beziehen.

SMath behandelt Formeln generell als physikalische Gleichungen, die Variablen können also für Größen mit Maßzahl (Zahlenwert) und Maßeinheit stehen. Das folgende Beispiel nutzt direkt eine *physikalische Gleichung* für die Berechnung des Dämpfungsgrades aus den Systemkonstanten eines mechanischen Schwingers.

Masse $m := 1\ \text{kg}$

Federsteifigkeit $c := 1\ \frac{\text{N}}{\text{cm}}$

Dämpferkonstante $d := 1\ \text{N} \cdot \left(\frac{\text{m}}{\text{s}}\right)^{-1}$

Dämpfungsgrad $D := \frac{d}{2 \cdot \sqrt{c \cdot m}} = 5\ \%$

Egal in welchen Maßeinheiten wir die Systemkonstanten vorgeben, die Formel für den Dämpfungsgrad bleibt immer gleich.

Die folgende *Zahlenwertgleichung* liefert den Dämpfungsgrad in %, wenn die Dämpfungskonstante in N/(m/s), die Masse in kg und die Steifigkeit in N/cm gegeben sind. Wir schreiben die jeweiligen Maßeinheiten als Index an die Symbole, denn logischerweise können wir nicht die gleichen Variablennamen für die physikalische Größe (Zahl und Maßeinheit) und für den reinen Zahlenwert verwenden.

$$D_{\%} = 500 \frac{d_{\mathrm{N/(cm/s)}}}{\sqrt{c_{\mathrm{N/cm}}\, m_{\mathrm{kg}}}}$$

In SMath bekommt man den Zahlenwert, wenn man die physikalische Größe durch eine Maßeinheit teilt. Die kann man dann in die Zahlenwertgleichung einsetzen. *Sonderzeichen in Variablennamen* wie Klammern ( ) und Bruchstriche / kann man nach Drücken von Strg K eintippen.

$$d_{N/(cm/s)} := \frac{d}{\text{N}\,\frac{\text{s}}{\text{cm}}} = 0{,}01 \qquad c_{N/cm} := \frac{c}{\frac{\text{N}}{\text{cm}}} = 1 \qquad m_{kg} := \frac{m}{\text{kg}} = 1 \qquad D_{\%} := \frac{D}{\%}$$

$$D_{\%} := 500 \cdot \frac{d_{N/(cm/s)}}{\sqrt{c_{N/cm} \cdot m_{kg}}} = 5 \qquad D := D_{\%}\ \% = 0{,}05$$

Hinweis 1: Mit SMath Studio kann man die Umrechnungsfaktoren in Zahlenwertgleichungen berechnen. Hier sehen Sie, wie das mit der `roots()` Funktion geht. Zur Gleichungslösung siehe auch Abschn. 3.4.1. In der nach f aufzulösenden Gleichung steht der Ausdruck links mit physikalischen Variablen und rechts mit Zahlenwerten.

$$Gl := \left(\frac{d}{2 \cdot \sqrt{c \cdot m}} = f \cdot \frac{\left(\frac{d}{\text{N}\,\frac{\text{s}}{\text{cm}}}\right)}{\sqrt{\left(\frac{c}{\frac{\text{N}}{\text{cm}}}\right) \cdot \frac{m}{\text{kg}}}}\ \% \right) \qquad \text{roots}(Gl;\ f) = 500$$

Hinweis 2: SMath Studio merkt sich nicht, in welcher Einheit die Größe vorgegeben wurde. Der Wert wird auf Basiseinheiten umgerechnet und mit diesen abgespeichert. Daher kann SMath eine Formel nicht automatisch mit den eingesetzten

Originalwerten anzeigen, wie das gern von Prüfingenieuren gefordert wird:

$$D = \frac{d}{2\sqrt{cm}} = \frac{1\,\mathrm{N/(m/s)}}{2\sqrt{1\,\mathrm{N/cm}\cdot 1\,\mathrm{kg}}} = 5\%.$$

Eigentlich sollte es reichen, die Werte der gegebenen Größen sowie die Korrektheit der Formeln zu prüfen und SMath das richtige Einsetzen schon zuzutrauen. Aber das ist nicht allgemein akzeptiert, wie Nachfragen im SMath-Forum immer wieder zeigen.

2.4. Diagramme

SMath bringt in der Grundausstattung einen sehr einfachen Diagrammbereich mit.

Mehr Möglichkeiten bietet der X-Y-Plot-Bereich aus dem gleichnamigen Plug-in. Dieser wird hier auch als Standard empfohlen.

Sollen mehrere Funktionen in einem Diagramm dargestellt werden, braucht man Listen, die in Abschnitt 2.4.3 behandelt werden.

Dreidimensionale Diagramme kann man nur mit dem Maxima-Plug-in erstellen, was aber in den Beispielen dieses Buchs nicht vorkommt. Ausführlich wird das Thema in Kraska (2023) behandelt.

2.4.1. X-Y-Plot

Dafür muss das X-Y-Plot-Plug-in[3] installiert sein.

- Extras> Plugins,
- Rechts oben: Lokale Speicherung auf Online Galerie umstellen,
- In der Liste Plugins das X-Y Plot-Plug-in auswählen,
- Installieren drücken und Installation abwarten.

Meist funktioniert das installierte Plug-in auch ohne Neustart von SMath.

Ein neuer X-Y-Plot-Bereich wird erzeugt mit Einfügen> Diagramm> X-Y Plot:

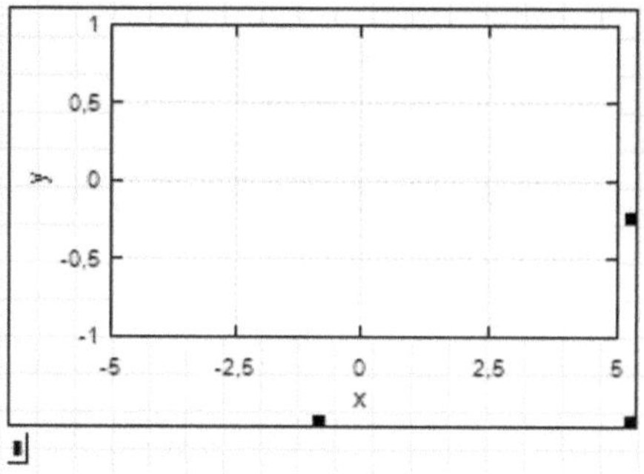

[3] In der Benutzeroberfläche wird das Plug-in X-Y Plot genannt, hier im Buch wird der im Deutschen übliche Bindestrich verwendet, außer es werden explizit Bedienelemente zitiert.

An den Randmarken kann man mit der Maus ziehen, um die Diagrammgröße zu ändern. Der Rand verschwindet, wenn man den Bereich verlässt.

In den Platzhalter unten links schreibt man den darzustellenden Ausdruck. Bei Funktionsplots kann als unabhängige Variable irgendein undefinierter Name (der noch ohne Wert ist) benutzt werden. Im folgenden Bild wurde der Bereich auf minimale Größe gebracht.

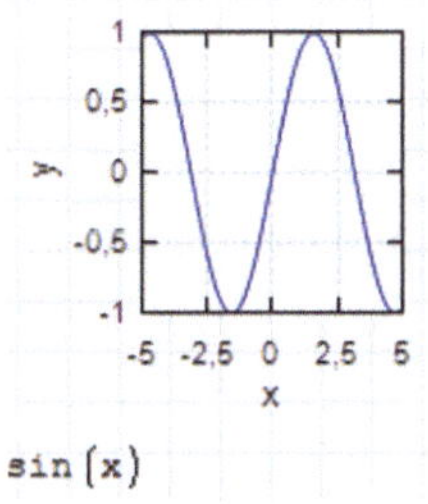

Wenn mehrere Ausdrücke dargestellt werden sollen, benötigt man eine Liste (Abschnitt 2.4.3).

Der X-Y-Plot kann noch viel mehr. Probieren Sie einfach die Angebote im Kontextmenü (Rechtsklick)> Add element aus!

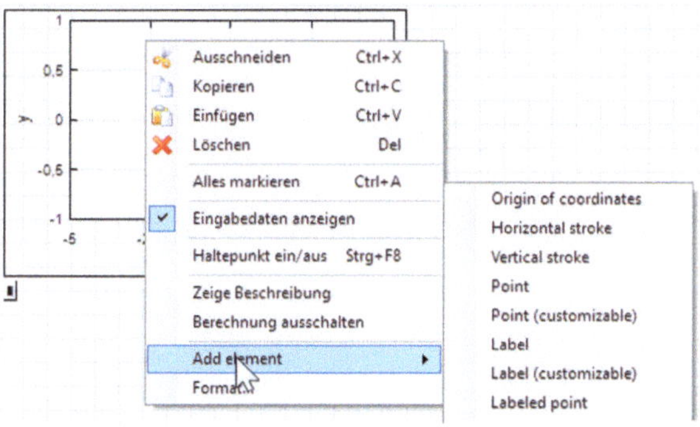

Format-Einstellungen: Der Format-Dialog wird durch Doppelklick auf das Diagramm oder Kontextmenü (Rechtsklick)> Format... geöffnet.

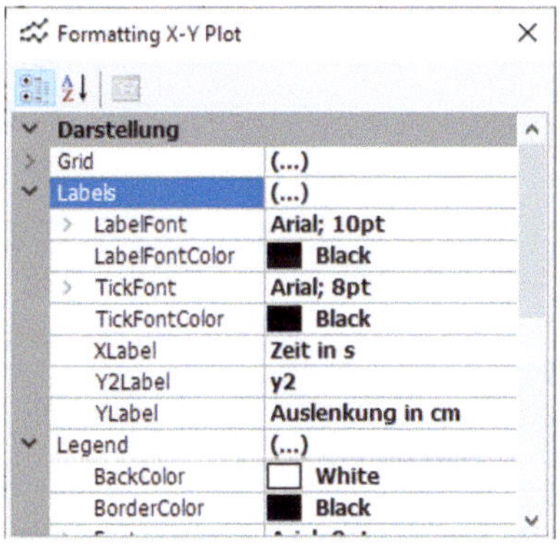

Wichtige Einstellungen sind:

- Labels> XLabel, YLabel Beschriftungen der Achsen,
- X-Axis> Max, Min, Ticks Bereichseinstellung und Achsmarkenabstand für die x-Achse,
- Y-Axis> Max, Min, Ticks Bereichseinstellung und Achsmarkenabstand für die y-Achse.

Bereichseinstellung mit der Maus: Das Diagramm muss zunächst angeklickt werden, so dass die Randmarken zu sehen sind.

- Ausschnitt verschieben: Klicken und Ziehen der Diagrammfläche,
- Beide Achsen zoomen: Mausrad,
- nur x-Achse zoomen: ⇑-Mausrad.
- nur y-Achse zoomen: Strg-Mausrad.

Nun können Sie das Diagramm im Beispielrechenblatt erzeugen. Schreiben Sie in den Platzhalter $x(t)$. Multiplizieren Sie t mit der Einheit s (Sekunde) und teilen Sie das Ergebnis durch die gewünschte Anzeigeeinheit cm. Passen Sie die Achsbeschriftungen und Bereiche im Format-Dialog an.

2.4.2. 2D-Diagramm (eingebaut)

Der 2D-Diagrammbereich ist weniger anpassbar aber dafür funktioniert er auch in der Online-Version von SMath Studio. Einen solchen Bereich erzeugt man mit der Taste @ oder Einfügen> Diagramm> Zweidimensional. In den Platzhalter unten links wird der darzustellende Ausdruck eingetragen. Die unabhängige Variable muss x heißen.

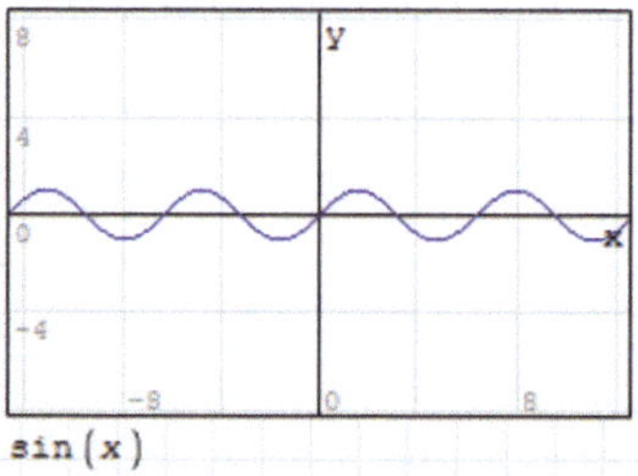

Bereichseinstellung: Diese ist nur mit der Maus möglich und funktioniert genauso wie beim X-Y-Plot. Das Diagramm muss zunächst angeklickt werden, so dass die Randmarken zu sehen sind.

- Ausschnitt verschieben: Klicken und Ziehen der Diagrammfläche,
- Beide Achsen zoomen: Mausrad,
- nur x-Achse zoomen: ⇑-Mausrad,
- nur y-Achse zoomen: Strg-Mausrad.

Einen Einstellungsdialog gibt es für das 2D-Diagramm nicht. Bei sehr kleinen oder sehr großen Werten kann es mühsam sein, die Achsen per Mausrad zu skalieren. Dann ist es besser, die Ausdrücke wie folgt zu modifizieren:

- x-Achse: Multiplikation von x mit einem Faktor,
- y-Achse: Multiplikation des Ausdrucks mit einem Faktor.

Wenn mehrere Ausdrücke dargestellt werden sollen, benötigt man eine Liste.

2.4.3. Listen

Will man mehrere Kurven in einem Diagramm haben, kann man die Ausdrücke in einer Liste (SMath-Bezeichnung „System") gruppieren. Listen bekommt man durch Eintippen von `sys` [⇆] (Tabulatortaste) oder mit dem Symbol in der Funktionen-Palette der Seitenleiste.

Beispiel (die Formel wird in den Platzhalter links unten geschrieben):

`sys` [⇆] `sin(x` [→] [→] `cos(x` [Enter]

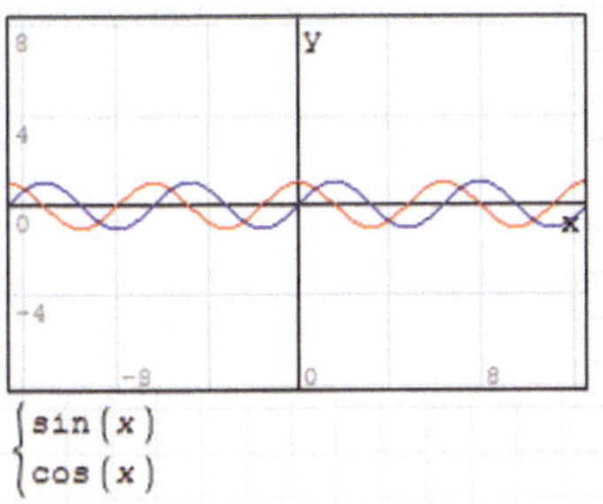

Listengröße mit der Maus ändern: Klammer der Liste anklicken, mit der Maus am Greifpunkt rechts unten ziehen.

Listenelemente einfügen: Einfügemarke auf ein Element stellen, Argumenttrennzeichen [;] eintippen. Ein neuer Platzhalter erscheint.

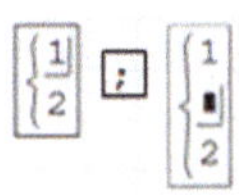

Listenelemente löschen: Einfügemarke auf ein Element stellen, Rücktaste [⌫] oder Entfernen [Entf] mehrmals drücken.

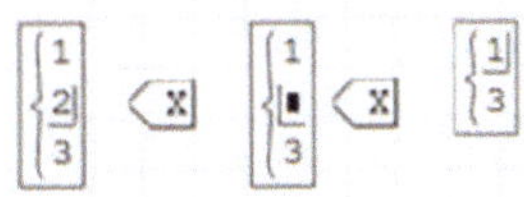

2.5. Editierbare Skizzen

Für technische Berechnungen braucht man häufig Skizzen. Solche Skizzen ändern sich während der Arbeit am Dokument. Daher ist es gut, wenn sie aus SMath heraus editiert werden können. Eine Möglichkeit dazu wird hier vorgeführt.

Dafür muss das Image Region-Plug-in installiert sein:

- Extras> Plug-ins,
- Rechts oben: Lokale Speicherung auf Online Galerie umstellen,
- In der Liste Plug-ins das Image Region Plug-in auswählen,
- Installieren drücken und Installation abwarten.

Nun finden Sie unter Einfügen> Image den Menüpunkt zum Einfügen eines Image-Bereichs. Wenn nicht, starten Sie SMath neu.

Image-Bereich erzeugen und anpassen: Sie fügen zunächst einen Image-Bereich ein: Einfügen> Image und ziehen ihn auf die ungefähre gewünschte Größe:

Im Platzhalter links unten kann man den Namen einer Grafikdatei angeben. Wenn man den Platzhalter leer lässt, erzeugt SMath zum Bearbeiten eine temporäre Grafikdatei.

Dafür ist das Kontextmenü (Klick mit rechter Maustaste) wichtig:

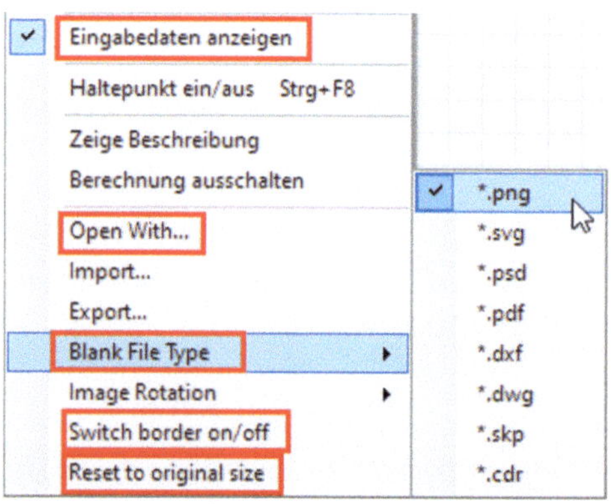

- Eingabedaten anzeigen: Anzeige des Platzhalters abschalten.
- Open with: Mit welchem Programm soll die Bilddatei geöffnet werden? Voreinstellung ist das Standardprogramm des Systems für den gewählten Dateityp.
- Blank File Type: Auswahl des internen Dateiformats (Voreinstellung PNG).
- Switch border on/off: Hier kann man den Rand des Bildes abschalten.

- Reset to original size: Bereichsgröße an Bildinhalt anpassen.

Bild bearbeiten: Mit Open With... wählen Sie ein Programm zur Bearbeitung der Datei und starten es. Das Standardprogramm für das Dateiformat[4] kann auch durch Doppelklick auf den Image-Bereich gestartet werden. Im Programm bearbeiten Sie die Datei. So sieht es z.B. in Paint aus:

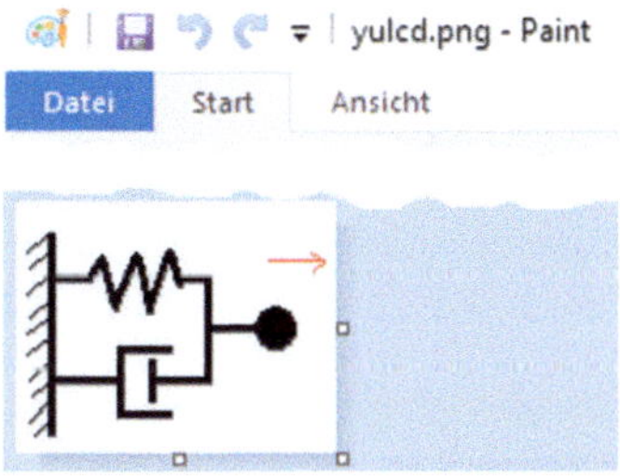

Dann schließen Sie Paint. Wenn Sie vergessen haben zu speichern, werden Sie dazu aufgefordert. Eventuell müssen Sie neben das Bild klicken, damit Sie es in SMath sehen:

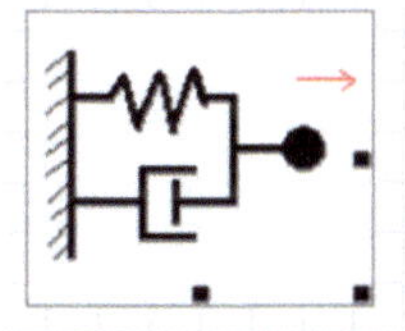

Die Beschriftung machen Sie am besten in SMath selbst, indem Sie Formeln über das Bild legen. Diese erzeugen Sie zunächst neben dem Bild und ziehen sie dann an die gewünschte Stelle.

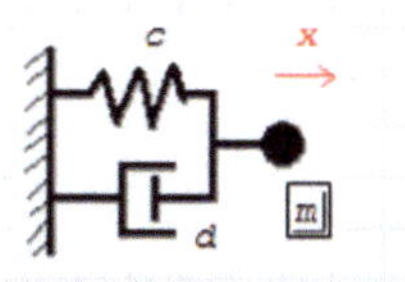

So erzeugte Bilder werden mit dem Rechenblatt abgespeichert und können später wieder bearbeitet werden. Das geht mit Doppelklick auf das Bild oder Kontextmenü> Open With.... Dann wird das Bild im voreingestellten oder ausgewählten Programm geöffnet.

Erzeugen Sie die Systemskizze und beschriften Sie sie in SMath mit darüber gelegten Formelbereichen. Damit ist Ihr Rechenblatt fertiggestellt.

Literatur

Kraska, M. (2023). *SMath with Maxima. Getting Started with the Maxima Plugin.* DOI: 10.25933/opus4-2949.

[4] Das lässt sich für jeden Dateityp in der Systemsteuerung von Windows einstellen.

3. SMath Studio: Vertiefung

Hier werden die in den Beispielen erläuterten Techniken zusammengefasst, die über die Einführung im vorigen Kapitel hinausgehen. Sie können also direkt zu Kap. 4.2 springen und bei Bedarf hier nachlesen. Es kann aber nicht schaden, sich vorab mit den erweiterten Möglichkeiten von SMath vertraut zu machen.

Wenn Sie alle Beispiele im Buch nachvollziehen wollen, benötigen Sie die folgenden Plug-ins (Installation analog zu Abschn. 2.4.1):

- Custom Functions
- DotNumerics
- Mathcad Toolbox
- Maxima
- Nonlinear Solvers
- X-Y Plot Region

3.1. Matrizen und Vektoren

Matrizen sind rechteckige Anordnungen von mathematischen Ausdrücken einschließlich Zeichenketten. Eine Matrix mit m Zeilen und n Spalten heißt $m \times n$-Matrix. Vektoren im Sinne der linearen Algebra sind Matrizen mit einer einzigen Spalte.

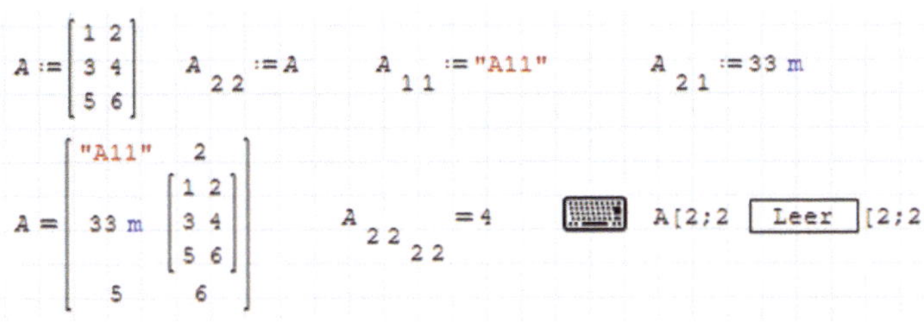

M. Kraska, *Technische Mechanik mit SMath Studio*,
https://doi.org/10.1007/978-3-658-50592-9_3

3.1.1. Matrizen eingeben

Matrizen werden über den Dialog Matrix einfügen oder über die Tastatur eingegeben.

Dialog Matrix einfügen. Er wird aufgerufen durch:

- Befehl [:::] aus der Matrizen-Palette,
- [Strg M] oder
- Einfügen> Matrix.

Zeilen- und Spaltenzahl angeben, [Einfügen] erzeugt ein entsprechend großes Feld von Platzhaltern.

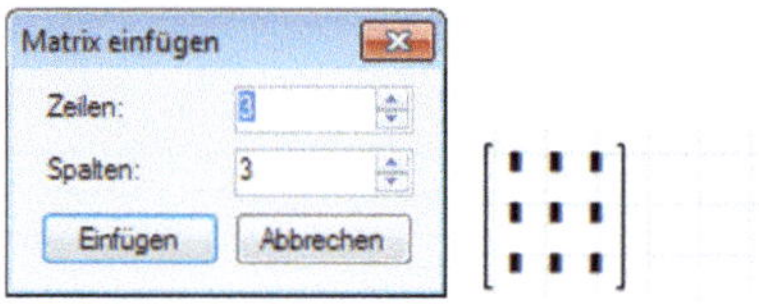

Tastatur: Ein 2×2 Platzhalter wird erzeugt durch Eintippen von `mat` [⇄] oder `mat(`

Zuweisung von Werten zu Elementen: Auch damit können Matrizen erzeugt werden. Elemente werden mit Elementindizes angesprochen. Sie werden durch `[` oder mit dem Symbol ■ ■ in der Matrizen-Palette erzeugt.

Die dabei erzeugten Matrizen oder Vektoren sind gerade so groß, wie die höchsten vorkommenden Indizes.

`M[2;3` [Leer] `:3kg` [⇄] [Enter]

$M_{2\ 3} := 3\ \text{kg} \qquad M = \begin{bmatrix} 0 & 0 & 0 \\ 0 & 0 & 3\ \text{kg} \end{bmatrix}$

Verwendet man nur *einen* Elementindex, wird ein Spaltenvektor erzeugt.

`F[3` [Leer] `:5N` [⇄] [Enter]

$F_{3} := 5\ \text{N} \qquad F = \begin{bmatrix} 0 \\ 0 \\ 5 \end{bmatrix} \text{N}$

Maßeinheiten oder andere gemeinsame Faktoren kann man bei der Ergebnisanzeige aus Vektoren oder Matrizen herausziehen. Hier haben wir das mit der Maßeinheit Newton (N) gemacht.

Elementindizes (mit `[` erzeugt) unterscheiden sich in der Formatierung von Textindizes (mit `.` erzeugt) durch einen größeren Abstand vom Formelzeichen. Zudem ist die Schrift in Textindizes kleiner.

3.1.2. Größe ändern und Transposition

Mit der Maus: Linke oder rechte Klammer anklicken, dann erscheint eine Marke rechts unten, an der die Matrix mit der Maus auf die gewünschte Größe gezogen werden kann.

Beim Vergrößern einer Matrix entstehen unten neue Zeilen oder rechts neue Spalten.

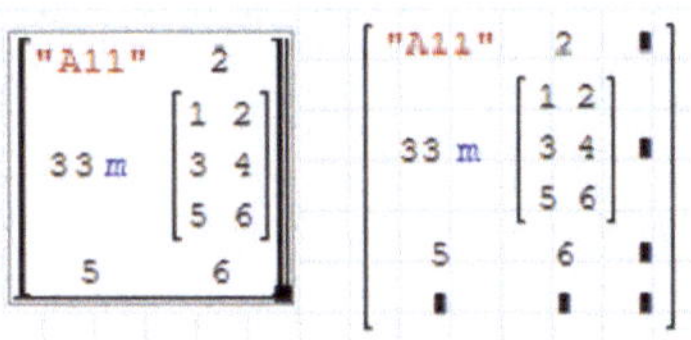

Elemente in Vektoren einfügen/löschen: Bei Vektoren (einspaltigen Matrizen) lassen sich Zeilen einfügen, indem man am Ende eines Eintrags das Argumenttrennzeichen ; (Semikolon) eingibt.

Entsprechend kann man auch leere Platzhalter löschen, indem man das (unsichtbare) Argumenttrennzeichen davor mit ⌫ löscht.

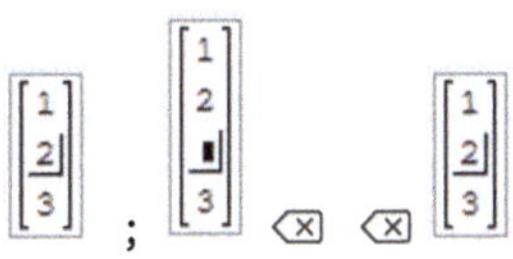

Zuweisen an Matrixelemente außerhalb der bisherigen Größe. Die Matrix wird dabei auf das erforderliche Maß vergrößert.

$$M=\begin{bmatrix}0 & 0 & 0\\ 0 & 0 & 3\ kg\end{bmatrix} \quad M_{3\,3}:=4\ kg \quad M=\begin{bmatrix}0 & 0 & 0\\ 0 & 0 & 3\ kg\\ 0 & 0 & 4\ kg\end{bmatrix}$$

Bei Matrizen kann man keine Spalten oder Zeilen direkt einfügen oder löschen. Man muss dafür Funktionen benutzen. Das kann man umgehen, indem man zunächst Vektoren definiert und dann mit `stack()` stapelt oder mit `augment()` nebeneinanderstellt.

Erweitern: (Nebeneinanderstellen): Matrizen gleicher Zeilenzahl oder Matrizen und Skalare werden mit der Funktion `augment()` nebeneinander gestellt.

$$\text{augment}\left(\begin{bmatrix}1 & 2\\ 3 & 4\\ 5 & 6\end{bmatrix}; \begin{bmatrix}1\\ 3\\ 5\end{bmatrix}\right)=\begin{bmatrix}1 & 2 & 1\\ 3 & 4 & 3\\ 5 & 6 & 5\end{bmatrix}$$

$$\text{augment}\left(\begin{bmatrix}1 & 2\\ 3 & 4\\ 5 & 6\end{bmatrix}; \text{"o"}; 10; \text{"red"}\right)=\begin{bmatrix}1 & 2 & \text{"o"} & 10 & \text{"red"}\\ 3 & 4 & \text{"o"} & 10 & \text{"red"}\\ 5 & 6 & \text{"o"} & 10 & \text{"red"}\end{bmatrix}$$

Matrizen gleicher Spaltenzahl kann man mit der Funktion `stack()` stapeln. Das funktioniert ebenso wie bei `augment()` auch mit Skalaren.

$$\text{stack}\left(\begin{bmatrix}1&2\\3&4\\5&6\end{bmatrix};\begin{bmatrix}1&4\\3&8\end{bmatrix}\right)=\begin{bmatrix}1&2\\3&4\\5&6\\1&4\\3&8\end{bmatrix}$$

Transposition: Spiegelung der Matrix an ihrer Hauptdiagonale. Eingabe über die Matrizen-Palette oder als Funktion `transpose()`

$$\begin{bmatrix}1&2\\3&4\\5&6\end{bmatrix}^{T}=\begin{bmatrix}1&3&5\\2&4&6\end{bmatrix}$$

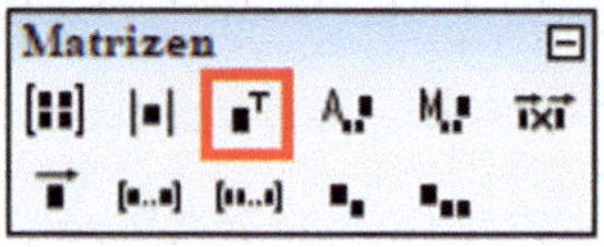

3.1.3. Elemente, Zeilen, Spalten

Abmessungen ermitteln: Zahl der Spalten (*columns*), Zahl der Zeilen (*rows*) und Zahl der Elemente:

$$A:=\begin{bmatrix}1&2\\3&4\\5&6\end{bmatrix}\quad \text{cols}(A)=2\quad \text{rows}(A)=3\quad \text{length}(A)=6$$

Zeilen oder Spalten extrahieren:

$$A:=\begin{bmatrix}1&2\\3&4\\5&6\end{bmatrix}\quad \text{col}(A;1)=\begin{bmatrix}1\\3\\5\end{bmatrix}\quad \text{row}(A;3)=\begin{bmatrix}5&6\end{bmatrix}$$

Elemente extrahieren: Dies erfolgt mit einem Index bei Vektoren (auch bei Zeilenvektoren) und mit zwei Indizes bei Matrizen.

$$A:=\begin{bmatrix}1&2\\3&4\\5&6\end{bmatrix}\quad A_{1\,2}=2$$

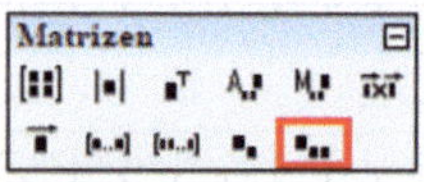

$$b:=\begin{bmatrix}1\\3\\5\end{bmatrix}\quad b_{2}=3$$

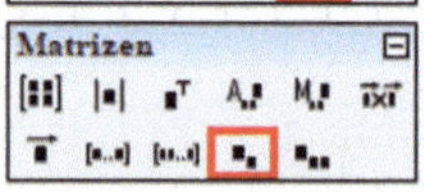

3.1.4. Produkte von Vektoren

Die Operationen werden hier mit symbolischen Vektoren demonstriert. Ihre Elemente sind nicht-definierte Variablen. Bei den entsprechenden Formeln wird symbolisch ausgewertet mit Strg . oder → in der Arithmetik-Palette.

$$a:=\begin{bmatrix}a_1\\a_2\\a_3\end{bmatrix}\quad b:=\begin{bmatrix}b_1\\b_2\\b_3\end{bmatrix}\quad c:=\begin{bmatrix}c_1\\c_2\\c_3\end{bmatrix}$$

Skalarprodukt: Das ist die Summe der Produkte gleich indizierter Elemente. Es wird mit dem normalen Multiplikationszeichen geschrieben.

$$a \cdot b = a_1 \cdot b_1 + a_2 \cdot b_2 + a_3 \cdot b_3$$

$$a \cdot a = a_1^{\,2} + a_2^{\,2} + a_3^{\,2}$$

$$a^2 = a_1^{\,2} + a_2^{\,2} + a_3^{\,2}$$

Das Skalarprodukt kann auch als Matrixprodukt geschrieben werden, wobei der linke Faktor transponiert wird. Beachte: Das Ergebnis ist eine 1×1 Matrix.

$$a^{\mathrm{T}} \cdot b = \begin{bmatrix} a_1 \cdot b_1 + a_2 \cdot b_2 + a_3 \cdot b_3 \end{bmatrix}$$

Betrag eines Vektors: Das ist die Wurzel aus dem Skalarprodukt mit sich selbst. Er entspricht der Euklidischen Norm (Funktion `norme()`)

$$\sqrt{a^2} = \sqrt{a_1^{\,2} + a_2^{\,2} + a_3^{\,2}}$$

$$v_a := \begin{bmatrix} 1 \\ 0 \\ -2 \end{bmatrix} \qquad \sqrt{v_a^{\,2}} = 2{,}24 \qquad \mathrm{norme}\left(v_a\right) = 2{,}24$$

Einheitsvektor: Einen Vektor kann man normieren, indem man ihn durch seinen Betrag teilt. Das funktioniert mit Zahlen und Maßeinheiten gut, nicht jedoch mit symbolischen Variablen:

$$e(v) := \frac{v}{\sqrt{v \cdot v}}$$

$$e\left(\begin{bmatrix} 1\ \mathrm{m} \\ 2\ \mathrm{m} \\ 3\ \mathrm{m} \end{bmatrix}\right) = \begin{bmatrix} 0{,}267 \\ 0{,}535 \\ 0{,}802 \end{bmatrix} \qquad e\left(\begin{bmatrix} b \\ 2 \cdot b \\ 0 \end{bmatrix}\right) = \frac{\begin{bmatrix} \frac{b}{\sqrt{5}} \\ \frac{2 \cdot b}{\sqrt{5}} \\ 0 \end{bmatrix}}{\sqrt{b^2}}$$

Kreuzprodukt: Das Kreuzprodukt zweier Vektoren ist ein Vektor, der auf beiden Vektoren senkrecht steht. Sein Betrag ist das Produkt beider Beträge mal dem Sinus des eingeschlossenen Winkels. Eingefügt wird es aus der Matrizen-Palette oder mit Einfügen> Operator.

$$a \times b = \begin{bmatrix} a_2 \cdot b_3 - a_3 \cdot b_2 \\ a_3 \cdot b_1 - a_1 \cdot b_3 \\ a_1 \cdot b_2 - a_2 \cdot b_1 \end{bmatrix}$$

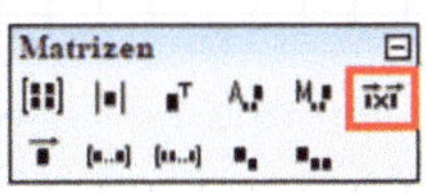

Das Kreuzprodukt funktioniert in SMath Studio nur für Vektoren mit 3 Elementen.

3.1.5. Eigenwertprobleme

Das Gleichungssystem $\underline{\underline{M}}\,\underline{n} = \lambda \underline{n}$ hat genau dann nichttriviale Lösungen $\underline{n} \neq \underline{0}$ falls die Determinante der Koeffizientenmatrix verschwindet:

$$|\underline{\underline{M}} - \lambda \underline{\underline{I}}| = 0.$$

Die Lösungen λ_i dieser Gleichung heißen Eigenwerte der Matrix $\underline{\underline{M}}$ und die zugehörigen $\underline{n}$ sind die Eigenvektoren. Das wird in Beispiel 7.3 demonstriert. Dabei kommen drei Varianten zur Anwendung:

- Direkte Lösung,
- Maxima-Funktion `eigens_by_jacobi()`,
- Funktionen `dn_LinAlgEigenvalues()` und `dn_LinAlgEigenvectors()` aus dem Plug-in DotNumerics.

Die direkte Lösung verwendet die Determinantenfunktion. Sie ist mit `det(` oder über die Matrizen-Palette einzugeben und darf nicht mit der Betragsfunktion aus der Arithmetikpalette verwechselt werden.

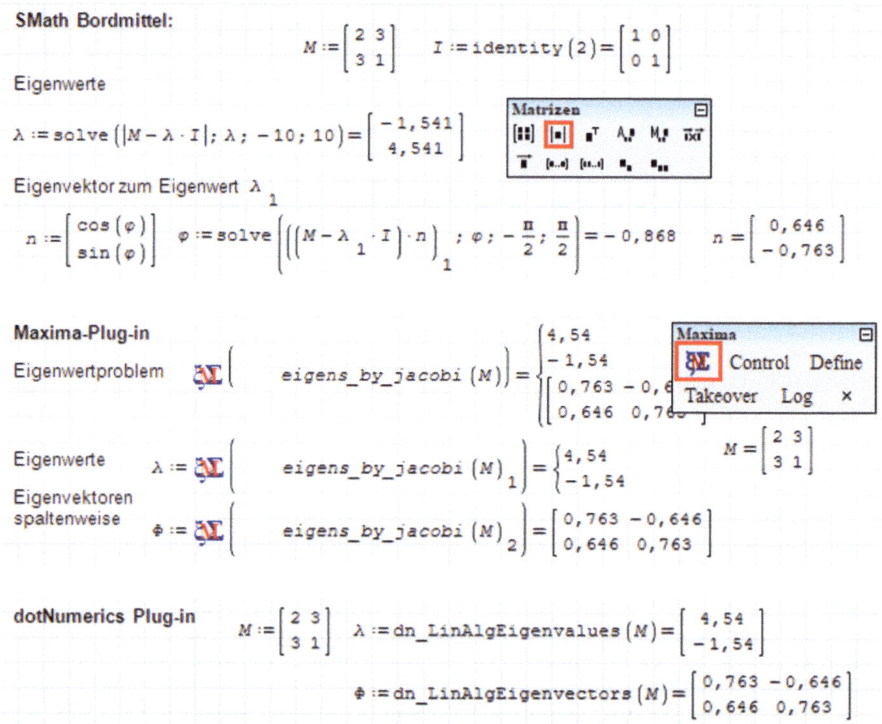

Zu numerischen Verfahren für Eigenwertprobleme siehe auch (Schwarz, 1988, Kap. 6).

3.2. Rechnungsorganisation

3.2.1. Klammern und Formelstruktur

Auf den Wirkbereich wurde bereits im Abschn. 2.2.3 in der Einführung hingewiesen. Er ist in manchen Fällen bei Formeln nicht eindeutig erkennbar. Wenn die

Gefahr von Missverständnissen besteht, sollte man Klammern setzen. Beim Editieren erkennt man die Formelstruktur (also die Hierarchie ihrer Bausteine) an der Unterstrichlinie der Einfügemarke oder an der Markierung. Teilausdrücke, die gemeinsam behandelt werden sollen, müssen sich auch gemeinsam markieren lassen.

Hier zwei Beispiele. Im ersten Beispiel soll eine Funktion mit einem logischen Ausdruck multipliziert werden, um sie auf einen bestimmten Bereich zu begrenzen. Links wird es richtig gemacht, der Punkt verbindet die Funktion und den logischen Ausdruck (den man übrigens als ■ < ■ < ■ in der Palette Custom Functions findet).

Rechts sieht die Formel ganz genauso aus, aber liefert ein anderes Ergebnis. Das liegt daran, dass die Multiplikation mit dem Sinus eingefügt wurde, als der Cursor im ersten Argument des logischen Ausdrucks stand.

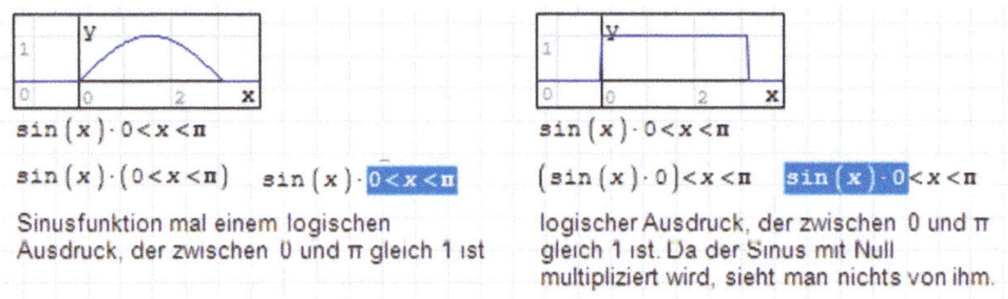

Im folgenden Beispiel ist die Reichweite der Summe nicht eindeutig erkennbar. Bei einer Formel auf dem Papier würde man nicht auf die Idee kommen, dass der Summand b Teil der Summenschleife ist. Wenn der Cursor auf j steht und man $+b$ eintippt, erzeugt man aber genau diesen Effekt (obere Zeile). Man muss vorher mit der Leertaste den Wirkbereich auf die ganze Summe erweitern, so dass das Pluszeichen nicht mehr innerhalb der Summe eingefügt wird.

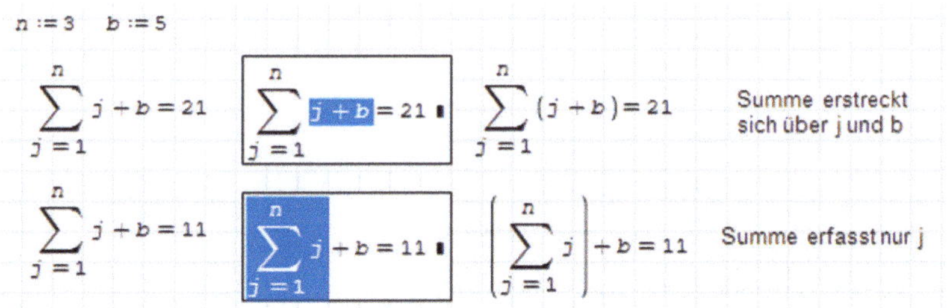

Ein weiteres Beispiel finden Sie im Abschnitt 3.2.3 zum Substitutionsoperator.

In allen Fällen können Sie mit Klammern Eindeutigkeit herstellen. Manchmal sieht das aber auf dem Rechenblatt nicht schön oder zumindest ungewohnt aus. Dann muss man abwägen, wie groß die Gefahr des Missverständnisses ist. Besonders bei unerfahrenen Benutzern ist das eine häufige Fehlerquelle.

3.2.2. Ablaufsteuerung

Schleifen: Wenn Anweisungen für einen Bereich von Werten ausgeführt werden sollen, kann man das auf drei Arten realisieren:

- Mit einer for-Schleife. Dabei ist eine Variable, deren Wertebereich (ein Vektor) und der Schleifenkörper anzugeben.
- Mit einer impliziten Schleife. Zuweisungen, die auf der linken Seite einen Index an der Variable haben, werden für alle Werte ausgeführt, die dieser Index hat.
- Mit dem Vektorisierungs-Operator (Pfeil über dem Ausdruck). Dieser wendet die Operation elementweise an. Das ist eine sehr kompakte Schreibweise, die aber für Leser des Rechenblatts nicht unbedingt verständlich ist.

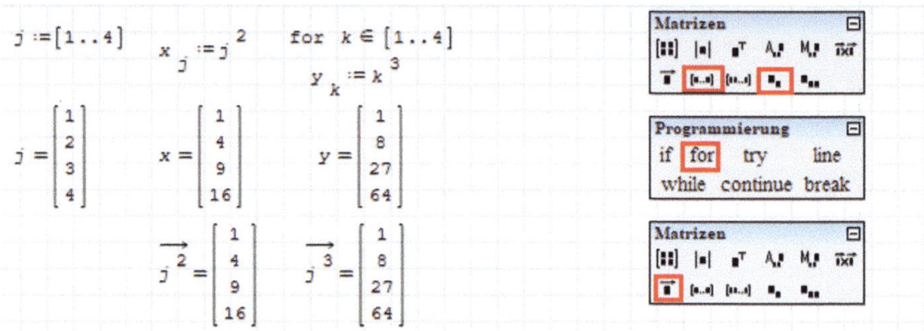

Die Standardform der for-Schleife in der Programmierung-Palette ist eine sogenannte Mengenschleife, das heißt, der Schleifenkörper (drittes Argument) wird für alle Werte der Laufvariable (erstes Argument) ausgeführt, die im Wertevektor (zweites Argument) vorkommen.

Ist der Wertebereich nicht vorab bekannt, helfen kopfgesteuerte Schleifen.

Die kopfgesteuerte for-Schleife enthält neben dem Schleifenkörper die drei Argumente Initialisierung, Fortsetzungsbedingung und Inkrementierung. Wie bei vielen anderen Operatoren kann man das zusätzliche Argument einfach durch Eingabe des Argument-Trennzeichens (Semikolon) erzeugen.

Die while-Schleife ist ebenfalls kopfgesteuert, um Initialisierung und Inkrementierung muss man sich aber separat kümmern.

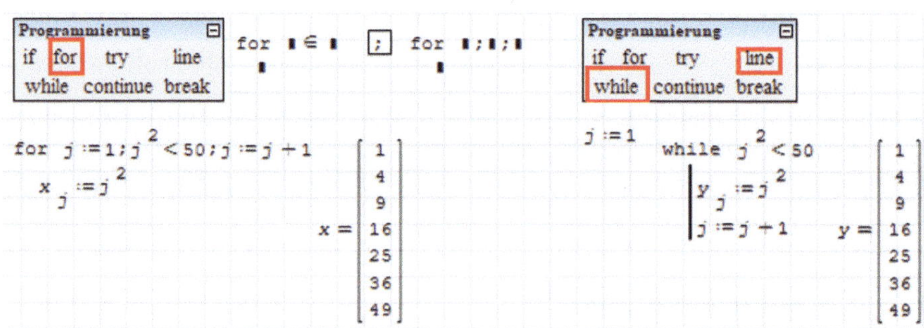

Bedingte Anweisungen: Bedingungen für Anweisungen formuliert man mit logischen (Booleschen) Operatoren. Logische Ausdrücke haben den Wert Eins, wenn sie wahr sind und Null, wenn sie falsch sind. Man kann diese Operatoren direkt verwenden, in einer Fallunterscheidung mit der Funktion `cases()` oder in einer if-Anweisung.

Achtung: Ausdrücke wie $a < x < b$ (ternäre logische Operatoren) kann man nicht durch Kombination von binären Operatoren wie ■ < ■ erzeugen, sondern muss die Operatoren aus der Custom Functions-Palette benutzen.

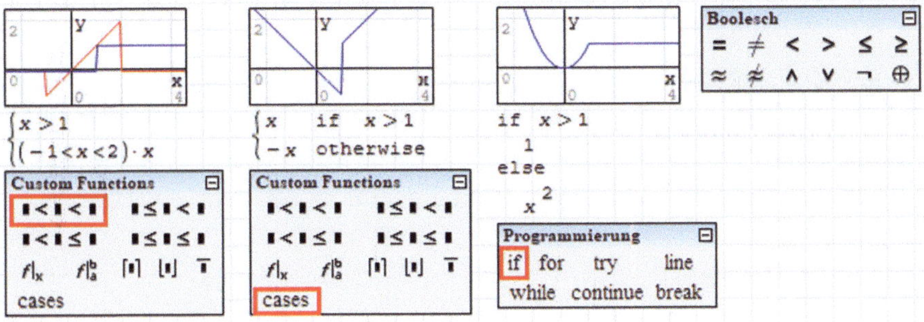

Bei der Fallunterscheidung mit `cases()` erzeugt man zusätzliche Fälle durch zweimaliges Eintippen des Argumenttrennzeichens (Komma oder Semikolon), weil man ja zwei zusätzliche Platzhalter braucht, einen für den Ausdruck und einen für die Bedingung.

In der if-Anweisung kann man den else-Zweig mit ⌫ löschen oder durch Eintippen des Argument-Trennzeichens einen else-if-Zweig hinzufügen.

Sehr intensiv werden diese Techniken für stückweise stetige Funktionen verwendet, insbesondere für Querkraft- und Biegemomentenlinien im Kapitel 5.7.

Anweisungsblöcke werden mit der `line()`-Funktion aus der Palette Programmierung erzeugt. Neue Zeilen lassen sich einfügen, indem man am Ende eines Eintrags das Argumenttrennzeichen ; (Semikolon) eingibt.

Entsprechend kann man auch leere Platzhalter löschen, indem man das (unsichtbare) Argumenttrennzeichen davor mit ⌫ löscht.

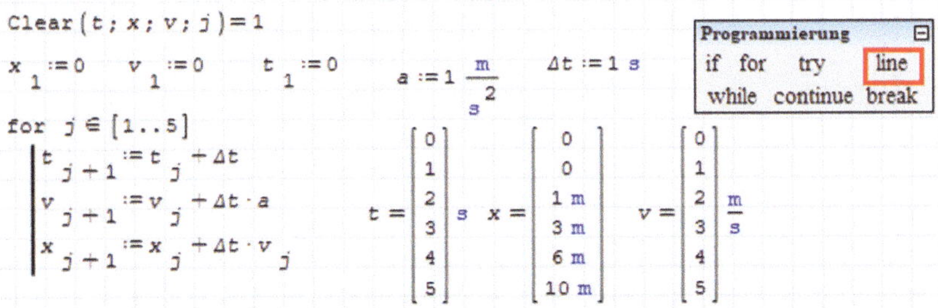

Stellen Sie Formeln mit Schleifen oder sonstigen umfangreichen Berechnungen immer auf numerische Auswertung (Kontextmenü> Optimierung> Numerisch). Das beschleunigt die Rechnung zum Teil erheblich.

3.2.3. Der Substitutionsoperator ▪|▪

Mit diesem Operator kann man Variablen in einem Ausdruck lokal durch Werte ersetzen, ohne dass sich das auf das restliche Rechenblatt auswirkt. Man kann also z.B. eine Formel für verschiedene Daten auswerten, ohne eine Funktion definieren zu müssen.

Die Eingabe erfolgt als $f|_x$ in der Palette Custom Functions (Plug-in Custom Functions) oder mit dem Tastaturbefehl `at(` ⇄,

- Erstes Argument: Ausdruck, in dem ersetzt werden soll,
- Zweites Argument: Gleichung oder Liste von Gleichungen der Form Variable = Wert. Dabei ist das Gleichheitszeichen aus der Palette Boolesch zu verwenden.

Die Funktion `Solve()` liefert ihre Lösung genau in der richtigen Form.

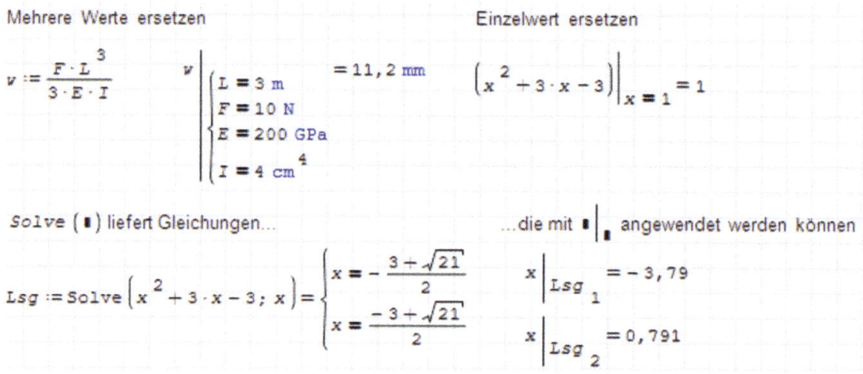

Hinweis: Stellen Sie sicher, dass die Reichweite des Operators korrekt ist. Das prüfen Sie, indem Sie passende Klammern setzen.

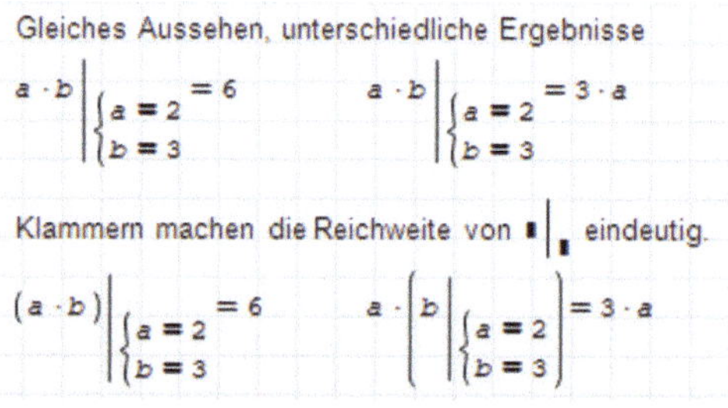

3.2.4. Der Mathcad-Block

Dies ist ein Bereich, der die Formeln und Texte des Rechenblatts in seinem Wirkungsbereich zu einer Liste oder zu einem Vektor zusammenfasst. Er wird mit Einfügen> Mathcad-Block eingefügt. Der Rahmen wird so eingestellt, dass er alle Objekte überdeckt, die erfasst werden sollen. Im Kontextmenü kann man einstellen, ob eine Liste (sys) oder ein Vektor (mat) erzeugt werden soll. In den Platzhalter unten links wird eine Variable geschrieben, die den Inhalt übernimmt.

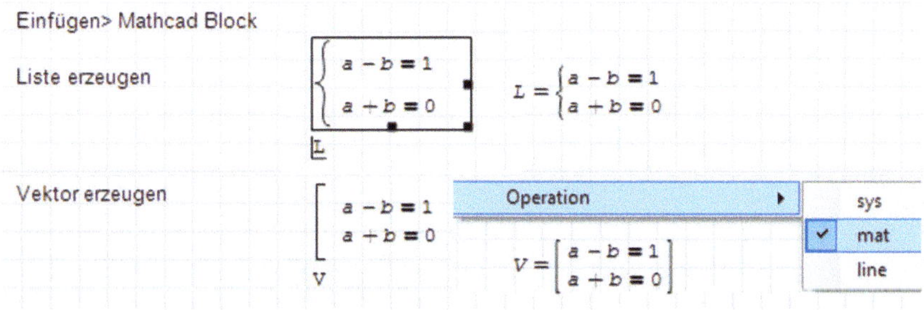

Besonders interessant ist die Möglichkeit, die zusammengefassten Formeln direkt in eine Funktion als erstes Argument zu übergeben. Da nicht leicht zu erkennen ist, wie weit sich der Erfassungsbereich nach rechts erstreckt, wurden die zugehörigen Bereiche in den folgenden Beispielen blau eingefärbt.

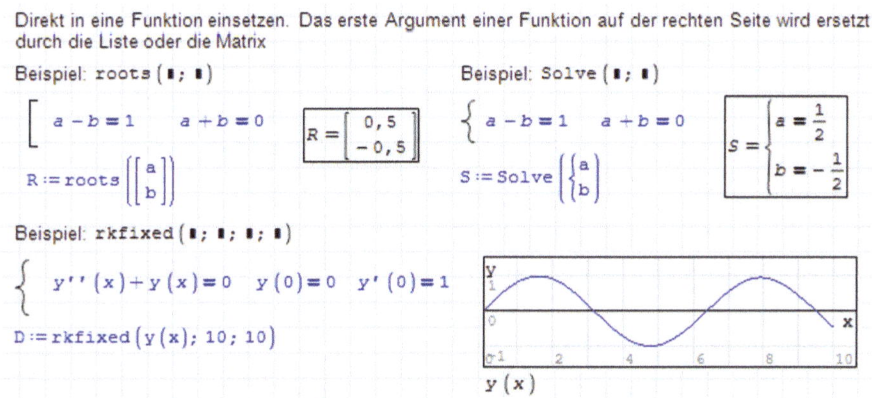

3.3. Computeralgebra

SMath beherrscht von Hause aus einige symbolische algebraische Vereinfachungen und kann symbolische Ableitungen bilden. Für die symbolische Gleichungslösung und für symbolische Integrale benötigt man das Maxima-Plug-in. Näheres zum Plug-in findet man in Kraska (2020), Kraska (2023a) und Kraska (2024).

3.3.1. Ergebnisanzeige bei symbolischen Rechnungen

Bei symbolischen Berechnungen (Computeralgebra) werden undefinierte Variablen verwendet. Ergebnisse müssen dann symbolisch angezeigt werden:

- Pfeil $\boxed{\rightarrow}$ in der Arithmetik-Palette,
- Tastaturkürzel $\boxed{\text{Strg .}}$,
- Umstellen im Kontextmenü auf Optimierung> Symbolisch.

3.3.2. Vereinfachung

Symbolische Ausdrücke speichert SMath ab, wie sie eingegeben wurden. Weiter oben schon definierte Werte werden dabei eingesetzt. Lässt man die Maus über einer Definition schweben, zeigt SMath den gespeicherten Ausdruck an.

Manchmal ist es erforderlich, eine vereinfachte Version des Ausdrucks zu speichern, z.B. wenn ein vektorwertiges Ergebnis auf einen Vektor von Variablen zugewiesen werden soll. Dann hilft die selbstdefinierte Funktion *simp()*.

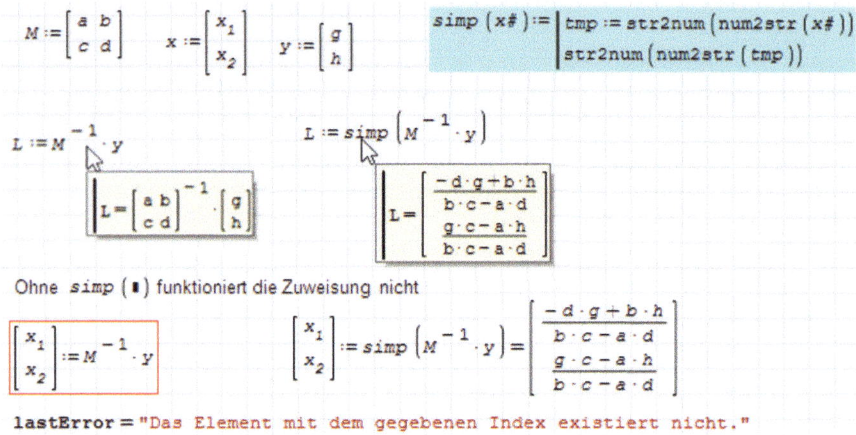

Diese Funktion wird in Abschn. 4.1 für die symbolische Lösung von linearen Gleichungssystemen mit SMath-Bordmitteln eingeführt und angewendet.

Maxima-Experten können zur Vereinfachung von Ausdrücken beliebige Maxima-Funktionen verwenden. Dabei muss die Nachbehandlung auf SMath-Seite abgeschaltet werden: Kontextmenü: Optimierung> Abgeschaltet.

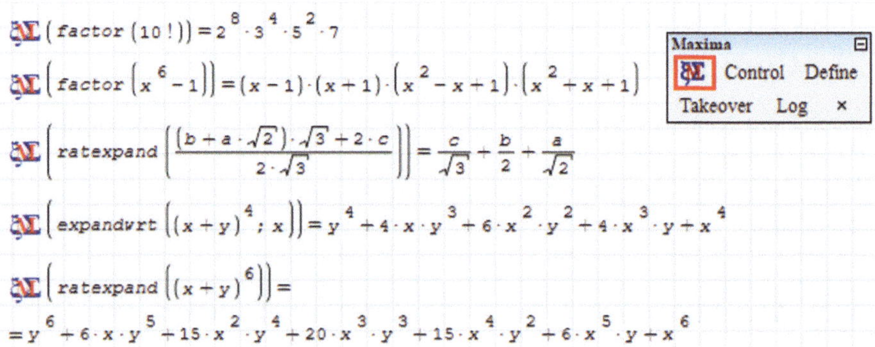

3.3.3. Lineare Gleichungssysteme

Lineare Gleichungssysteme, die in Matrixform gegeben sind, können durch Multiplikation der inversen Koeffizientenmatrix mit der rechten Seite gelöst werden.

Ist das System aber als Vektor von Ausdrücken gegeben, deren Nullstellen gesucht werden, dann muss die Matrixform erst ermittelt werden. Die Koeffizientenmatrix entspricht der Matrix der Ableitungen der Ausdrücke nach den Unbekannten, die SMath mit der Funktion `Jacob()` berechnen kann. Die rechte Seite sammelt dann die Terme der Gleichungen, in denen die Unbekannten nicht vorkommen.

Unbekannte | Ausdrücke, deren Nullstellen gesucht werden | $\mathrm{Clear}(x_1; x_2) = 1$

$$x := \begin{bmatrix} x_1 \\ x_2 \end{bmatrix} \qquad G := \begin{bmatrix} a \cdot x_1 + b \cdot x_2 - g \\ c \cdot x_1 + d \cdot x_2 - h \end{bmatrix}$$

Koeffizientenmatrix | rechte Seite | Lösung

$$M := \mathrm{Jacob}(G; x) \qquad y := M \cdot x - G$$

$$M = \begin{bmatrix} a & b \\ c & d \end{bmatrix} \qquad y = \begin{bmatrix} g \\ h \end{bmatrix} \qquad M^{-1} \cdot y = \begin{bmatrix} \dfrac{-d \cdot g + b \cdot h}{b \cdot c - a \cdot d} \\ \dfrac{g \cdot c - a \cdot h}{b \cdot c - a \cdot d} \end{bmatrix}$$

In den Beispielen 4.1, 4.2 und 4.3 werden verschiedene Verfahren zur Lösung linearer Gleichungssysteme demonstriert und in Abschn. 4.2 zusammenfassend diskutiert.

3.3.4. Nichtlineare algebraische Gleichungen

Für die symbolische Lösung algebraischer Gleichungen wird die Funktion `Solve()` verwendet. Sie greift intern auf die Maxima-Funktion `solve()`zu. Die Funktion kann sowohl einzelne Gleichungen wie auch mehrere Gleichungen nach einer oder mehreren Variablen auflösen. Dabei können eine oder mehrere oder auch gar keine Lösung gefunden werden. Mehrere Gleichungen oder Variablen werden in Listen oder Vektoren geschrieben. Die Lösungen werden als Listen von Gleichungen ausgegeben (Variable = Wert). Mehrere Lösungen werden in einen Vektor gruppiert.

Die Gleichungen können mit `Assign()` in globale Zuweisungen umgewandelt werden oder mit dem Substitutionsoperator lokal in Ausdrücken verwendet werden.

Hier zunächst eine einzelne Gleichung, aufgelöst nach einer Variable, mit einer Lösung:

$$\mathrm{Solve}(a \cdot x + b = y; a) = a = \frac{y - b}{x}$$

Mehrere Lösungen einer Gleichung mit einer Variable werden als Liste von Gleichungen angezeigt:

$$f(x) := x^3 - 3 \cdot x^2 + 5 \cdot x$$

$$L := \mathrm{Solve}\left(f\left(x_0\right) = 15; x_0\right) = \begin{cases} x_0 = -i \cdot \sqrt{5} \\ x_0 = i \cdot \sqrt{5} \\ x_0 = 3 \end{cases} \qquad \mathrm{Assign}\left(L_3\right) = 3$$

$$P := \begin{cases} 15 \\ f(x) \\ \left[x_0 \; f(x_0) \; \text{"o"} \right] \\ \left[0 \; 0 \; \text{"+"} \; 1000 \right] \end{cases}$$

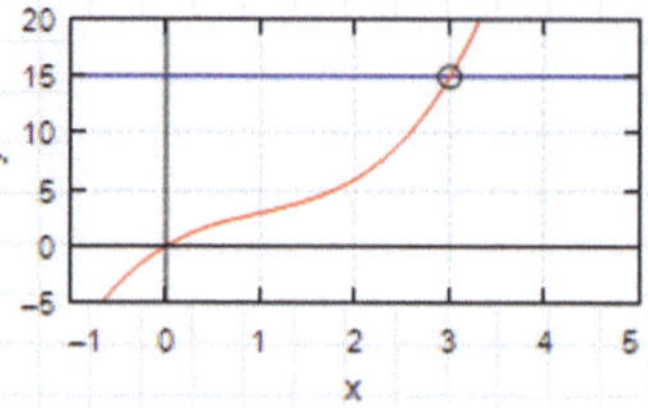

Einfügen>
Diagramm>
X-Y Plot

3.3.5. Algebraische Gleichungssysteme

Bei Gleichungssystemen werden die Gleichungen und die Lösungsvariablen als Listen oder Vektoren angegeben. Rückgabewert ist eine Liste oder — wenn es mehrere Lösungen gibt — ein Vektor von Listen. Hier ein Beispiel mit einer einzigen Lösung, die dann mit `Assign()` global zugewiesen wird.

$$\text{Clear}(a; x; y) = 1$$

$$L := \text{Solve}\left(\begin{bmatrix} 3 \cdot x + 4 \cdot y = 7 \\ 2 \cdot x + a \cdot y = 13 \end{bmatrix} ; \begin{bmatrix} x \\ y \end{bmatrix} \right) = \begin{cases} x = \dfrac{-52 + 7 \cdot a}{-8 + 3 \cdot a} \\ y = \dfrac{25}{-8 + 3 \cdot a} \end{cases}$$

$$\text{Assign}(L) = \begin{cases} \dfrac{-52 + 7 \cdot a}{-8 + 3 \cdot a} \\ \dfrac{25}{-8 + 3 \cdot a} \end{cases} \qquad x = \frac{-52 + 7 \cdot a}{-8 + 3 \cdot a} \qquad y = \frac{25}{-8 + 3 \cdot a}$$

Nun ein Beispiel mit zwei Lösungen. Die Schnittpunkte zweier implizit gegebener Kurven $f_{1,2}(x, y) = 0$ sind zu finden. `Solve()` findet beide Lösungen und gruppiert die beiden Listen in einem Zeilenvektor:

Kreis $f_1 := x^2 + y^2 - 2$

Gerade $f_2 := 3 \cdot x + y - 1$

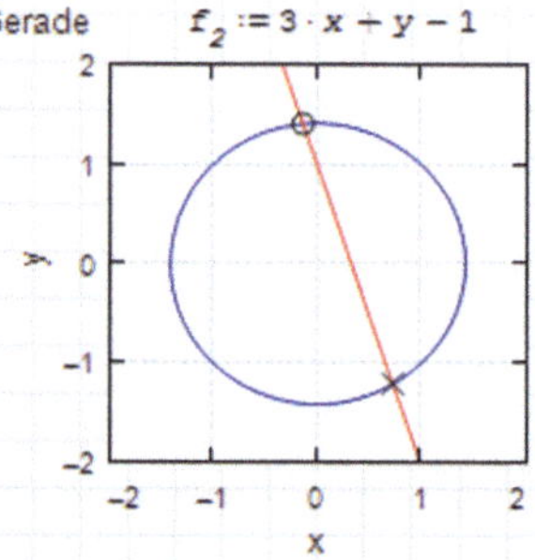

$$\begin{cases} f_1 \\ f_2 \\ \left[x \; y \; \text{"o"} \right] \Big|_{L_1} \\ \left[x \; y \; \text{"x"} \right] \Big|_{L_2} \end{cases}$$

$$L := \text{Solve}\left(\begin{cases} f_1 \\ f_2 \end{cases} ; \begin{cases} x \\ y \end{cases} \right)$$

Ergebnis von *Solve* (▪)

$$L = \left[\begin{cases} x = -\dfrac{-3 + \sqrt{19}}{10} \\ y = \dfrac{1 + 3 \cdot \sqrt{19}}{10} \end{cases} \; \begin{cases} x = \dfrac{3 + \sqrt{19}}{10} \\ y = -\dfrac{-1 + 3 \cdot \sqrt{19}}{10} \end{cases} \right]$$

Lokale Substitution der Lösung mit $▪\big|_▪$

$$\left[x \; y \; \text{"o"} \right] \Big|_{L_1} = \left[-0{,}136 \; 1{,}41 \; \text{"o"} \right]$$

$$\left[x \; y \; \text{"x"} \right] \Big|_{L_2} = \left[0{,}736 \; -1{,}21 \; \text{"x"} \right]$$

Achtung, für die Zuweisung zu einer Variablen muss L vorher vereinfacht werden. Für die einfache Anzeige oder im Diagramm ist das nicht erforderlich.

$$P := \left[x \; y \; \text{"x"} \right] \Big|_{L_2} \qquad P := \left[x \; y \; \text{"x"} \right] \Big|_{simp(L)_2}$$

Die hier benutzte Vereinfachungsfunktion *simp*() wird in Abschnitt 3.3.2 behandelt.

3.3.6. Integrale und Ableitungen

Ableitungen beherrscht SMath selbst. Der Ableitungsoperator ist in der Funktionen-Palette zu finden, kann aber auch über den Funktionsnamen `diff()` per Tastatur eingeben werden.

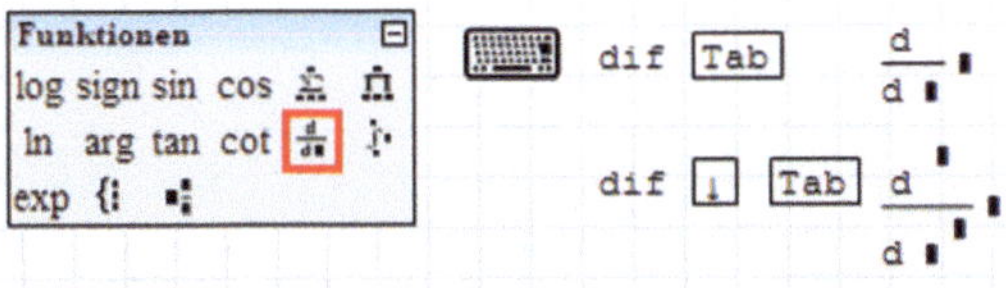

Im folgenden Beispiel stellt die Funktion `MaximaTakeover("none")` sicher, dass tatsächlich SMath und nicht das Maxima-Plug-in verwendet wird.

MaximaTakeover("none") = "All functions handled by SMath"

$\mathrm{Clear}(x;\ x_0) = 1$

$f(x) := x + \sin(x) \qquad \frac{d}{d\,x} f(x) = 1 + \cos(x) \qquad \frac{d^2}{d\,x^2} f(x) = -\sin(x)$

Ableitung nach x an der Stelle x_0

$\left.\frac{d}{d\,x} f(x)\right|_{x = x_0} = 1 + \cos(x_0)$ Erst ableiten, dann einsetzen.

$\frac{d}{d\,x} f(x_0) = 0$ Das funktioniert nicht, weil $f(x_0)$ nicht von x abhängt.

Manchmal benötigt man die Ableitung bestimmter Funktionen an bestimmten Stellen als symbolischen Ausdruck, z.B. um Randbedingungen anzugeben. Dann muss man erst die Ableitung bilden und dann mit dem Substitutionsoperator ▪|▪ den Wert der Variable einsetzen.

Integrale: SMath kann Näherungen für bestimmte Integrale berechnen, wenn diese neben der Integrationsvariable keine weiteren Unbekannten enthalten (siehe Abschn. 3.4.2).

Für Mehrfachintegrale (diese kann SMath nicht numerisch berechnen), unbestimmte Integrale oder Integrale mit symbolischen Ausdrücken wird das Maxima-Plug-in benötigt. Mit `MaximaTakeover("int")` wird die Unterstützung aktiviert.

MaximaTakeover("int") = "int() handled by Maxima"

$\mathrm{Clear}(x;\ q_0;\ L;\ Q_0) = 1$

$q(x) := q_0 \cdot \frac{x}{L} \qquad R := \int_0^L q(x)\, d\,x = \frac{L \cdot q_0}{2} \qquad S := \int_0^L q(x) \cdot x\, d\,x = \frac{L^2 \cdot q_0}{3}$

$Q(x) := Q_0 - \int_0^x q(\xi)\, d\,\xi = \frac{2 \cdot Q_0 \cdot L - q_0 \cdot x^2}{2 \cdot L}$

$M(x) := M_0 + \int_0^x Q(\xi)\, d\,\xi = \frac{6 \cdot M_0 \cdot L - x \cdot \left(q_0 \cdot x^2 - 6 \cdot L \cdot Q_0\right)}{6 \cdot L}$

Integrale über Integrale wären mit der numerischen Integration in SMath nicht möglich.

Im folgenden Diagramm ist die Funktion $Q(x)$ als Integral mit variabler Obergrenze definiert. Der entsprechende, oben bereits berechnete Ausdruck muss nur noch für die Punkte des Diagramms ausgewertet werden. Das ist hier ungefähr 10 mal schneller als mit der numerischen Integration (siehe Abschn. 3.4.2).

$q_0 := 1\ \frac{N}{m}$ $\quad L := 2\ m$ $\quad Q_0 := 1\ N$ $\quad t_0 := time(1)$

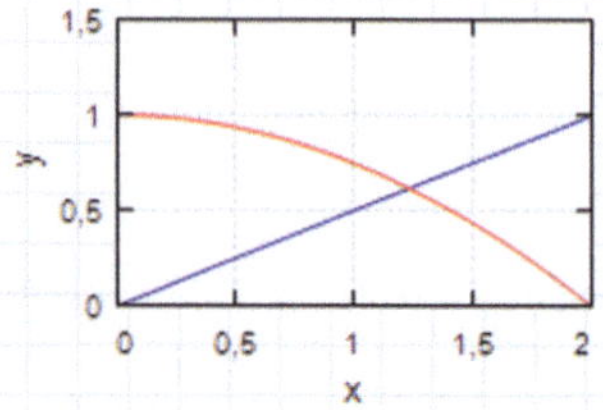

$\begin{cases} q(x\ m) \\ Q(x\ m) \end{cases}$

Timing des Diagramms

$time(1) - t_0 = 0{,}06\ s$

Manchmal hängt das Ergebnis symbolischer Integrale von bestimmten Annahmen über die Variablen ab. Die Maxima-Schnittstelle macht in solchen Fällen implizite Annahmen und informiert den Anwender darüber. Will man das vermeiden, muss man die Annahme explizit selbst machen.

MaximaControl("restart") = "Restart complete." — Maximasitzung neu starten

MaximaTakeover("int") = "int() handled by Maxima" — SymbolischeIntegrale freischalten

$\int_0^{\alpha} \sin(\alpha - \varphi)\, d\varphi = \begin{cases} \text{"}\alpha\text{ is assumed to be positive."} \\ 1 - \cos(\alpha) \end{cases}$ — Meldung über Implizite Vorzeichenannnahme

$\text{SM}(assume(\alpha > 0)) = \{\alpha > 0$ — Explizite Vorzeichenannahme

$\int_0^{\alpha} \sin(\alpha - \varphi)\, d\varphi = 1 - \cos(\alpha)$ — Direkt verwendbares Ergebnis

3.3.7. Gewöhnliche Differenzialgleichungen

Die Funktion `ODE.2()` ist eine Schnittstelle zur Maxima-Funktion `ode2()`. Das erste Argument ist eine Differenzialgleichung. Darin werden die Ableitungen mit den SMath-Ableitungsoperatoren geschrieben. Die beiden weiteren Argumente sind die gesuchte Funktion und die unabhängige Variable.

MaximaControl("restart") = "Restart complete."

Differenzialgleichung

$DGL := \left(\frac{d^2}{dt^2} y(t) + \frac{1}{10} \cdot \left(\frac{d}{dt} y(t) \right) + y(t) = \sin(t) \right)$

Lösung

$Sln := ODE_2(DGL; y(t); t)$

Rückgabewert ist eine Gleichung, die mit `Assign()` in eine Definition umgewandelt werden kann, so dass die Funktion für die weitere Rechnung zur Verfügung steht.

Ergebnis mit zwei Integrationskonstanten

$$Sln = y(t) = \frac{k1 \cdot \sin\left(\frac{t \cdot \sqrt{399}}{20}\right) + k2 \cdot \cos\left(\frac{t \cdot \sqrt{399}}{20}\right) - 10 \cdot \cos(t) \cdot \sqrt[20]{e}^{\,t}}{\sqrt[20]{e}^{\,t}}$$

Definition der Funktion y(t)

$$\text{Assign}(Sln) = \frac{k1 \cdot \sin\left(\frac{t \cdot \sqrt{399}}{20}\right) + k2 \cdot \cos\left(\frac{t \cdot \sqrt{399}}{20}\right) - 10 \cdot \cos(t) \cdot \sqrt[20]{e}^{\,t}}{\sqrt[20]{e}^{\,t}}$$

Im Beispiel hat die Funktion noch zwei Integrationskonstanten, die aus den Anfangsbedingungen (hier Auslenkung und Geschwindigkeit am Anfang gleich Null) bestimmt werden.

Bestimmung der Integrationskonstanten aus den Anfangsbedingungen

$$Sln := \text{Solve}\left(\begin{cases} \left.\frac{d}{d\,t} y(t)\right|_{t=0} = 0 \\ y(0) = 0 \end{cases} ; \begin{cases} k1 \\ k2 \end{cases}\right) = \begin{cases} k1 = \frac{10}{\sqrt{399}} \\ k2 = 10 \end{cases} \qquad \text{Assign}(Sln) = \begin{cases} 0{,}501 \\ 10 \end{cases}$$

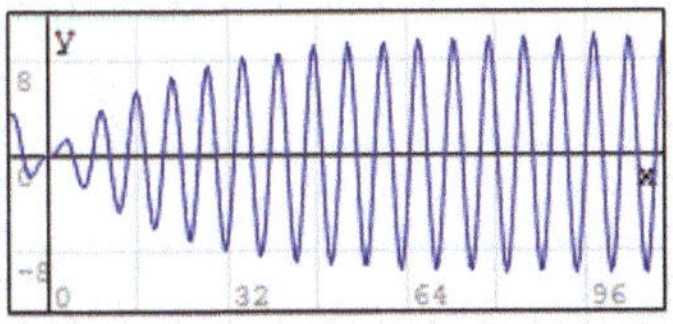

y(x)

Umfassendere Informationen zum Maxima-Plugin finden Sie in Kraska (2020). Aber auch Literatur direkt zu Maxima wie z.B. Woollett (2023) kann hilfreich sein.

3.4. Numerische Methoden

Bei diesen Verfahren sind die Ergebnisse Zahlenwerte. Nicht alle numerischen Verfahren in SMath Studio kommen mit Maßeinheiten zurecht. Man kann jedoch Tricks anwenden, um trotzdem mit Funktionen und Variablen zu arbeiten, die Maßeinheiten haben.

3.4.1. Algebraische Gleichungen

Es gibt mehrere Methoden für die Lösung algebraischer Gleichungen. Davon werden im vorliegenden Buch `solve()`, `roots()` und `FindRoot()` verwendet. Letztere wird vom Plug-in Nonlinear Solvers bereitgestellt, die beiden anderen sind native Funktionen von SMath Studio („Bordmittel").

Die Funktionen `roots()` und `FindRoot()` können Gleichungssysteme lösen und werden daher intensiv in den Beispielen zur Starrkörperstatik (Kap. 4.2) verwendet. Abschn. 4.2 vergleicht die Verfahren untereinander sowie mit der Matrixinversion und der Maxima-Funktion `Solve()`.

In Beispiel 5.1 wird auf Seite 92 die Nullstelle der Querkraft gesucht, um das maximale Biegemoment zu bestimmen. Weiterführende Informationen zur Numerik algebraischer Gleichungssysteme finden sich in Schwarz (1988, Kap. 5).

`solve()`: Diese Funktion sucht Nullstellen eines Ausdrucks oder Lösungen einer Gleichung mit einer Unbekannten innerhalb eines Suchbereichs. Dieser kann beim Aufruf der Funktion angegeben werden. Wenn er fehlt, wird die Voreinstellung unter Extras> Einstellungen> Berechnung> Nullstellen (Bereich) benutzt.

```
f := (2·cos(x) + 1)            Ausdruck -> Nullstelle
                               S := solve(f; x; -5; 5) = [-4,19; -2,09; 2,09; 4,19]

                               Gleichung -> Lösung
                               solve(2·cos(x) = -1; x; -5; 5) = [-4,19; -2,09; 2,09; 4,19]
```

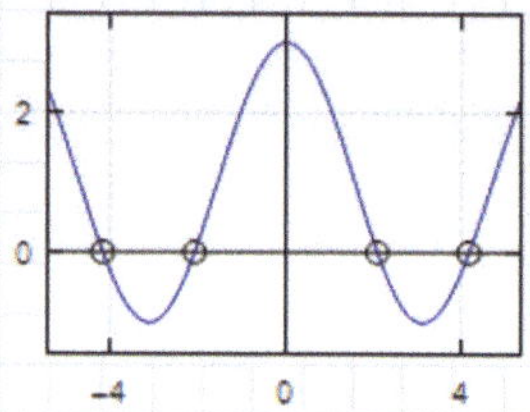

```
{ f
{ augment(S; 0; "o")
{ [0 0 "+" 1000]
```

Die Funktion betrachtet die unbekannte Variable als dimensionslos. Wenn sie im Ausdruck mit einer Maßeinheit erwartet wird, muss man einen entsprechenden Faktor einfügen. Der Ausdruck selbst darf eine Maßeinheit haben. Diese wird aber genau wie in Diagrammen durch Eins-Setzen der Basiseinheiten ignoriert.

$$s(t) := \frac{1}{2} \cdot 10\,\frac{m}{s^2} \cdot t^2 \qquad \text{solve}(s(t\,s) = 100\,m;\ t;\ 0;\ 1000) = 4{,}47$$

`roots()`: Diese Funktion benutzt ein Gradientenverfahren für die Lösung von nichtlinearen Gleichungssystemen, vermutlich das Newton-Verfahren. Solche Verfahren benötigen eine Startschätzung. `roots()` stellt dafür einen Standardwert bereit, so dass die Angabe optional ist.[1]

```
f := 2·cos(x) + 1                  Funktion, deren Nullstelle gesucht wird

roots(f; x) = 1,5·10^8             Tangente am Startwert ist horizontal, daher werden sehr weit
                                   entfernte oder überhaupt keine Lösungen gefunden.
roots(f; x; 0) = 1,5·10^8

roots(f; x; π) = ▮      lastError = "Keine reelen Nullstellen."

roots(f; x; 2) = 2,09

roots(2·cos(x) = -1; x; 2) = 2,09     Alternative Formulierung als Gleichung
```

Die Ableitungen der Gleichungen nach den Variablen werden symbolisch ermittelt. Bei ungünstiger Startschätzung, also wenn an dem Punkt die Tangente (fast) horizontal ist, findet `roots()` keine oder eine sehr weit entfernt liegende Lösung. Bei

[1] Dessen Bestimmung ist nicht offengelegt, vermutlich wird vom Nullvektor ausgegangen.

mehreren Lösungen wird höchstens eine gefunden, abhängig von der Startschätzung.

Im folgenden Diagramm stellen wir grafisch dar, wie die gefundene Lösung von der Startschätzung abhängt. Die rote Linie zeigt an, wo die Lösung (blau) dem Startwert entspricht. Dieses sogenannte Konvergenzverhalten ist grundsätzlich vom Einzelfall abhängig.

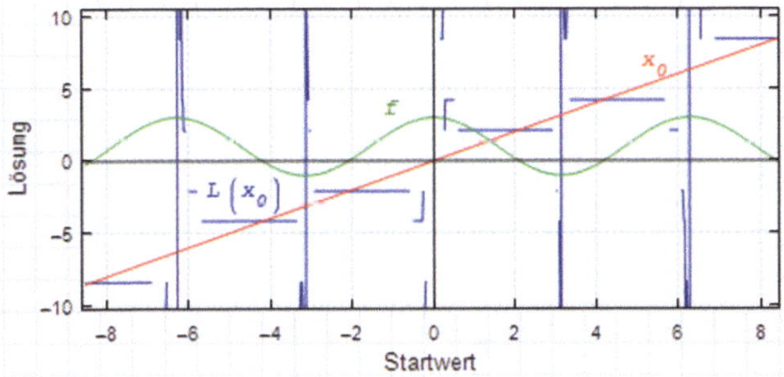

$$\begin{cases} L(x_0) := \text{roots}(f;\, x;\, x_0) \\ x_0 \\ f \\ [0\ 0\ \text{"+"}\ 1000] \end{cases}$$

Die Funktion kann auch mit Gleichungssystemen umgehen, das wird in den Beispielen von Kap. 4.2 demonstriert. Bei den dort untersuchten linearen Systemen spielt die Startschätzung allerdings keine Rolle, da die Tangente dann überall gleich ist. Zu beachten ist, dass `roots()` die Gleichungen und Variablen streng als Spaltenvektoren verlangt. Andere Löser lassen da auch Listen zu.

Kreis $f_1 := x^2 + y^2 - 2$ Gerade $f_2 := 3 \cdot x + y - 1$

Lösung mit Standard-Startwert

$$L_1 := \left(\text{roots}\left(\begin{bmatrix} f_1 \\ f_2 \end{bmatrix}; \begin{bmatrix} x \\ y \end{bmatrix}\right)\right) = \begin{bmatrix} -0{,}136 \\ 1{,}41 \end{bmatrix}$$

Lösung mit vorgegebenem Startwert

$$L_2 := \left(\text{roots}\left(\begin{bmatrix} f_1 \\ f_2 \end{bmatrix}; \begin{bmatrix} x \\ y \end{bmatrix}; \begin{bmatrix} 1 \\ -1 \end{bmatrix}\right)\right) = \begin{bmatrix} 0{,}736 \\ -1{,}21 \end{bmatrix}$$

$$P := \begin{cases} f_1 \\ f_2 \\ \text{augment}\left(L_1^{\,T};\, \text{"o"}\right) \\ \text{augment}\left(L_2^{\,T};\, \text{"x"}\right) \end{cases}$$

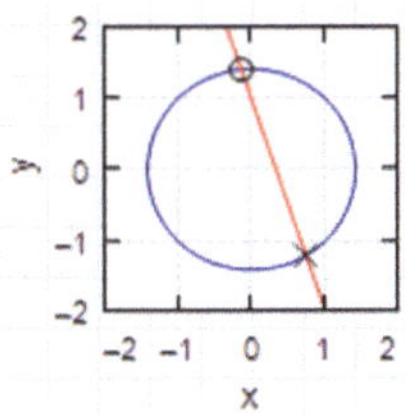

P

`FindRoot()`: Diese Funktion löst nichtlineare Gleichungen und Gleichungssysteme. Sie ist Teil des Plug-ins Nonlinear Solvers und kommt mit Maßeinheiten zurecht. Die Dimension der einzelnen Variablen wird der Funktion über die Startschätzung mitgeteilt. Jede Variable kann eine andere Dimension haben, die natürlich zu den Gleichungen passen muss.

Die Einträge der Startschätzung sind Zahlenwerte mit oder ohne Einheit oder Gleichungen der Form Variable = Wert. Im letzteren Fall wird die gefundene Lösung direkt auf die hier angegebenen Namen zugewiesen (eingebettete Zuweisung).

$$s(t) := \frac{1}{2} \cdot 10 \frac{m}{s^2} \cdot t^2$$

$\text{FindRoot}(s(t) = 100\ m;\ 1\ s) = 4{,}47\ s$ $\quad\text{IsDefined}(t) = 0$

$\text{FindRoot}(s(t) = 100\ m;\ t = 1\ s) = 4{,}47\ s$ $\quad\text{IsDefined}(t) = 1 \quad t = 4{,}47\ s$

Das Ergebnis iterativer numerischer Lösungsverfahren ist nicht nur von der Startschätzung, sondern auch von der Abbruchtoleranz abhängig. Diese steuert, wie genau die Gleichungen erfüllt sein müssen. `FindRoot()` verwendet standardmäßig eine Toleranz von 10^{-4}. Diese bezieht sich auf die Gleichungen in Basiseinheiten. In folgendem Beispiel ist diese Toleranz viel zu grob, denn auf Basiseinheiten umgerechnet sind die Vorgabewerte für die Flächenträgheitsmomente in der Größenordnung $10^{-7}\,\text{m}^4$.

$$I_y := \frac{1}{12} \cdot b \cdot h^3 \qquad I_z := \frac{1}{12} \cdot b^3 \cdot h$$

Rechteckquerschnitt mit Höhe h und Breite b mit vorgegebenen Trägheitsmomenten

$$\text{FindRoot}\left(\begin{cases} I_y = 20\ cm^4 \\ I_z = 8\ cm^4 \end{cases};\ \begin{cases} 1\ cm \\ 1\ cm \end{cases}\right) = \begin{cases} 1 \\ 1 \end{cases} cm$$

Diese Lösung ist mit Sicherheit falsch. Es kann kein quadratischer Querschnitt bei unterschiedlichen Trägheitsmomenten herauskommen.

Die Standardtoleranz sorgt in diesem Fall dafür, dass bereits die Startschätzung als Ergebnis akzeptiert wird. Man kann und muss in diesem Fall eine kleinere Toleranz vorgeben, als drittes Argument der Funktion `FindRoot()`.

Abhängigkeit der Lösung von der Toleranz (dritter Parameter von FindRoot(∎; ∎; ∎))

$$Gl := \begin{cases} I_y = 20\ cm^4 \\ I_z = 8\ cm^4 \end{cases} \qquad x_0 := \begin{cases} 1\ cm \\ 1\ cm \end{cases} \qquad 20\ cm^4 = 2 \cdot 10^{-7}\ m^4$$

$$\text{FindRoot}\left(Gl;\ x_0;\ 10^{-4}\right) = \begin{cases} 1 \\ 1 \end{cases} cm$$

$$\text{FindRoot}\left(Gl;\ x_0;\ 10^{-8}\right) = \begin{cases} 2{,}79 \\ 4{,}42 \end{cases} cm$$

$$\text{FindRoot}\left(Gl;\ x_0;\ 10^{-12}\right) = \begin{cases} 2{,}79 \\ 4{,}41 \end{cases} cm$$

Hier haben wir einen klassischen Fall, wo es wichtig ist, das Ergebnis kritisch zu prüfen.

Wie bereits erwähnt, kann die Funktion `FindRoot()` das Ergebnis direkt auf Variablen zuweisen, wenn die Namen in der Form Variable = Wert in der Startschätzung angegeben werden. Das ist eine implizite oder eingebettete Zuweisung, denn es ist dafür kein Zuweisungsoperator := erforderlich. Eine explizite Zuweisung ist natürlich auch möglich.

In beiden Fällen muss man beachten, dass die **Reihenfolge der Variablen** im Ergebnis anders als bei `roots()` nicht vom Anwender festgelegt wird, sondern sich anhand der **alphabetischen Sortierung** ergibt. Man kann die Reihenfolge mit `Unknowns()` prüfen.

$$Gl := \begin{cases} I_y = 20\ \text{cm}^4 \\ I_z = 8\ \text{cm}^4 \end{cases}$$

$$\text{Unknowns}(Gl) = \begin{bmatrix} b \\ h \end{bmatrix}$$ Die Variablen in der Startschätzung und im Ergebnis sind alphabetisch sortiert!

Man kann Variablennamen in der Startschätzung angeben, auf die das Ergebnis zugewiesen wird (eingebettete oder **implizite Zuweisung**)

$$\text{FindRoot}\left(Gl;\ \begin{cases} b_1 = 1\ \text{cm} \\ h_1 = 1\ \text{cm} \end{cases};\ 10^{-12}\right) = \begin{cases} 2{,}79 \\ 4{,}41 \end{cases}\ \text{cm} \qquad b_1 = 2{,}79\ \text{cm} \quad h_1 = 4{,}41\ \text{cm}$$

Das ist gleichwertig zur **expliziten Zuweisung.** $\text{Clear}(b_1;\ h_1) = 1$

$$\begin{bmatrix} b_1 \\ h_1 \end{bmatrix} := \text{FindRoot}\left(Gl;\ \begin{cases} 1\ \text{cm} \\ 1\ \text{cm} \end{cases};\ 10^{-12}\right) \qquad b_1 = 2{,}79\ \text{cm} \quad h_1 = 4{,}41\ \text{cm}$$

Hier ist eine ungeeignete Zuordnung getroffen worden, die Verwirrung stiftet:

Man ist selbst dafür verantwortlich, die Namen richtig zuzuordnen.

$$\text{FindRoot}\left(Gl;\ \begin{cases} h_2 = 1\ \text{cm} \\ b_2 = 1\ \text{cm} \end{cases};\ 10^{-12}\right) = \begin{cases} 2{,}79 \\ 4{,}41 \end{cases}\ \text{cm} \qquad b_2 = 4{,}41\ \text{cm} \quad b_1 = 2{,}79\ \text{cm} \quad h_2 = 2{,}79\ \text{cm} \quad h_1 = 4{,}41\ \text{cm}$$

3.4.2. Integration

SMath kann Näherungen für bestimmte Integrale berechnen, wenn diese neben der Integrationsvariable keine weiteren Unbekannten enthalten. Dabei wird das Simpson-Verfahren benutzt, welches die zu integrierende Funktion stückweise durch quadratische Parabeln approximiert (siehe z.B. Schwarz (1988), Kap. 8). Die Zahl dieser Abschnitte bestimmt die Genauigkeit. Sie wird für das gesamte Dokument eingestellt unter Extras> Einstellungen> Berechnung> Integrale: Genauigkeit.

Die Funktion `MaximaTakeover("none")` stellt sicher, dass tatsächlich SMath und nicht das Maxima-Plug-in verwendet wird. SMath wird unabhängig davon immer versuchen, ein Integral selbst numerisch zu berechnen.

MaximaTakeover("none") = "All functions handled by SMath"

$\text{Clear}(x;\ q_0;\ L) = 1$

$$q(x) := q_0 \cdot \frac{x}{L} \qquad q_0 := 1\ \frac{\text{N}}{\text{m}} \qquad L := 2\ \text{m} \qquad Q_0 := 1\ \text{N} \qquad Q(x) := Q_0 - \int_0^x q(\xi)\,\text{d}\xi$$

Im gezeigten Beispiel beinhaltet die Funktion $Q(x)$ ein Integral mit variabler Obergrenze. Die Darstellung im Diagramm ist möglich, aber nicht effizient, weil für jeden Diagrammpunkt die numerische Integration von Null bis zum aktuellen Punkt aufgerufen wird. Trotzdem wird die Funktion in den ersten vier Beispielen von Kap. 5.7 zur Bestimmung von Biegemoment- und Querkraftverläufen genutzt, weil sie die

Formeln aus der Theorie gut wiedererkennbar umsetzt. Alternativen sind in solchen Fällen die symbolische Integration (Abschn. 3.3.6) oder die Verwendung von numerischen Lösern für gewöhnliche Differenzialgleichungen (Abschn. 5.5).

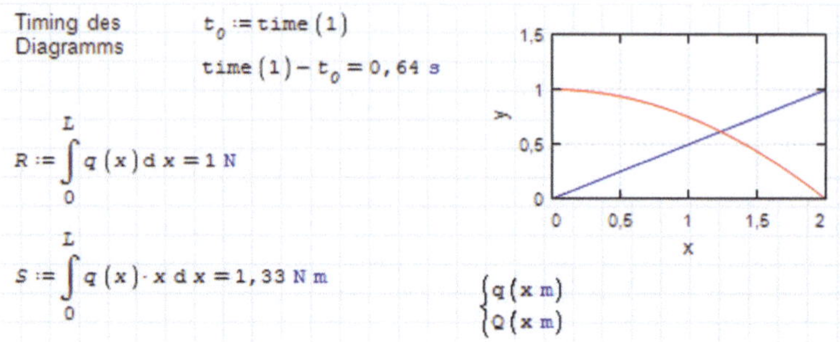

Doppelintegrale quittiert SMath mit einer wenig hilfreichen Fehlermeldung. Man kann in solchen Fällen das Maxima-Plug-in benutzen.

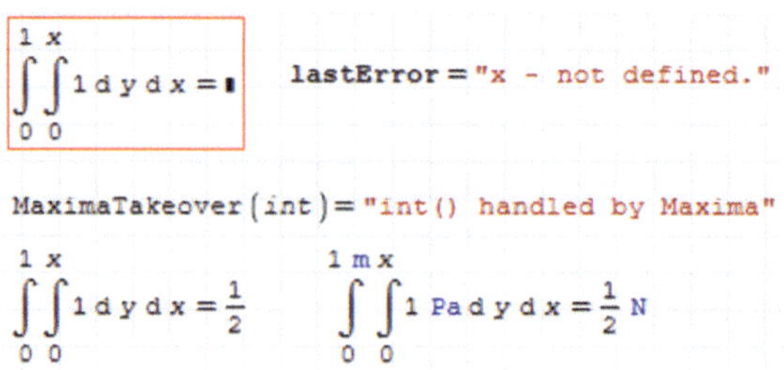

3.4.3. Interpolation

SMath bietet eingebaute Funktionen für die eindimensionale Interpolation. Beispiele sind die Funktionen `linterp()` und `cinterp()` für lineare bzw. kubische Splines. Die Funktionen werden mit drei Argumenten aufgerufen:

X	x-Daten (Vektor)
Y	y-Daten (Vektor)
x	x-Wert, für den interpoliert werden soll.

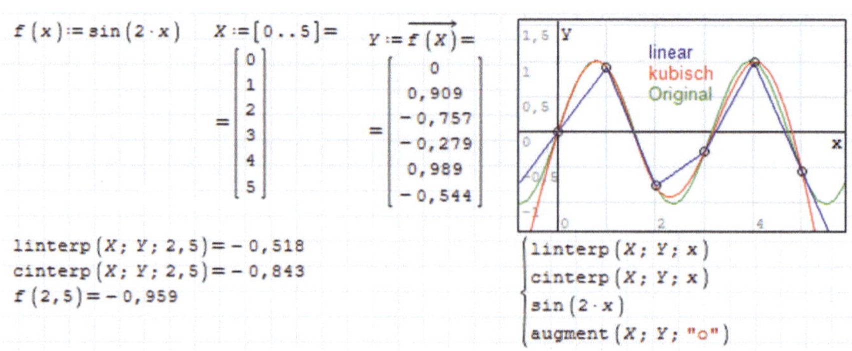

In unseren Mechanik-Beispielen wird die Interpolation benutzt, wenn die Originalfunktion für die Weiterverarbeitung zu komplex ist. Die hier gezeigte Funktion $f(x)$ lässt sich auswerten und im Diagramm darstellen, die Nullstellensuche mit `FindRoot()` scheitert aber, wobei die Fehlermeldung nicht hilfreich ist.

MaximaTakeover("none") = "All functions handled by SMath"

$$f(x) := \int_0^x \xi \, d\xi - (x > 1)$$

$$f\left(\frac{1}{2}\right) = 0{,}125$$

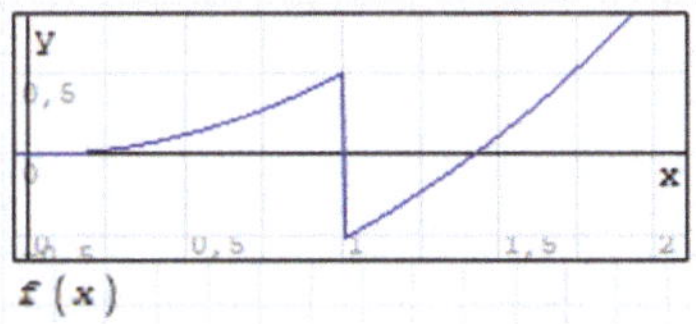

FindRoot(f(x); 2) = ▪   lastError = "x - not defined."

Dann kann man die Originalfunktion abtasten und interpolieren. Mit der interpolierten Funktion gelingt die Nullstellensuche.

$X := [0; 0{,}05 .. 2]$ $\quad Y := \overrightarrow{f(X)}$ $\quad f_{int}(x) := \text{linterp}(X; Y; x)$

$$X = \begin{bmatrix} 0 \\ 0{,}05 \\ 0{,}1 \\ 0{,}15 \\ \vdots \end{bmatrix} \quad Y = \begin{bmatrix} 0 \\ 0{,}00125 \\ 0{,}005 \\ 0{,}0112 \\ \vdots \end{bmatrix}$$

FindRoot$(f_{int}(x); 2) = 0$

FindRoot$(f_{int}(x); 1{,}5) = 1{,}41$

Weitergehende Informationen zur Interpolation finden sich in Schwarz (1988), Kap. 3).

3.4.4. Gewöhnliche Differenzialgleichungen

Das Plug-in Mathcad Tools stellt die Funktion `rkfixed(`S`;`F`;`t_{max}`;`n`) bereit.` Damit können Anfangswertprobleme gelöst werden. In der hier empfohlenen Form hat sie vier Argumente:

S	Liste der Differenzialgleichungen und Anfangsbedingungen. Ableitungen werden mit Apostrophen gekennzeichnet.
F	Liste der zusätzlich zur unabhängigen Variable auszugebenden Größen (als Funktionen der unabhängigen Variable),
t_{max}	Endwert der unabhängigen Variable. Der Anfangswert wird aus den Anfangsbedingungen geschlossen, z.B. gibt $x(0) = 0$ den Startwert für $x(t)$ und für t vor.
n	Zahl der Integrationsschritte.

Verwendet wird dabei ein Runge-Kutta-Verfahren vierter Ordnung (RK4) mit fester Schrittweite (siehe z.B. Schwarz (1988), 9.1).

Das Ergebnis ist eine Matrix, deren Spalten der unabhängigen Größe sowie den abhängigen Größen und ihren Ableitungen entsprechen. Außerdem werden die im zweiten Argument angeforderten Ergebnisfunktionen definiert.

Angabe der Gleichungen als Liste

```
        ⎛⎧y''(t)+y(t)+y(t)=sin(t)                   ⎞   ⎡ 0    0       0     ⎤
rkfixed ⎜⎨y(0)=0                  ; y(t); 100; 500  ⎟ = ⎢0,2  0,00133 0,0198 ⎥
        ⎝⎩y'(0)=0                                   ⎠   ⎢0,4  0,0104  0,0768 ⎥
                                                        ⎣        ⋮           ⎦
```

Die Funktion lässt sich gut mit dem Mathcad-Block (Abschn. 3.2.4) kombinieren. Anwendungsbeispiele sind die Integration der Schnittlastendifferenzialgleichungen in der Statik (Beispiel 5.5) und die Integration von Bewegungsgleichungen in der Dynamik (Beispiel 10.1).

Mathcad-Block zur Zusammenfassung der Gleichungen

$$\begin{cases} y''(t)+\frac{1}{10}\cdot y'(t)+y(t)=\sin(t) \\ y(0)=0 \quad y'(0)=0 \end{cases}$$

rkfixed(y(t); 100; 500)

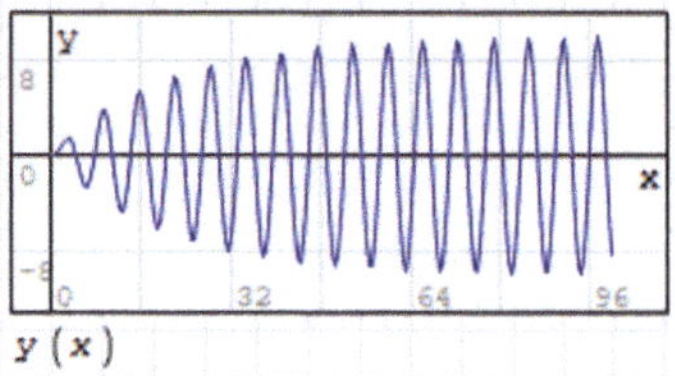

3.5. Diagramme

Diagramme kennen Sie schon aus der Einführung, Abschn. 2.5. Das Datenformat für den Standard-2D-Plot und den X-Y-Plot ist sehr ähnlich. Der Standard-2D-Plot ist ein SMath-Bordmittel, während der X-Y-Plot das gleichnamige Plug-in benötigt. Beide bieten:

- Darstellung expliziter Funktionen $f(x)$,
- Darstellung zweispaltiger Matrizen (zeilenweise x, y-Koordianten) als Linienzüge oder Punkte,
- Darstellung von Matrizen der Form $\begin{bmatrix} x & y & \text{Text} & \text{Größe} & \text{Farbe} \end{bmatrix}$ als Text oder Punktmarker,
- Interaktive Verschiebung und Skalierung des Grafikbereichs mit der Maus,
- Animation von Grafikelementen und Export als animiertes GIF.

Der deutlichste Unterschied: Im Standard-2D-Plot sind die Achsenbeschriftungen innerhalb des Randes, beim X-Y-Plot sind sie außerhalb.

Der X-Y-Plot bietet zusätzlich:

- Darstellung impliziter Funktionen $f(x, y) = 0$,
- Darstellung parametrischer Funktionen $\begin{bmatrix} x(t) & y(t) \end{bmatrix}$,
- Optionale zweite y-Achse,
- Bibliothek geometrischer Grundformen,
- Schraffur und Farbfüllungen unter oder über Kurven,

- Einstellungsmenü für Titel, Achsbeschriftungen und Legende sowie Linien- und Datenpunktformat,
- Steuerung der Einstellungen durch Rechenblattvariable (z.B. für automatische Achsengrenzen).

Gegenüber der Maxima-basierten Grafik fehlt die Option für logarithmische Achsen.

Explizite Funktionen werden als Ausdruck mit genau einer undefinierten Variable angegeben. Im Standard-2D-Plot muss sie x heißen.

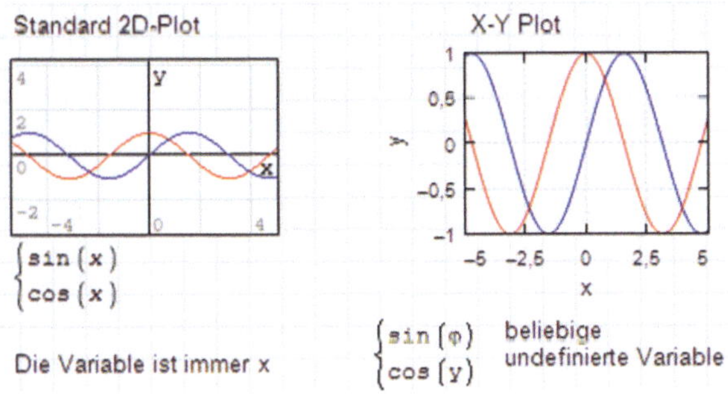

Polygonzüge werden mit Matrizen aus zwei Spalten (x, y) erzeugt. Weitere Spalten können vorhanden sein, dann gibt die dritte Spalte ein **Punktsymbol** oder einen **Text** an. Punktsymbole werden an den Koordinaten zentriert, Text wird oben links verankert. Die vierte Spalte gibt die Größe an, die fünfte die Farbe. Die Größe von Punktsymbolen wird in den beiden Diagrammarten unterschiedlich interpretiert.

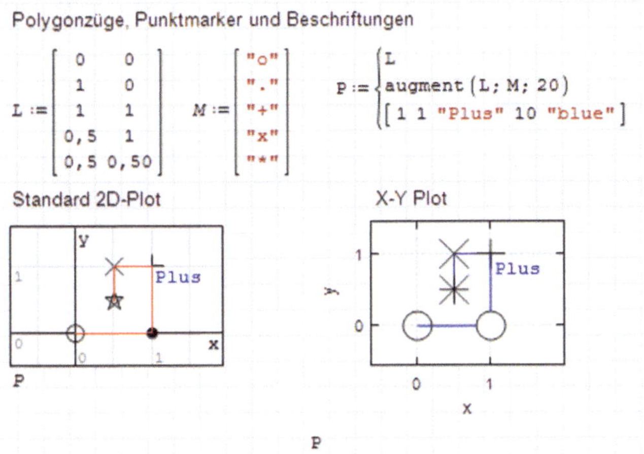

Es sind alle HTML-Farbnamen verwendbar (W3Schools, 2025). Außerdem kann die Farbe im hexadezimalen ARGB-Format angegeben werden. Je zwei Bytes kodieren die Deckkraft, Rot, Grün und Blau, z.B. ist `"#77ff0000"` ein halbtransparentes Rot.

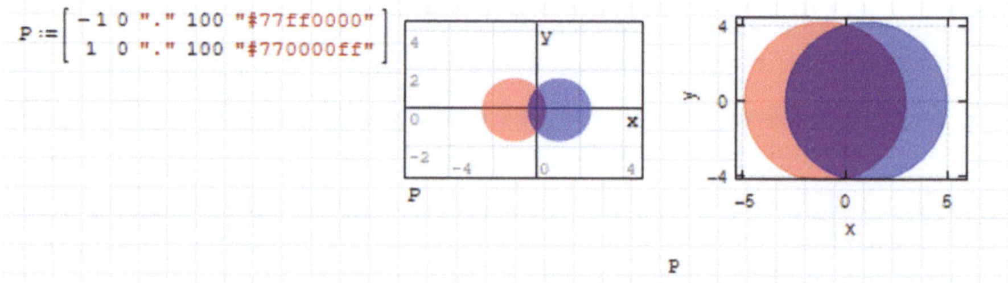

Umgang mit Maßeinheiten. Alle Diagramme betrachten die unabhängigen Variablen als dimensionslos. Verlangt eine Funktion ein Argument mit Maßeinheiten, dann muss man die Variable im Diagramm damit multiplizieren. Soll das Ergebnis anders als in Basiseinheiten angezeigt werden, dann muss man es durch die entsprechende Einheit teilen.

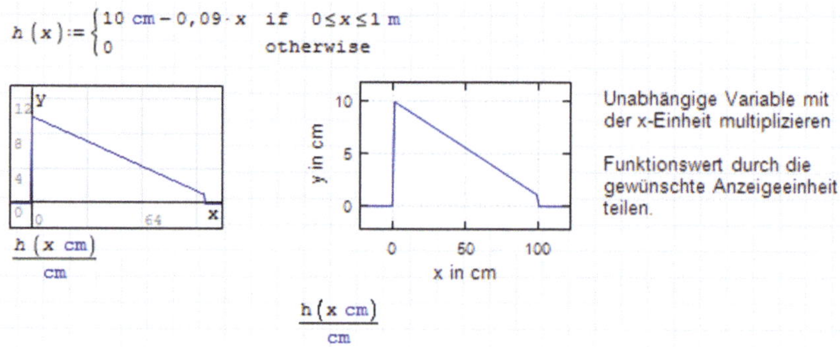

Für die Darstellung von **impliziten und parametrischen Funktionen** findet man im Kontextmenü des X-Y-Plots Beispiele, die einfach in die Liste der Grafikobjekte eingefügt werden können. So muss man sich nicht merken, wie diese Objekte spezifiziert werden und kann sie als Vorlagen benutzen. Das gilt im Übrigen auch für die anderen Objektarten.

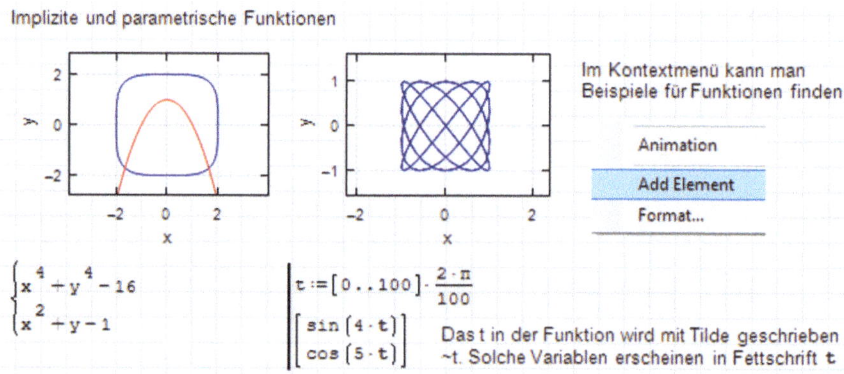

Durch Doppelklick ist im X-Y-Plot das **Format-Menü** erreichbar.

- Labels: Achsbeschriftungen,
- Legend : Aktivierung und Position der Legende,

- Traces: Einstellungen für die einzelnen Grafikobjekte (Kurvenfüllung, optionale Zuordung zur zweiten y-Achse, Linienformat, Beschriftung in der Legende, Markerformat,
- ...-Axis: Minimum und Maximum, Gitterweite der Achsen.

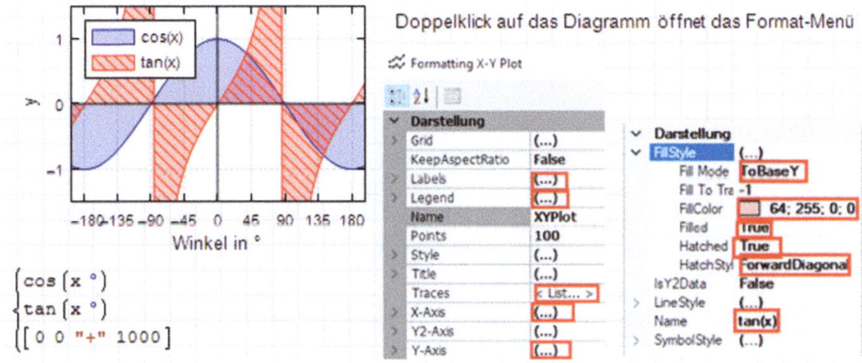

Die Einstellungen kann man auch vom Rechenblatt aus verändern. Am einfachsten ist es, sie aus dem Format-Menü zu kopieren und dann zu verändern. Damit sie wirksam werden, müssen sie oberhalb des Diagramms definiert werden.

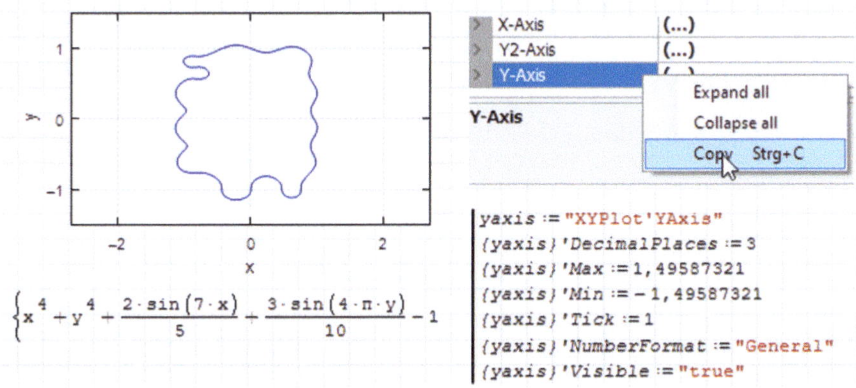

Zweite y-Achse: Wenn Kurven mit sehr unterschiedlichem Wertebereich oder in unterschiedlichen Maßeinheiten dargestellt werden sollen, ist eine zweite y-Achse sinnvoll. Diese wird im Format-Menü des X-Y-Plots aktiviert. Einzelne Kurven können auf diese Achse umgeschaltet werden.

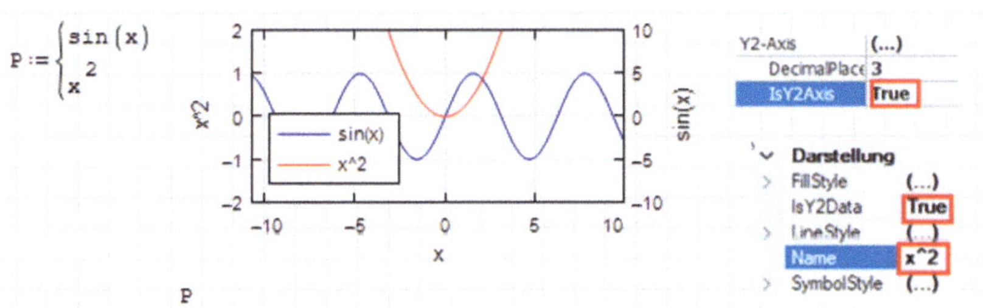

Etwas ausführlicher, aber nicht ganz so aktuell, wird die SMath-Grafik in Kraska (2023b) behandelt.

3.6. SMath-Etikette und Überlebensregeln

Die folgenden Regeln sind nicht überlebenswichtig, aber hilfreich für gut verständliche Rechenblätter.

- Wenn Sie eine Zahl mehrmals verwenden müssen, führen Sie dafür Variable ein. Änderungen sind dann bequemer und sicherer.
- Verwenden Sie sinnvolle Namen, am besten mit einem Buchstaben und tiefgestelltem Text, so wie es bei mathematischen und technischen Formeln üblich ist. Schreiben Sie F_A (`F.A`) statt FA.
- Seien Sie sparsam mit Formatierungen. Eingabedaten gelb hinterlegen, Ergebnisse grün hinterlegen oder einfach nur einrahmen, das sollte reichen. Im Buch finden Sie noch türkise Bereiche, die besondere Funktionsdefinitionen hervorheben.
- Verwenden Sie reichlich erläuternde Texte. Bezeichnen Sie insbesondere immer die definierten Größen. Im Buch ist das nicht immer so, aber es gibt gute Beispiele darin.
- Geben Sie sich Mühe mit der Dokumentation, Ihre Rechnungen sind es wert. Und Sie sind vielleicht nach ein paar Wochen oder Monaten Ihr eigener Leser.

Diese Regeln sollen helfen, Fehler in Rechenblättern zu vermeiden oder Probleme zu lösen.

- Lassen Sie Größen, die sich aus anderen Eingaben ergeben, z.B. die Anzahl von Vektorelementen, immer berechnen, geben Sie sie nie manuell ein. Sonst kann es zu inkonsistenten Daten kommen.
- Die Reichweite einiger Operatoren ist nicht eindeutig zu erkennen. Beim Editieren hilft die Reichweitenlinie (Unterstreichung) der Einfügemarke, dem Leser helfen Klammern.
- Beachten Sie die Abarbeitungsreihenfolge von links nach rechts und von oben nach unten. Dabei zählt die linke obere Ecke als Position.
- Beachten Sie den Unterschied zwischen beschreibenden Textindizes, z.B. `F.x` und Elementindizes für Matrizen und Vektoren, z.B. `v[i`. Den Unterschied erkennen Sie am Abstand.
- Verwechseln Sie nicht Determinante und Betrag! Beide Operatoren sehen gleich aus, aber Determinanten sind nur für quadratische Matrizen definiert (Matrizen-Palette) und der Betrag ist nur für Skalare, also einfache Zahlen definiert (Arithmetik-Palette).
- Denken Sie an den Unterschied zwischen symbolischer und numerischer Auswertung ($=$ bzw. $\rightarrow$ in der Arithmetik-Palette oder Optimierung> Numerisch/Symbolisch im Kontextmenü). Wenn Sie die Fehlermeldung bekommen

„xxx nicht definiert" dann haben Sie wahrscheinlich eine numerische Auswertung versucht, ohne dass alle Variablen im Ausdruck einen Wert hatten. Wenn Sie Zahlen erwarten, benutzen Sie numerische Auswertung.

- Achten Sie auf Groß- und Kleinschreibung. `Solve()` und `solve()` sind zwei komplett verschiedene Funktionen.
- Wenn das Maxima-Interface fest hängt, dann kann ein Restart helfen: Einfügen> Maxima> Restart. In ganz heftigen Fällen müssen Sie SMath neu starten (vorher speichern nicht vergessen).
- Lassen Sie sich von der dynamischen Hilfe die gespeicherten Werte für eine Variable anzeigen. Dazu tippen Sie einfach den Namen ins Rechenblatt. Es erscheint eine Liste und eine Vorschau auf den gespeicherten Ausdruck.
- Wenn Sie sich fragen, wie man einen bestimmten Ausdruck oder Operator erzeugt, dann schauen Sie im Anhang A nach. Inzwischen ist aber fast alles über die Symbolpaletten in der Seitenleiste erreichbar.
- Wenn die automatische Neuberechnung beim Editieren stört, können Sie diese auch ausschalten: Berechnung> Automatische Berechnung: Haken entfernen. Eine Neuberechnung können Sie dann mit in der Werkzeugleiste oder mit F9 starten.

Literatur

Kraska, M. (2020). *SMath Studio mit Maxima. Einführung und Referenz für Version 0.99.7561.* Technische Hochschule Brandenburg. DOI: 10.25933/opus4-2946.

– (2023a). *SMath with Maxima. Getting Started with the Maxima Plugin.* DOI: 10.25933/opus4-2949.

– (2023b). *Technisches Rechnen mit SMath. Matrizen, Diagramme, Datenverarbeitung.* Technische Hochschule Brandenburg. DOI: 10.25933/opus4-2948.

– (2024). "SMath + Maxima - Powerful Tool for Engineering Calculations". In: *2024 7th International Conference on Information Technologies in Engineering Education (Inforino)*, S. 1–5. DOI: 10.1109/Inforino60363.2024.10551993.

Schwarz, H. R. (1988). *Numerische Mathematik.* Teubner, Stuttgart.

W3Schools (2025). *HTML Color Tutorial.* URL: https://www.w3schools.com/html/html_colors.asp.

Woollett, E. T. (2023). *Maxima by Example.* URL: https://home.csulb.edu/~woollett/mbe.html.

4. Gleichgewicht starrer Körper

4.1. Gleichgewichtsbedingungen

Als Teil der Starrkörperstatik geht es zunächst um die Bestimmung von Auflager- und Gelenkreaktionen an starren Körpern und Systemen starrer Körper (Gross u. a., 2024, Kap. 5). Dafür werden die Gleichgewichtsbedingungen benutzt, die auf ein lineares algebraisches Gleichungssystem führen. Rechentechnisch sind also Lösungsverfahren für solche Gleichungssysteme gefragt, siehe dazu auch Schwarz (1988), Kap. 1.

Bei ebenen Systemen haben die Gleichgewichtsbedingungen die Form

$$\begin{aligned}
\Sigma F_x &= F_{1x} + F_{2x} + \dots F_{nx} = 0, \\
\Sigma F_y &= F_{1y} + F_{2y} + \dots F_{ny} = 0, \\
\Sigma M_A &= \sum_i \left[M_i + F_{iy}(x_i - x_A) - F_{ix}(y_i - y_A) \right] = 0.
\end{aligned}$$

Darin sind F_{ix} und F_{iy} die x- und y-Komponenten angreifender Kräfte, x_i und y_i die Koordinaten ihrer Angriffspunkte und M_i sind die freien Momente. A ist ein beliebig gewählter Bezugspunkt für die Momentenbilanz mit den Koordinaten x_A und y_A. Die Kräfte und Momente umfassen sowohl die gegebenen eingeprägten Lasten als auch die Reaktionen, welche im Freischnitt (Freikörperbild) sichtbar gemacht werden.

Bei dreidimensionalen Systemen ist es vorteilhaft, die Gleichungen in Vektorform aufzustellen

$$\sum_{i=1}^{n} \begin{bmatrix} F_{ix} \\ F_{iy} \\ F_{iz} \end{bmatrix} = \begin{bmatrix} 0 \\ 0 \\ 0 \end{bmatrix}, \quad \sum_{i=1}^{n} \left\{ \begin{bmatrix} M_{ix} \\ M_{iy} \\ M_{iz} \end{bmatrix} + \begin{bmatrix} x_i - x_A \\ y_i - y_A \\ z_i - z_A \end{bmatrix} \times \begin{bmatrix} F_{ix} \\ F_{iy} \\ F_{iz} \end{bmatrix} \right\} = \begin{bmatrix} 0 \\ 0 \\ 0 \end{bmatrix}.$$

Das lässt sich auch kompakt schreiben:

$$\sum_i \underline{F}_i = \underline{0}, \quad \sum \{ \underline{M}_i + (\underline{r}_i - \underline{r}_A) \times \underline{F}_i \} = \underline{0}.$$

$\underline{r}$ steht darin für den Ortsvektor, also die gerichtete Strecke vom Koordinatenursprung zum betrachteten Punkt. Diese Schreibweise lässt sich direkt in SMath

M. Kraska, *Technische Mechanik mit SMath Studio*,
https://doi.org/10.1007/978-3-658-50592-9_4

umsetzen, allerdings muss man auf den Unterstrich zur Kennzeichnung als Vektor verzichten.

Bei Mehrkörpersystemen werden die Teilsysteme separat freigeschnitten, wobei an den Gelenken und Verbindungen das Reaktionsprinzip zu beachten ist.

Im einfachsten Fall sind die unbekannten Auflager- und Gelenkreaktionen achsenparallel ausgerichtet oder zumindest sind ihre Komponenten voneinander unabhängig. So wirken an einem Festlager drei unabhängige Komponenten F_x, F_y und F_z. Das bedeutet, dass weder Betrag noch Richtung vorab bekannt sind. Diese Situation finden wir in den Beispielen (4.1) und (4.3) vor.

In Beispiel (4.2) hingegen wird ein starrer Körper durch schräg verlaufende Stäbe gestützt, deren Richtung aus der Geometrie des Systems bekannt ist und durch den Stabvektor $\underline{r}_{AB} = \underline{r}_B - \underline{r}_A$ beschrieben wird. Dabei sind $\underline{r}_A$ und $\underline{r}_B$ Anfangs- bzw. Endpunkt des Stabes. Echte Fachwerkstäbe, die nur an den Enden momentenfrei belastet und gelagert werden, können ausschließlich Kräfte parallel zu ihrem Stabvektor übertragen. Wird so ein Stab als Lagerung benutzt, so spricht man von einer Pendelstütze und die Lagerreaktion ist richtungsmäßig durch den Stabvektor gegeben. Unbekannt sind ausschließlich Betrag und Vorzeichen der Kraft, zusammengefasst zur Größe S_{AB}. Die Stabkraft kann vektoriell als Produkt von Größe und Stabeinheitsvektor dargestellt werden:

$$\underline{S}_{AB} = S_{AB}\underline{e}_{AB} \text{ mit } \underline{e}_{AB} = \underline{r}_{AB}/\left|\underline{r}_{AB}\right| = \underline{r}_{AB}/\ell_{AB}.$$

Beispiel 4.1: Achsenparallele Lagerreaktionen

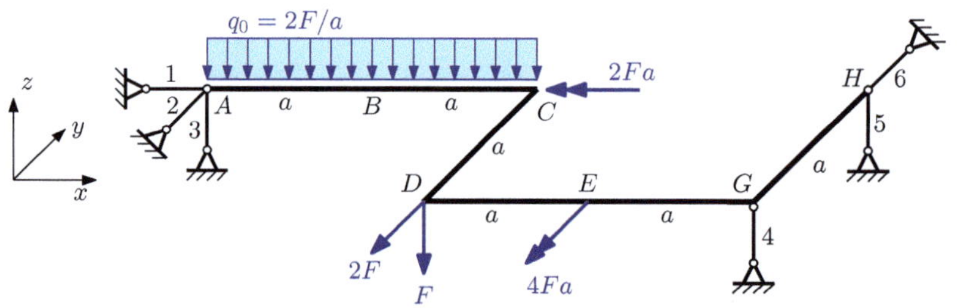

Abbildung 4.1.: Räumliche Struktur mit Lagerung und Belastung

Der in Abb. 4.1 dargestellte Rahmen liegt in der xy-Ebene und wird durch sechs Pendelstützen gelagert, also Stützen, die aus einem Stab und einem Festlager bestehen. Die Belastung besteht aus einer Streckenlast, zwei Einzelkräften und zwei Einzelmomenten. Gegeben sind die Abmessung a und die Kraft F. Zu bestimmen sind die Auflagerkräfte in den Pendelstützen zunächst symbolisch und dann mit den Zahlenwerten $F = 1\,\mathrm{N}$, $a = 1\,\mathrm{m}$.[1]

Starten Sie einen neues Rechenblatt (*4.1.sm*)

[1] Entspricht Aufgabe 1.1 in Henning, Jahr und Mrowka (2004)

Modellbildung: Freischnitt und Gleichgewichtsbedingungen

Zunächst wird das System freigeschnitten (Abb. 4.2). Die Streckenlast wird durch ihre Resultierende ersetzt und die Pendelstützen werden durch unbekannte Auflagerkräfte ersetzt. Diese werden positiv auf Zug gezählt.

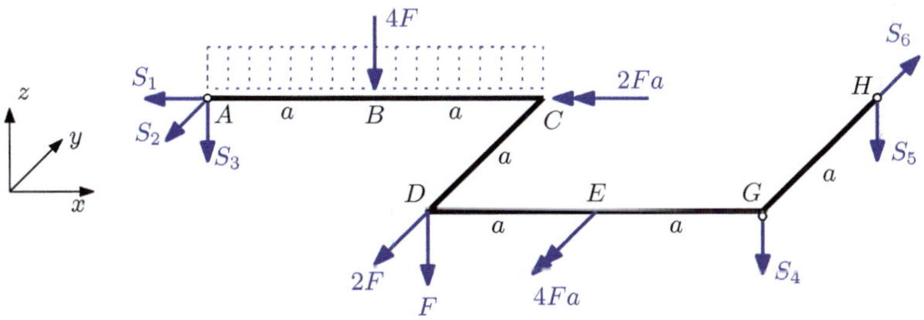

Abbildung 4.2.: Freischnitt zu Abb. 4.1. Unbekannt sind die Auflagerreaktionen S_1 bis S_6.

Für die Gleichgewichtsbedingungen benötigen wir die Summe aller Kräfte und die Summe aller Momente um einen beliebigen Bezugspunkt. In der Handrechnung wählt man einen Bezugspunkt, durch den die Wirkungslinien von möglichst vielen unbekannten Kräften gehen. Durch A und H gehen jeweils drei unbekannte Stabkräfte. Wir wählen Punkt A als Bezugspunkt und auch gleich als Koordinatenursprung, der ja in der Aufgabe nicht festgelegt ist.

Wir definieren die Kraftvektoren und die Ortsvektoren zu ihren Angriffspunkten sowie die Momentenvektoren als symbolische Ausdrücke. Alle Komponenten werden unter Beachtung der Pfeilrichtungen aus der Freischnittskizze abgelesen.

Matrizen erzeugen Sie am einfachsten mit Einfügen> Matrix oder mit dem Tastenkürzel Strg M. Es erscheint ein Dialog, wo Sie die Zahl der Zeilen und Spalten festlegen können. Weitere Optionen zum Umgang mit Matrizen, insbesondere zur Größenänderung, finden Sie in Abschn. 3.1.5.

Kräfte

$$F_A := \begin{bmatrix} -S_1 \\ -S_2 \\ -S_3 \end{bmatrix} \quad F_B := \begin{bmatrix} 0 \\ 0 \\ -4 \cdot F \end{bmatrix} \quad F_D := \begin{bmatrix} 0 \\ -2 \cdot F \\ -F \end{bmatrix} \quad F_G := \begin{bmatrix} 0 \\ 0 \\ -S_4 \end{bmatrix} \quad F_H := \begin{bmatrix} 0 \\ S_6 \\ -S_5 \end{bmatrix}$$

Angriffspunkte, Ursprung bei A

$$r_A := \begin{bmatrix} 0 \\ 0 \\ 0 \end{bmatrix} \quad r_B := \begin{bmatrix} a \\ 0 \\ 0 \end{bmatrix} \quad r_D := \begin{bmatrix} 2 \cdot a \\ -a \\ 0 \end{bmatrix} \quad r_G := \begin{bmatrix} 4 \cdot a \\ -a \\ 0 \end{bmatrix} \quad r_H := \begin{bmatrix} 4 \cdot a \\ 0 \\ 0 \end{bmatrix}$$

Momente

$$M_C := \begin{bmatrix} -2 \cdot F \cdot a \\ 0 \\ 0 \end{bmatrix} \quad M_E := \begin{bmatrix} 0 \\ -4 \cdot F \cdot a \\ 0 \end{bmatrix}$$

Nun werden die resultierende Kraft und das resultierende Moment bestimmt. Dabei wird das Kreuzprodukt aus der Matrixpalette der Seitenleiste benutzt.

Resultierende Kraft

$\Sigma F := F_A + F_B + F_D + F_G + F_H$

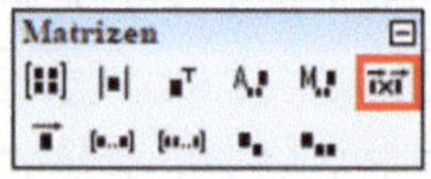

Resultierendes Moment

$\Sigma M_A := M_C + M_E + r_A \times F_A + r_B \times F_B + r_D \times F_D + r_G \times F_G + r_H \times F_H$

Symbolische Anzeige der Einzelgleichungen

$$\Sigma F = \begin{bmatrix} -S_1 \\ -(S_2 + 2 \cdot F - S_6) \\ -(S_3 + 4 \cdot F + F + S_4 + S_5) \end{bmatrix}$$

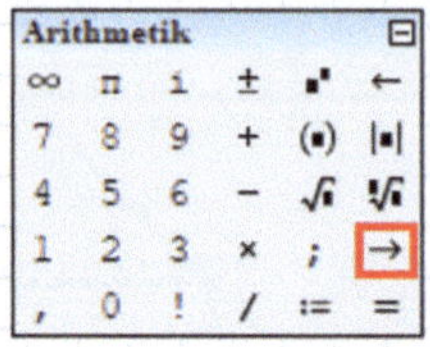

$$\Sigma M_A = \begin{bmatrix} a \cdot (-F + S_4) \\ 2 \cdot a \cdot (F + 2 \cdot S_4 + 2 \cdot S_5) \\ 4 \cdot a \cdot (-F + S_6) \end{bmatrix}$$

Hier sind wir schon mitten in der Computeralgebra. Die Ausdrücke enthalten undefinierte Variablen (unsere gesuchten Stabkräfte). Daher muss die **Anzeige** auf **symbolisch** umgestellt werden. Das geht im Kontextmenü (rechte Maustaste) unter Optimierung> symbolisch oder man verwendet den Pfeil → in der Arithmetik-Palette oder benutzt das Tastenkürzel Strg . .

Bei den Lösungsfunktionen in SMath Studio reicht es meist, nur die linke Seite von Gleichungen der Form $f(v_1, v_2 \ldots) = 0$ anzugeben, wobei f irgendeine Funktion der Variablen v_i ist. Die Löser in SMath nehmen an, dass die Nullstellen dieser Ausdrücke gesucht werden sollen.

Wir kombinieren nun noch die beiden Gleichungssätze zu einem Gleichungssystem. Die Funktion `stack()` stapelt die beiden Vektoren zu einem neuen Vektor *GGB*. Er enthält sechs Ausdrücke, die Null sein müssen. Für die spätere Verwendung in den Lösungsfunktionen werden die Unbekannten noch im Vektor *R* zusammengefasst.

Gleichgewichtsbedingungen und unbekannte Lagerreaktionen

$GGB := \mathrm{stack}(\Sigma F ; \Sigma M_A)$

$$GGB = \begin{bmatrix} -S_1 \\ -(S_2 + 2 \cdot F - S_6) \\ -(S_3 + 4 \cdot F + F + S_4 + S_5) \\ a \cdot (-F + S_4) \\ 2 \cdot a \cdot (F + 2 \cdot S_4 + 2 \cdot S_5) \\ 4 \cdot a \cdot (-F + S_6) \end{bmatrix} \qquad R := \begin{bmatrix} S_1 \\ S_2 \\ S_3 \\ S_4 \\ S_5 \\ S_6 \end{bmatrix}$$

Damit ist das mathematische Modell fertig. Es handelt sich um ein lineares algebraisches Gleichungssystem.

Nach einer kurzen Darstellung der Handrechnung wollen wir vier verschiedene Methoden zur Lösung solcher Gleichungssysteme vorführen, die jeweils ihre Vor- und Nachteile haben.

Handrechnung

Die Handrechnung ist vergleichsweise einfach, weil alle Auflagerreaktionen in Richtung der Koordinatenachsen wirken und keine Kraftzerlegung nötig ist. So können die Gleichungen nacheinander aufgelöst werden. Eine mögliche Strategie geht so:

1. Gleichung 6 (GGB_6) liefert $S_6 = F$,
   Gleichung 4 liefert $S_4 = F$ und
   Gleichung 1 liefert $S_1 = 0$.
2. Gleichung 5 liefert $S_5 = -S_4 - F/2 = -\frac{3}{2}F$,
   Gleichung 2 liefert $S_2 = S_6 - 2F = -F$.
3. Gleichung 3 liefert $S_3 = -5F - S_4 - S_5 = -5F - F - \left(-\frac{3}{2}F\right) = -\frac{9}{2}F$.

Lösung mit linearer Algebra

Dafür müssen wir das Gleichungssystem in Matrixform schreiben:

$$\underline{\underline{\mathrm{M}}}\,\underline{\mathrm{x}} = \underline{\mathrm{y}}.$$

Darin ist $\underline{\underline{\mathrm{M}}}$ die Koeffizientenmatrix des Gleichungssystems, $\underline{\mathrm{x}}$ der Unbekanntenvektor — hier die S_i — und $\underline{\mathrm{y}}$ die rechte Seite. Die Lösung erhält man dann durch Multiplikation der rechten Seite mit der invertierten Koeffizientenmatrix:

$$\underline{\mathrm{x}} = \underline{\underline{\mathrm{M}}}^{-1}\underline{\mathrm{y}}.$$

Wie kommen die Matrizen zustande? Jede Gleichung liefert eine Zeile in der Matrix. Man schreibt die Faktoren bei den Unbekannten in die passende Spalte. Der Rest, der mit keiner Unbekannten multipliziert wird, kommt auf die rechte Seite. Dabei kehrt sich das Vorzeichen um.

Beispielsweise lautet Gleichung 2: $-(S_2 + 2F - S_6) = 0$.

- Der Faktor bei S_2 ist -1 und kommt in die zweite Spalte.
- Der Faktor bei S_6 ist 1 und kommt in die 6. Spalte.
- Übrig bleibt $-2F$, das kommt als $2F$ auf die rechte Seite in den Vektor $\underline{\mathrm{y}}$.

Aufstellen der Systemmatrix und der rechten Seite des Gleichungssystems $M \cdot R = y$ (Eingabe von Hand). Der Unbekanntenvektor wurde bereits weiter oben definiert.

$$M := \begin{bmatrix} -1 & 0 & 0 & 0 & 0 & 0 \\ 0 & -1 & 0 & 0 & 0 & 1 \\ 0 & 0 & -1 & -1 & -1 & 0 \\ 0 & 0 & 0 & a & 0 & 0 \\ 0 & 0 & 0 & 4 \cdot a & 4 \cdot a & 0 \\ 0 & 0 & 0 & 0 & 0 & 4 \cdot a \end{bmatrix} \quad R = \begin{bmatrix} S_1 \\ S_2 \\ S_3 \\ S_4 \\ S_5 \\ S_6 \end{bmatrix} \quad y := \begin{bmatrix} 0 \\ 2 \cdot F \\ 5 \cdot F \\ a \cdot F \\ -2 \cdot a \cdot F \\ 4 \cdot a \cdot F \end{bmatrix}$$

Das Gleichungssystem wird nun mittels Invertierung von `M` gelöst und der Lösungsvektor in die Variable S geschrieben. Die einzelnen Reaktionskräfte kann man dann mit dem Element-Operator aus der Matrizen-Palette der Seitenleiste ansprechen.

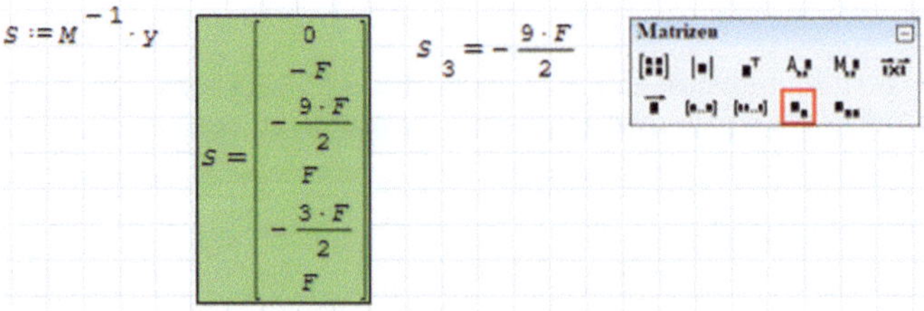

Ergebniskontrolle: Die Lösung soll nun noch anhand der Gleichgewichtsbedingungen überprüft werden. Dazu müssen wir den Variablen die Ergebniswerte zuweisen und die Gleichgewichtsbedingung auswerten.

Normalerweise kann SMath Zuweisungen im Block ausführen, bei denen links und rechts jeweils Matrizen oder Vektoren von Variablennamen bzw. Ausdrücken stehen. Angesichts der Anzeige von s erwartet man dabei keine Probleme. Trotzdem erhalten wir eine Fehlermeldung:

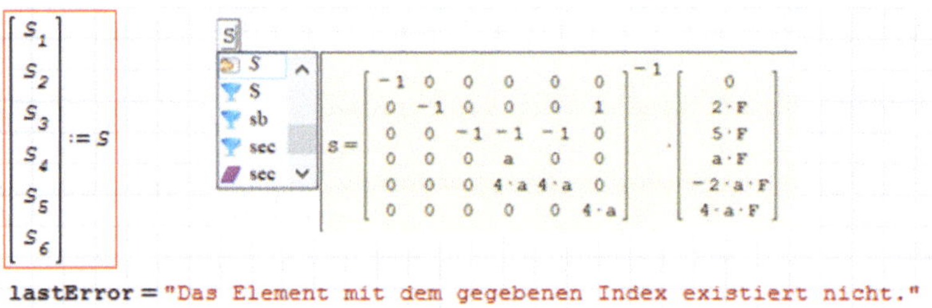

Die dynamische Hilfe zeigt den gespeicherten Wert für s, dessen Form SMath ohne weitere Auswertung nicht als passend erkennt. SMath sollte die Auswertung versuchen, bevor es die Fehlermeldung bringt, aber die Entwickler haben sich leider anders entschieden. Daher benötigen wir einen Trick, wenn wir nicht die Blockzuweisung auf einzelne Zuweisungen aufteilen wollen.

Grundlage für den Trick ist die Konvertierungsfunktion `num2str()`. Sie wandelt einen Ausdruck in eine serielle Textdarstellung um. Wichtig ist, dass sie dabei den Ausdruck nicht wie gespeichert umwandelt, sondern vorher auswertet.

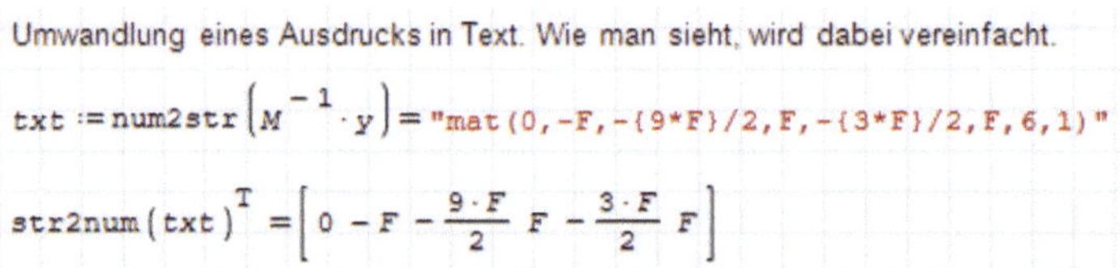

Damit können wir die **Vereinfachungsfunktion** $simp()$ definieren. Weil die einfache Anwendung des Umwandlungstricks manchmal nicht reicht, wird er in der Funktion gleich zweimal angewendet. Die senkrechte Linie in der folgenden Definition gruppiert Anweisungsfolgen (Anweisungsblock). Dahinter steht die Funktion `line()`, die über die Programmierung-Palette eingegeben werden kann.

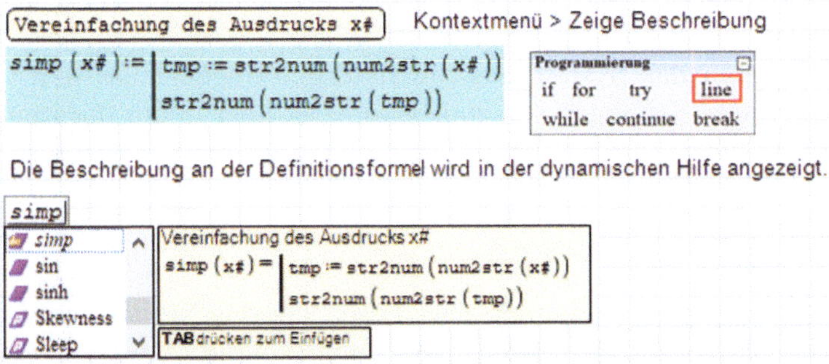

Der hellgelb hinterlegte Text oberhalb der Definition ist eine sogenannte **Beschreibung**. Sie kann über das Kontextmenü aktiviert werden und gibt der Definition einen Text mit, der von der dynamischen Hilfe angezeigt wird.

Mit der Vereinfachungsfunktion gelingt die Zuweisung der Variablen im Block. Nachdem die Variablen die richtigen Werte haben, wird die Gleichgewichtsbedingungen geprüft. Für die exakte Lösung muss dabei Null herauskommen.

$$\begin{bmatrix} S_1 \\ S_2 \\ S_3 \\ S_4 \\ S_5 \\ S_6 \end{bmatrix} := simp\left(M^{-1} \cdot y\right) \qquad \begin{bmatrix} S_1 \\ S_2 \\ S_3 \\ S_4 \\ S_5 \\ S_6 \end{bmatrix} = \begin{bmatrix} 0 \\ -F \\ -\frac{9 \cdot F}{2} \\ F \\ -\frac{3 \cdot F}{2} \\ F \end{bmatrix}$$

Kontrolle der Gleichgewichts-bedingungen

$$GGB = \begin{bmatrix} 0 \\ 0 \\ 0 \\ 0 \\ 0 \\ 0 \end{bmatrix}$$

Automatische Konvertierung in die Matrixform: Für das gezeigte Lösungsverfahren benötigt man die Matrixform des Gleichungssystems. Die Umwandlung eines Satzes linearer Gleichungen in Koeffizientenmatrix und rechte Seite ist mit der symbolischen Ableitungsfunktion automatisierbar. Das Element M_{ij} der Koeffizientenmatrix (Systemmatrix) entspricht der partiellen Ableitung der i-ten Gleichung nach der j-ten Variable. Das ist genau die Jacobimatrix $J(f, x)_{ij} = \partial f_i / \partial x_j$, welche mit `Jacob()` berechnet werden. Die rechte Seite ergibt sich als Differenz zwischen dem Produkt aus Systemmatrix und Unbekanntenvektor und dem Vektor der Gleichungen f_i, hier in der Variable *GGB*.

$$\text{Clear}\left(S_1 ; S_2 ; S_3 ; S_4 ; S_5 ; S_6\right) = 1$$

Koeffizientenmatrix

$$M_2 := \text{Jacob}\left(GGB ; R\right)$$

$$M_2 = \begin{bmatrix} -1 & 0 & 0 & 0 & 0 & 0 \\ 0 & -1 & 0 & 0 & 0 & 1 \\ 0 & 0 & -1 & -1 & -1 & 0 \\ 0 & 0 & 0 & a & 0 & 0 \\ 0 & 0 & 0 & 4 \cdot a & 4 \cdot a & 0 \\ 0 & 0 & 0 & 0 & 0 & 4 \cdot a \end{bmatrix}$$

Rechte Seite

$$y_2 := M_2 \cdot R - GGB$$

$$y_2 = \begin{bmatrix} 0 \\ 2 \cdot F \\ 5 \cdot F \\ a \cdot F \\ -2 \cdot a \cdot F \\ 4 \cdot a \cdot F \end{bmatrix}$$

Vorteile des gezeigten Lösungsverfahren mit linearer Algebra sind, dass keine Drittanbieter-Plug-ins erforderlich sind, es also auch in der Online-Version von SMath funktioniert und dass man symbolische Lösungen bekommen kann.

Nachteilig ist, dass man das System auf Matrixform bringen muss und die Beschränkung auf lineare Gleichungssysteme. Letzteres ist aber in der linearen Statik nicht relevant.

Lösung mit `roots()`

Die Funktion `roots`$(G; x)$ ist ein numerischer Löser, der das Newtonverfahren benutzt und die dafür benötigten Ableitungen symbolisch bildet. Argumente sind ein Vektor mit Gleichungen G und ein Vektor mit Variablennamen x. Optional kann man einen Vektor mit Startwerten x_0 angeben, dann ist die Form `roots`$(G; x; x_0)$ mit drei Argumenten zu benutzen.

Die Unbekannten müssen im Rechenblatt undefiniert sein, dürfen also keinen Wert haben. Daher verwenden wir `Clear()`, um die Werte aus dem vorigen Lösungsverfahren zu löschen.

Alle Variablen außer denen im Unbekanntenvektor `x` müssen Zahlenwerte haben. Maßeinheiten sind dabei nicht erlaubt. Daher geben wir dimensionslose Werte für F und a vor.

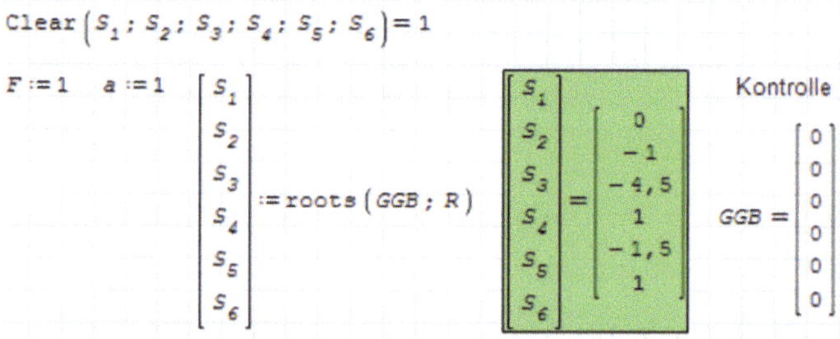

Auch dieses Verfahren benötigt keine externen Plug-ins. Zudem kann man die Gleichungen direkt verwenden, benötigt also keine Matrixform. Zudem ist die Ergebniszuweisung unkompliziert. Andererseits erhält man keine symbolischen Lösungen und Maßeinheiten werden nicht unterstützt.

Später werden wir in den folgenden Beispielen Tricks zeigen, mit denen man Gleichungen mit Maßeinheiten verarbeiten und der Lösung wieder Maßeinheiten zuweisen kann. Damit befindet man sich allerdings eindeutig außerhalb des SMath-Komfortbereichs.

Lösung mit `FindRoot()`

Die Funktion `FindRoot`$(G; x)$ ist ein numerischer Löser aus dem Plug-in Nonlinear Solvers. Sie benötigt einen Vektor oder eine Liste mit Gleichungen G und einen Vektor oder eine Liste mit Startschätzungen $x_{0,i}$ oder mit Gleichungen $x_{\text{neu},i} = x_{0,i}$. Diese werden mit dem fett gedruckten logischen (Booleschen) Gleichheitszeichen geschrieben.

Die Unbekannten in den Gleichungen müssen im Rechenblatt undefiniert sein. Daher werden vorhandene Werte aus dem vorigen Lösungsverfahren mit `Clear()` gelöscht.

Da außer den Unbekannten keine weiteren undefinierten Variablen vorkommen dürfen, müssen Zahlenwerte für a und F vorgegeben werden, diese dürfen aber Maßeinheiten enthalten.

Die $x_{0,i}$ sind Startschätzungen. Diese dienen auch dazu, den Variablen die richtigen Maßeinheiten zuzuweisen, hier müssen es Kräfte sein.

Mit `Unknowns()` kann man prüfen, welche Unbekannten im Gleichungssystem vorkommen und in welcher Reihenfolge die Startschätzungen erwartet werden. Normalerweise erfolgt die Sortierung alphabetisch, es empfiehlt sich aber, das zu prüfen.

Die $x_{\mathrm{neu},i}$ sind Variablennamen. Werden sie angegeben, weist `FindRoot()` ihnen direkt die Lösung zu (eingebettete Zuweisung).

Diese Namen können die gleichen sein wie im Gleichungssystem, müssen es aber nicht, siehe dazu auch Abschn. 3.4.1.

$$\mathrm{Clear}(S_1; S_2; S_3; S_4; S_5; S_6) = 1$$

$$F := 1\,\mathrm{N} \qquad a := 1\,\mathrm{m} \qquad \mathrm{Unknowns}(GGB) = \begin{bmatrix} S_1 \\ S_2 \\ S_3 \\ S_4 \\ S_5 \\ S_6 \end{bmatrix}$$

Die Variablen und ihre Startwerte müssen in alphabetischer Reihenfolge angegeben werden. Das kann man mit Unknowns (∎) prüfen.

In der Ergebnisanzeige erscheinen die Werte mit Maßeinheiten an den Matrixeinträgen. Eine gemeinsame Maßeinheit kann man hinter das Ergebnis schreiben, die Einträge werden dann entsprechend angepasst.

Wir benutzen die eingebettete Zuweisung, um das Ergebnis auf die ursprünglichen Variablen zuzuweisen. Die Startschätzung wurde hier als Liste angegeben, ein Vektor hätte es auch getan.

$$\mathrm{FindRoot}\left(GGB;\ \begin{Bmatrix} S_1 = F \\ S_2 = F \\ S_3 = F \\ S_4 = F \\ S_5 = F \\ S_6 = F \end{Bmatrix}\right) = \begin{Bmatrix} 2{,}9\cdot 10^{-14} \\ -1 \\ -4{,}5 \\ 1 \\ -1{,}5 \\ 1 \end{Bmatrix}\,\mathrm{N}$$

Die Gleichungen Variable = Startwert werden mit dem Booleschen Gleichheitszeichen geschrieben.

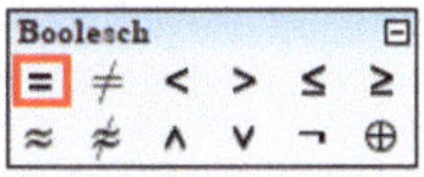

$$\begin{bmatrix} S_1 \\ S_2 \\ S_3 \\ S_4 \\ S_5 \\ S_6 \end{bmatrix} = \begin{bmatrix} 2{,}9\cdot 10^{-14} \\ -1 \\ -4{,}5 \\ 1 \\ -1{,}5 \\ 1 \end{bmatrix}\,\mathrm{N}$$

Kontrolle

$$GGB = \begin{bmatrix} -2{,}9\cdot 10^{-14} \\ -3{,}1\cdot 10^{-14} \\ -1\cdot 10^{-14} \\ 0 \\ 4\cdot 10^{-14}\,\mathrm{m} \\ 0 \end{bmatrix}\,\mathrm{N}$$

Die Gleichungen 4-6 haben die Dimension Moment.

Man sieht sowohl an S_1 als auch an der Kontrolle, dass das Ergebnis nicht exakt ist. Das liegt daran, dass die Funktion `FindRoot()` wie auch `roots()` intern mit Fließkommazahlen rechnet. Dabei kann es zu Rundungsfehlern kommen. Da die Funktionen unterschiedlich programmiert wurden, sind auch Unterschiede bei den Rundungsfehlern zu erwarten.

Dieses Verfahren hat folgende Vorteile:

- Das Verfahren funktioniert auch mit Maßeinheiten.
- Man kann die Gleichungen direkt verwenden.
- Funktioniert auch für nichtlineare Gleichungen.
- Eingebettete Zuweisung der Lösung.

Nachteile:

- Plug-in Nonlinear Solvers muss installiert sein.
- Keine analytische Lösung.
- Startschätzung einschließlich der erwarteten Maßeinheit muss für die Variablen vorgegeben werden.
- Reihenfolge der Variablen in der Startschätzung ist immer alphabetisch. Wird das bei der Zuweisung der Ergebnisse nicht beachtet, kommt es zu schwer erkennbaren Fehlern.

Lösung mit `Solve()` (Maxima-Plug-in)

Die Funktion `Solve`(G, x) ist ein symbolischer Löser aus dem Maxima-Plug-in. Sie benötigt Vektoren oder Listen G und x mit den Gleichungen bzw. den Namen der Unbekannten. Diese Namen dürfen nicht belegt sein. Daher verwenden wir `Clear()`, um die Werte aus dem vorigen Lösungsverfahren zu löschen. Wir löschen auch gleich noch a und F, weil wir die analytische Lösung haben wollen.

$$\text{Clear}\left(S_1; S_2; S_3; S_4; S_5; S_6; F; a\right) = 1$$

$$L := \text{Solve}(GGB; R) = \begin{cases} S_1 = 0 \\ S_2 = -F \\ S_3 = -\frac{9 \cdot F}{2} \\ S_4 = F \\ S_5 = -\frac{3 \cdot F}{2} \\ S_6 = F \end{cases} \qquad \text{Assign}(L) = \begin{cases} 0 \\ -F \\ -\frac{9 \cdot F}{2} \\ F \\ -\frac{3 \cdot F}{2} \\ F \end{cases}$$

$$\begin{bmatrix} S_1 \\ S_2 \\ S_3 \\ S_4 \\ S_5 \\ S_6 \end{bmatrix} = \begin{bmatrix} 0 \\ -F \\ -\frac{9 \cdot F}{2} \\ F \\ -\frac{3 \cdot F}{2} \\ F \end{bmatrix}$$

Kontrolle

$$GGB = \begin{bmatrix} 0 \\ 0 \\ 0 \\ 0 \\ 0 \\ 0 \end{bmatrix}$$

Um Platz zu sparen haben wir hier die Formeln umgebrochen. Dazu stellt man den Cursor irgendwo auf das Ergebnis und drückt [Strg]+[Enter].

Das Ergebnis besteht aus einer Liste von Gleichungen, die man schon als Ergebnis stehen lassen kann. Die Variablen werden nicht intern zugewiesen, das macht man bei Bedarf mit der Funktion `Assign()`. Diese nimmt die Lösungsgleichungen und wandelt sie in Zuweisungen um.

Vorteile:

- Analytische Lösung (mit Hilfe von Maxima) ,
- Funktioniert auch mit Maßeinheiten und reinen Zahlen,
- Leichte Umwandlung der Lösung in Ergebniszuweisung,
- Keine Anfangsschätzung nötig,
- Funktioniert auch für nichtlineare Gleichungen.

Nachteil:

- Maxima-Plug-in und Maxima müssen installiert sein.

Beispiel 4.2: Lagerung mit beliebiger Richtung

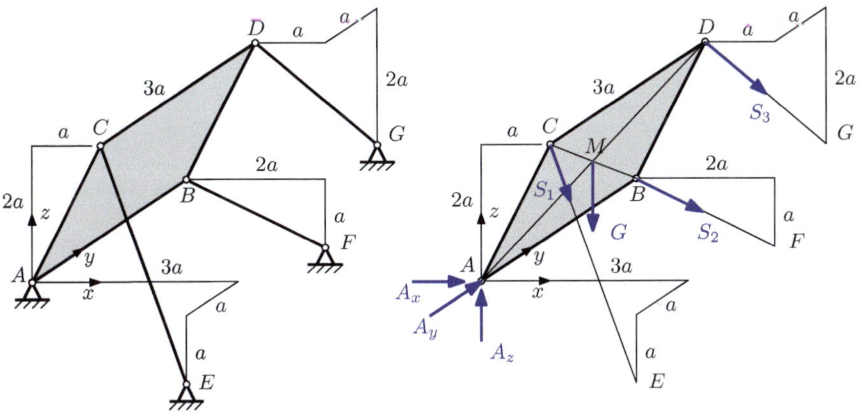

Abbildung 4.3.: Systemskizze und Freischnitt

Eine homogene rechteckige Platte wird, wie in Abb. 4.3 gezeigt, von einem Festlager und drei Stäben (Pendelstützen) gelagert. Sie ist durch ihr Eigengewicht $G = 10\,\mathrm{kN}$ belastet. Zu bestimmen sind die Auflagerreaktionen.[2]

Starten Sie einen neues Rechenblatt (*4.2.sm*).

Modellbildung: Freischnitt und Gleichgewichtsbedingungen

Vorbemerkung: In diesem Beispiel besteht die Herausforderung darin, das Gleichungssystem mit den unbekannten Variablen mit Vektoroperationen aufzubauen (Normierung, Kreuzprodukt). Dies gelingt nur, indem die Variablennamen für die Aufgabenparameter und die unbekannten Reaktionskräfte als

[2]Entspricht Aufgabe 1.2 in Henning, Jahr und Mrowka (2004)

Maßeinheiten markiert werden. Dabei muss man darauf achten, dass keine vordefinierten Maßeinheiten verwendet werden. So wird zum Beispiel die Variable a durch die Einheit $\mathrm{a_0}$ ersetzt, weil a schon als Flächeneinheit belegt ist.

Eine Alternative wäre die Nutzung von Maxima beim Modellaufbau.

Bedienungshinweis: Da die zu verwendenden Maßeinheiten nicht vordefiniert sind (es auch nicht sein dürfen), kann man sie auch nicht über die dynamische Hilfe oder gar den Einheitendialog einfügen. Man muss bei der Eingabe das vorangestellte Apostroph als Einheitenmarkierung mit eintippen, also z.B. `a:'a.0` oder `G:'G.0`. Nach Eingabe des Apostroph wird der Platzhalter rund, als Zeichen, dass die Eingabe als Maßeinheit verstanden wird.

Den Freischnitt zeigt Abb. 4.3. Die Koordinaten der Kraftangriffspunkte bezogen auf den Ursprung bei A werden aus der Skizze abgelesen. Der Mittelpunkt der Platte liegt in der Mitte zwischen den Punkten A und D.

$$r_A := \begin{bmatrix} 0 \\ 0 \\ 0 \end{bmatrix} \quad r_B := \begin{bmatrix} 0 \\ 3 \cdot a \\ 0 \end{bmatrix} \quad r_C := \begin{bmatrix} a \\ 0 \\ 2 \cdot a \end{bmatrix} \quad r_D := \begin{bmatrix} a \\ 3 \cdot a \\ 2 \cdot a \end{bmatrix} \quad a := \mathrm{a_0} \quad G := \mathrm{G_0}$$

$$r_E := \begin{bmatrix} 3 \cdot a \\ -a \\ -a \end{bmatrix} \quad r_F := \begin{bmatrix} 2 \cdot a \\ 3 \cdot a \\ -a \end{bmatrix} \quad r_G := \begin{bmatrix} 2 \cdot a \\ 4 \cdot a \\ 0 \end{bmatrix} \quad r_M := \frac{1}{2} \cdot (r_D - r_A) = \begin{bmatrix} 0{,}5\ \mathrm{a_0} \\ 1{,}5\ \mathrm{a_0} \\ 1\ \mathrm{a_0} \end{bmatrix}$$

Die Gewichtskraft und die Auflagerkraft bei A können ebenfalls komponentenweise aus dem Freischnitt abgelesen werden:

$$F_M := \begin{bmatrix} 0 \\ 0 \\ -G \end{bmatrix} \quad F_A := \begin{bmatrix} \mathrm{A_x} \\ \mathrm{A_y} \\ \mathrm{A_z} \end{bmatrix}$$

Die Stabkräfte müssen wir als Produkt aus Größe (unbekannte Variable) und Richtung (aus der Geometrie bekannt) darstellen. Die Richtung gewinnen wir aus den Stabvektoren, die wir durch ihre Länge teilen.

$$r_{BF} := r_F - r_B = \begin{bmatrix} 2\ \mathrm{a_0} \\ 0 \\ -1\ \mathrm{a_0} \end{bmatrix} \quad r_{CE} := r_E - r_C = \begin{bmatrix} 2\ \mathrm{a_0} \\ -1\ \mathrm{a_0} \\ -3\ \mathrm{a_0} \end{bmatrix} \quad r_{DG} := r_G - r_D = \begin{bmatrix} 1\ \mathrm{a_0} \\ 1\ \mathrm{a_0} \\ -2\ \mathrm{a_0} \end{bmatrix}$$

Es bietet sich an, eine Funktion für die Berechnung von Einheitsvektoren zu definieren. Das ist schon mal eine Stelle, wo die Kennzeichnung der Variablen als Maßeinheit erforderlich ist, um ein vereinfachtes Ergebnis zu bekommen.

$$e(v) := \frac{v}{\sqrt{v \cdot v}} \quad e(r_M) = \begin{bmatrix} 0{,}267 \\ 0{,}802 \\ 0{,}535 \end{bmatrix}$$

Für Vektoren mit symbolischen Variablen funktioniert das nicht, daher müssen diese als Maßeinheiten getarnt werden

$$e\left(\begin{bmatrix} b \\ 2 \cdot b \\ 0 \end{bmatrix}\right) = \frac{\begin{bmatrix} \frac{b}{\sqrt{5}} \\ \frac{2 \cdot b}{\sqrt{5}} \\ 0 \end{bmatrix}}{\sqrt{b^2}} \quad e\left(\begin{bmatrix} \mathrm{b} \\ 2\ \mathrm{b} \\ 0 \end{bmatrix}\right) = \begin{bmatrix} 0{,}447 \\ 0{,}894 \\ 0 \end{bmatrix}$$

Damit können wir die wirkenden Kräfte an den Pendelstützen durch die unbekannten Stabkräfte ausdrücken. Die Anzeige der numerischen Werte funktioniert so nur mit Kennzeichnung der Variablen als Maßeinheit.

$$F_B := e\left(r_F - r_B\right) S_2 \qquad F_C := e\left(r_E - r_C\right) S_1 \qquad F_D := e\left(r_G - r_D\right) S_3$$

$$F_B = \begin{bmatrix} 0{,}894\ S_2 \\ 0 \\ -0{,}447\ S_2 \end{bmatrix} \qquad F_C = \begin{bmatrix} 0{,}535\ S_1 \\ -0{,}267\ S_1 \\ -0{,}802\ S_1 \end{bmatrix} \qquad F_D = \begin{bmatrix} 0{,}408\ S_3 \\ 0{,}408\ S_3 \\ -0{,}816\ S_3 \end{bmatrix}$$

Nun bestimmen wir die Kräfte- und Momentensumme (die im Gleichgewicht gleich Null sein müssen) und definieren den Unbekanntenvektor.

Resultierende Kraft

$$\Sigma F := F_A + F_B + F_C + F_D + F_M$$

Resultierendes Moment

$$\Sigma M_A := r_A \times F_A + r_B \times F_B + r_C \times F_C + r_D \times F_D + r_M \times F_M$$

Gleichgewichtsbedingungen und unbekannte Lagerreaktionen

$$GGB := \text{stack}\left(\Sigma F ;\ \Sigma M_A\right)$$

$$R := \begin{bmatrix} S_1 \\ S_2 \\ S_3 \\ A_x \\ A_y \\ A_z \end{bmatrix}$$

Für die sinnvolle Anzeige dieser Gleichungen muss man sich etwas Mühe geben. Beispielsweise wird die Gleichung 4 bei symbolischer Auswertung/Optimierung folgendermaßen angezeigt:

$$GGB_4 = \frac{a_0 \cdot \left(2 \cdot \left(\left(-3\ S_2 \cdot \sqrt{14} + 2\ S_1 \cdot \sqrt{5}\right) \cdot \sqrt{6} - 8\ S_3 \cdot \sqrt{14} \cdot \sqrt{5}\right) - 3\ G_0 \cdot \sqrt{6} \cdot \sqrt{14} \cdot \sqrt{5}\right)}{2 \cdot \sqrt{6} \cdot \sqrt{14} \cdot \sqrt{5}}$$

Optimierung> Symbolisch

Die ganze Summe wird auf einen Nenner gebracht, was sehr unübersichtlich ist. Die Anzeige mit numerischer Auswertung scheitert übrigens, da SMath die Maßeinheiten als inkompatibel betrachtet. Mit der Maxima-Funktion `ratexpand()` kann man Ausdrücke ausmultiplizieren. Damit SMath das bei der Anzeige nicht gleich wieder zusammenfasst, muss man die Optimierung/Auswertung im Kontextmenü abschalten.

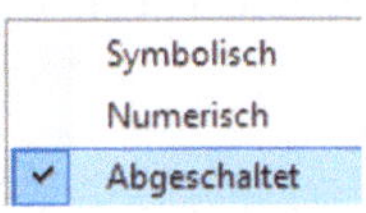

$$\text{ratexpand}\left(GGB\right) = \begin{bmatrix} \frac{S_3}{\sqrt{6}} + \frac{2\ S_2}{\sqrt{5}} + \frac{2\ S_1}{\sqrt{14}} + A_x \\ \frac{S_3}{\sqrt{6}} - \frac{S_1}{\sqrt{14}} + A_y \\ -\frac{2\ S_3}{\sqrt{6}} - \frac{S_2}{\sqrt{5}} - \frac{3\ S_1}{\sqrt{14}} - G_0 + A_z \\ -\frac{8\ S_3\ a_0}{\sqrt{6}} - \frac{3\ S_2\ a_0}{\sqrt{5}} + \frac{2\ S_1\ a_0}{\sqrt{14}} - \frac{3\ G_0\ a_0}{2} \\ \frac{4\ S_3\ a_0}{\sqrt{6}} + \frac{7\ S_1\ a_0}{\sqrt{14}} + \frac{G_0\ a_0}{2} \\ -\frac{2\ S_3\ a_0}{\sqrt{6}} - \frac{6\ S_2\ a_0}{\sqrt{5}} - \frac{S_1\ a_0}{\sqrt{14}} \end{bmatrix}$$

Da die Unbekannten als Maßeinheiten gekennzeichnet sind (anders hätten wir die Gleichungen nicht symbolisch aufstellen können), kommen zunächst nur die Matrixinversion und die Maxima-Funktion `Solve()` als Lösungsoptionen in Frage. Weder `FindRoot()` noch `roots()` akzeptieren Maßeinheiten als Variablennamen.

Lösung durch Matrixinversion:

Bei der Berechnung muss mehrfach mit der Vereinfachungsfunktion *simp*() nachgeholfen werden, ansonsten ist die Lösung aber sehr schön kompakt.

Vereinfachungsfunktion $simp(x\#) := \left| \begin{array}{l} tmp := \mathrm{str2num}(\mathrm{num2str}(x\#)) \\ \mathrm{str2num}(\mathrm{num2str}(tmp)) \end{array} \right.$

Koeffizientenmatrix $M := \mathrm{Jacob}(GGB;\ R)$

Rechte Seite $y := simp(M \cdot R - GGB)$

Lösung

$$\begin{bmatrix} S_1 \\ S_2 \\ S_3 \\ A_x \\ A_y \\ A_z \end{bmatrix} := simp\left(M^{-1} \cdot y\right) \qquad \begin{bmatrix} S_1 \\ S_2 \\ S_3 \\ A_x \\ A_y \\ A_z \end{bmatrix} = \begin{bmatrix} 0{,}159 \\ 0{,}133 \\ -0{,}488 \\ -0{,}00424 \\ 0{,}242 \\ 0{,}788 \end{bmatrix} G$$

Lösung mit `Solve()`

Das Ergebnis von `Solve()` wird mittels `Assign()` direkt in Zuweisungen auf die Unbekannten verwendet. Wenn wir nun die Gleichgewichtsbedingungen anzeigen (resultierende Kräfte und Momente), stellen wir fest, dass diese nahezu Null sind. Dies ist eine Kontrolle für die Richtigkeit der Lösung. Das garantiert natürlich nicht, dass Sie die richtigen Gleichungen aufgestellt haben.

$\mathrm{Clear}(S_1;\ S_2;\ S_3;\ A_x;\ A_y;\ A_z) = 1$

Lösung und Zuweisung der Werte auf die Variablen

$L := \mathrm{Assign}(\mathrm{Solve}(GGB;\ R))$

$$\begin{bmatrix} S_1 \\ S_2 \\ S_3 \\ A_x \\ A_y \\ A_z \end{bmatrix} = \begin{bmatrix} 0{,}159 \\ 0{,}133 \\ -0{,}488 \\ -0{,}00424 \\ 0{,}242 \\ 0{,}788 \end{bmatrix} G$$

Kontrolle, ob GGB erfüllt sind

$$GGB = \begin{bmatrix} 0 \\ -3{,}09 \cdot 10^{-17} \\ 1{,}86 \cdot 10^{-16} \\ 3{,}29 \cdot 10^{-16}\ a_0 \\ 0 \\ 0 \end{bmatrix} G$$

Lösung mit `roots()`

Diese Funktion akzeptiert keine Einheiten in den zu lösenden Gleichungen, weder in den Koeffizienten, noch als Variablennamen. Die Helferfunktion $simp_{no\_units}()$ vereinfacht den übergebenen Ausdruck und ersetzt vorher die Basiseinheiten m, s und kg durch den Wert 1 und wandelt alle verbliebenen Einheitensymbole in normale Variablennamen um (indem das vorangestellte Apostroph in der internen Darstellung entfernt wird).

$\text{Clear}(S_1; S_2; S_3; A_x; A_y; A_z) = 1 \qquad G_0 := 10\ \text{kN} \qquad a_0 := 1\ \text{m}$

Vereinfachung und Entfernung der Maßeinheiten m, s, kg. Selbstdefinierte Maßeinheiten werden in gleichnamige Variablen umgewandelt.

$$simp_{no\_units}(x\#) := \begin{array}{l} [m := 1 \ \ s := 1 \ \ kg := 1] \\ simp(\text{str2num}(\text{strrep}(\text{num2str}(x\#); \text{"'"}; \text{""}))) \end{array}$$

Anwendung auf eine Gleichung

$$GGB_5 = \frac{m \cdot \left(\left(7\,S_1 \cdot \sqrt{6} + 4\,S_3 \cdot \sqrt{14} \right) s^2 + 5000\ m\ kg \cdot \sqrt{6} \cdot \sqrt{14} \right)}{s^2 \cdot \sqrt{6} \cdot \sqrt{14}}$$

$$simp_{no\_units}(GGB)_5 = \frac{\sqrt{6} \cdot \left(7 \cdot S_1 + 5000 \cdot \sqrt{14} \right) + 4 \cdot S_3 \cdot \sqrt{14}}{\sqrt{6} \cdot \sqrt{14}}$$

Anwendung auf den Unbekanntenvektor

$$R^T = [S_1\ S_2\ S_3\ A_x\ A_y\ A_z] \qquad simp_{no\_units}(R)^T = [S_1\ S_2\ S_3\ A_x\ A_y\ A_z]$$

Wird diese Funktion auf Gleichungssystem und Variablenvektor angewendet, gelingt die Lösung mit `roots()`:

$$GGB_{nu} := simp_{no\_units}(GGB) \qquad R_{nu} := simp_{no\_units}(R)$$

$$R_{nu} := \text{roots}(GGB_{nu}; R_{nu}) = \begin{bmatrix} 1590 \\ 1330 \\ -4880 \\ -42{,}4 \\ 2420 \\ 7880 \end{bmatrix}$$

Wenn man für die weitere Berechnung die Reaktionen mit Maßeinheiten benötigt, dann muss der Lösungsvektor noch mit den passenden Maßeinheiten multipliziert werden. Die Zuweisung auf einen Vektor von Variablen funktioniert nur, wenn SMath die rechte Seite ebenfalls als Vektor erkennt. Das ist beim Produkt R_{nu}N offenbar nicht der Fall (obwohl das in anderen Fällen funktioniert). Die Vereinfachungsfunktion hilft aber hier auch:

Vektor mal Einheit anzeigen klappt

$$R_{nu}\ N = \begin{bmatrix} 1590 \\ 1330 \\ -4880 \\ -42{,}4 \\ 2420 \\ 7880 \end{bmatrix} N$$

Zuweisen auf Vektor von Variablen klappt nicht

$$\begin{bmatrix} S_1 \\ S_2 \\ S_3 \\ A_x \\ A_y \\ A_z \end{bmatrix} := R_{nu}\ N$$

Mit der elementweisen Ausführung $\vec{\blacksquare}$ klappt es

$$\begin{bmatrix} S_1 \\ S_2 \\ S_3 \\ A_x \\ A_y \\ A_z \end{bmatrix} := \overrightarrow{R_{nu}\ N} \qquad \begin{bmatrix} S_1 \\ S_2 \\ S_3 \\ A_x \\ A_y \\ A_z \end{bmatrix} = \begin{bmatrix} 1{,}59 \\ 1{,}33 \\ -4{,}88 \\ -0{,}0424 \\ 2{,}42 \\ 7{,}88 \end{bmatrix} kN$$

lastError = "Das Element mit dem gegebenen Index existiert nicht."

Lösung mit Maßeinheiten versehen $\begin{bmatrix} S_1 \\ S_2 \\ S_3 \\ A_x \\ A_y \\ A_z \end{bmatrix} := \mathrm{simp}\left(R_{nu}\ \mathrm{N}\right)$ $\quad \begin{bmatrix} S_1 \\ S_2 \\ S_3 \\ A_x \\ A_y \\ A_z \end{bmatrix} = \begin{bmatrix} 1{,}59 \\ 1{,}33 \\ -4{,}88 \\ -0{,}0424 \\ 2{,}42 \\ 7{,}88 \end{bmatrix} \mathrm{kN}$

Lösung mit `FindRoot()`

Auch diese Funktion akzeptiert keine als Maßeinheiten markierten Lösungsvariablen. Die Variablenwerte selbst und die Koeffizienten des Gleichungssystems können jedoch einheitenbehaftet sein. Beachten Sie, dass die Variablen im zweiten Argument alphabetisch sortiert sein müssen. Mit `Unknowns()` kann man sich die Unbekannten des Gleichungssystems in der passenden Reihenfolge anzeigen lassen.

$\mathrm{Clear}\left(S_1; S_2; S_3; A_x; A_y; A_z\right) = 1 \qquad G_0 := 10\ \mathrm{kN} \qquad a_0 := 1\ \mathrm{m}$

$\mathrm{Clear}\left(S_1; S_2; S_3; A_x; A_y; A_z\right) = 1$

$GGB_{nu} := \mathrm{simp}_{no\_units}\left(GGB\right) \qquad \mathrm{Unknowns}\left(GGB_{nu}\right)^{\mathrm{T}} = \begin{bmatrix} A_x & A_y & A_z & S_1 & S_2 & S_3 \end{bmatrix}$

Bei der Ergebnisanzeige verwenden wir den Faktor G als Maßeinheit, um die Lagerreaktionen als Vielfache des Plattengewichts darzustellen.

$\mathrm{FindRoot}\left(GGB_{nu}; \begin{Bmatrix} A_x = G \\ A_y = G \\ A_z = G \\ S_1 = G \\ S_2 = G \\ S_3 = G \end{Bmatrix}\right) = \begin{Bmatrix} -0{,}00424 \\ 0{,}242 \\ 0{,}788 \\ 0{,}159 \\ 0{,}133 \\ -0{,}488 \end{Bmatrix} G \qquad \begin{bmatrix} S_1 \\ S_2 \\ S_3 \\ A_x \\ A_y \\ A_z \end{bmatrix} = \begin{bmatrix} 1{,}59 \\ 1{,}33 \\ -4{,}88 \\ -0{,}0424 \\ 2{,}42 \\ 7{,}88 \end{bmatrix} \mathrm{kN}$

Beispiel 4.3: Mehrkörpersystem

Das gegebene Tragwerk ABD (Abb. 4.4) liegt in der xy-Ebene. Es ist bei A eingespannt und bei D durch einen Stab gestützt, der in x-Richtung verläuft. Die beiden Teile sind bei B durch ein Scharnier verbunden, dessen Drehachse in z-Richtung weist. Das Tragwerk wird durch eine Kraft F_1 in negative z-Richtung und eine Kraft F_2 in positive x-Richtung belastet. [3]

Gegeben: $a = 0{,}5\,\mathrm{m}$, $b = 0{,}4\,\mathrm{m}$, $c = 0{,}2\,\mathrm{m}$, $\alpha = 30°$, $F_1 = 500\,\mathrm{N}$, $F_2 = 800\,\mathrm{N}$.

Gesucht: Stabkraft S, die Gelenkreaktionen bei B sowie die Auflagerreaktionen bei A.

Starten Sie einen neues Rechenblatt (*4.3.sm*).

[3] Dieses Beispiel entspricht Aufgabe 1.3 in Henning, Jahr und Mrowka (2004)

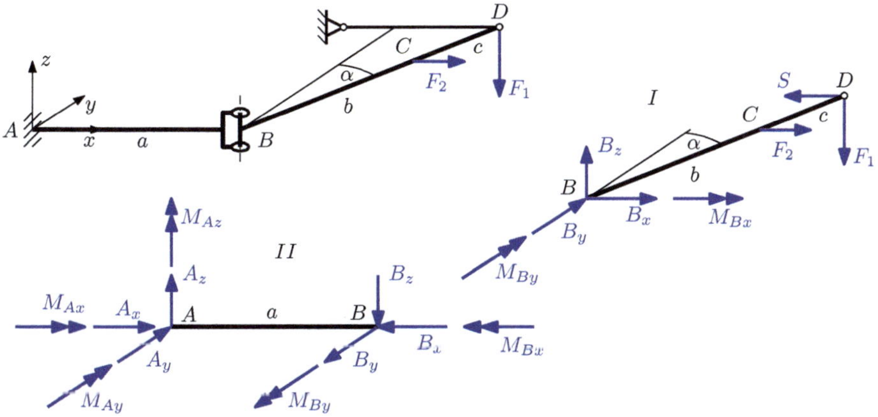

Abbildung 4.4.: Systemskizze und Freischnitte der Teilsysteme I und II.

Mathematisches Modell

In diesem Beispiel brauchen wir den Einheitentrick für das Kreuzprodukt nicht, da keine Einheitsvektoren gebildet werden müssen. Dafür kommt jetzt der Umgang mit mehrteiligen Systemen. Dabei gilt es, das Reaktionsprinzip zu beachten. Im Unterschied zur vorigen Aufgabe ist dieses System relativ leicht von Hand zu lösen.

Die Freischnitte der Teilsysteme zeigt Abb. 4.4. Am Gelenk werden die Reaktionen am Teilsystem I positiv gezählt, dementsprechend müssen sie am Teilsystem II in negative Richtung weisen (Reaktionsprinzip). Wir stellen zunächst die Ortsvektoren der Lastangriffspunkte sowie die Kraft- und Momentenvektoren zusammen.

Punkte

$$r_A := \begin{bmatrix} 0 \\ 0 \\ 0 \end{bmatrix} \quad r_B := \begin{bmatrix} a \\ 0 \\ 0 \end{bmatrix} \quad r_C := \begin{bmatrix} a + b \cdot \sin(\alpha) \\ b \cdot \cos(\alpha) \\ 0 \end{bmatrix} \quad r_D := \begin{bmatrix} a + (b + c) \cdot \sin(\alpha) \\ (b + c) \cdot \cos(\alpha) \\ 0 \end{bmatrix}$$

Am Punkt B müssen wir unterscheiden, auf welcher Seite des Schnitts die Lasten wirken. Dafür benutzen wir den Index des jeweiligen Teilsystems. Die Komponenten werden aus den Freischnitten abgelesen.

Kräfte

$$F_A := \begin{bmatrix} A_x \\ A_y \\ A_z \end{bmatrix} \quad F_{B,I} := \begin{bmatrix} B_x \\ B_y \\ B_z \end{bmatrix} \quad F_{B,II} := \begin{bmatrix} -B_x \\ -B_y \\ -B_z \end{bmatrix} \quad F_C := \begin{bmatrix} F_2 \\ 0 \\ 0 \end{bmatrix} \quad F_D := \begin{bmatrix} -S \\ 0 \\ -F_1 \end{bmatrix}$$

Momente

$$M_A := \begin{bmatrix} M_{A,x} \\ M_{A,y} \\ M_{A,z} \end{bmatrix} \quad M_{B,I} := \begin{bmatrix} M_{B,x} \\ M_{B,y} \\ 0 \end{bmatrix} \quad M_{B,II} := \begin{bmatrix} -M_{B,x} \\ -M_{B,y} \\ 0 \end{bmatrix}$$

Alle am Teilsystem I wirkenden Kräfte und Momente werden aufsummiert:

$$\Sigma F_I := F_{B,I} + F_C + F_D \qquad \Sigma M_{B,I} := (r_C - r_B) \times F_C + (r_D - r_B) \times F_D + M_{B,I}$$

$$\Sigma F_I = \begin{bmatrix} B_x + F_2 - S \\ B_y \\ B_z - F_1 \end{bmatrix} \qquad \Sigma M_{B,I} = \begin{bmatrix} -(b+c) \cdot \cos(\alpha) \cdot F_1 + M_{B,x} \\ (b+c) \cdot \sin(\alpha) \cdot F_1 + M_{B,y} \\ \cos(\alpha) \cdot (-b \cdot F_2 + (b+c) \cdot S) \end{bmatrix}$$

Ebenso am Teilsystem II:

$$\Sigma F_{II} := F_A + F_{B,II} \qquad \Sigma M_{A,II} := M_A + r_B \times F_{B,II} + M_{B,II}$$

$$\Sigma F_{II} = \begin{bmatrix} A_x - B_x \\ A_y - B_y \\ A_z - B_z \end{bmatrix} \qquad \Sigma M_{A,II} = \begin{bmatrix} M_{A,x} - M_{B,x} \\ M_{A,y} + a \cdot B_z - M_{B,y} \\ M_{A,z} - a \cdot B_y \end{bmatrix}$$

Die Gleichungen werden zusammengefasst und die unbekannten Größen in einen Vektor geschrieben. Damit ist das mathematische Modell fertig, Die Transpositionsfunktion (aus der Matrizen-Palette) wird benutzt, um Platz zu sparen.

$$GGB := \text{stack}(\Sigma F_I ; \Sigma M_{B,I} ; \Sigma F_{II} ; \Sigma M_{A,II})$$

$$R := \begin{bmatrix} B_x & B_y & B_z & M_{B,x} & M_{B,y} & S & A_x & A_y & A_z & M_{A,x} & M_{A,y} & M_{A,z} \end{bmatrix}^T$$

Lösung mit Matrixinversion

Mit der Vereinfachungsfunktion gelingt die direkte symbolische Lösung des Gleichungssystems. Um die linke Seite der Ergebnisszuweisung hinzuschreiben, lässt man sich den Unbekanntenvektor R symbolisch anzeigen und kopiert ihn einfach.

```
simp(x#) := | tmp := str2num(num2str(x#))
            | str2num(num2str(tmp))
```

$$M := \text{Jacob}(GGB ; R) \qquad y := M \cdot R - GGB$$

$$\begin{bmatrix} B_x \\ B_y \\ B_z \\ M_{B,x} \\ M_{B,y} \\ S \\ A_x \\ A_y \\ A_z \\ M_{A,x} \\ M_{A,y} \\ M_{A,z} \end{bmatrix} := \text{simp}(M^{-1} \cdot y) = \begin{bmatrix} -\dfrac{F_2 \cdot c}{b+c} \\ 0 \\ F_1 \\ (b+c) \cdot \cos(\alpha) \cdot F_1 \\ -(b+c) \cdot \sin(\alpha) \cdot F_1 \\ \dfrac{b \cdot F_2}{b+c} \\ -\dfrac{F_2 \cdot c}{b+c} \\ 0 \\ F_1 \\ (b+c) \cdot \cos(\alpha) \cdot F_1 \\ -F_1 \cdot (a + (b+c) \cdot \sin(\alpha)) \\ 0 \end{bmatrix}$$

$$F_A = \begin{bmatrix} -\frac{F_2 \cdot c}{b+c} \\ 0 \\ F_1 \end{bmatrix} \quad M_A = \begin{bmatrix} (b+c)\cdot\cos(\alpha)\cdot F_1 \\ -F_1\cdot(a+(b+c)\cdot\sin(\alpha)) \\ 0 \end{bmatrix} \quad S = \frac{b \cdot F_2}{b+c}$$

$$F_{B,I} = \begin{bmatrix} -\frac{F_2 \cdot c}{b+c} \\ 0 \\ F_1 \end{bmatrix} \quad M_{B,I} = \begin{bmatrix} (b+c)\cdot\cos(\alpha)\cdot F_1 \\ -(b+c)\cdot\sin(\alpha)\cdot F_1 \\ 0 \end{bmatrix}$$

Lösung mit Maxima

Das Gleichungssystem wird mit der Funktion `Solve()` aus dem Maxima-Plug-in gelöst.

$$\mathrm{Clear}(B_x; B_y; B_z; M_{B,x}; M_{B,y}; S) = 1$$

$$\mathrm{Clear}(A_x; A_y; A_z; M_{A,x}; M_{A,y}; M_{A,z}) = 1$$

$$L := \mathrm{Solve}(GGB; R)$$

Die Anzeige der Lösung wird aufgeteilt um Platz zu sparen.

$$L_{[1..6]} = \begin{cases} B_x = -\frac{F_2 \cdot c}{c+b} \\ B_y = 0 \\ B_z = F_1 \\ M_{B,x} = F_1\cdot(c+b)\cdot\cos(\alpha) \\ M_{B,y} = -F_1\cdot\sin(\alpha)\cdot(c+b) \\ S = \frac{F_2\cdot b}{c+b} \end{cases} \quad L_{[7..12]} = \begin{cases} A_x = -\frac{F_2 \cdot c}{c+b} \\ A_y = 0 \\ A_z = F_1 \\ M_{A,x} = F_1\cdot(c+b)\cdot\cos(\alpha) \\ M_{A,y} = -F_1\cdot(a+\sin(\alpha)\cdot(c+b)) \\ M_{A,z} = 0 \end{cases}$$

Die Ergebnisgleichungen werden in Zuweisungen umgewandelt.

$$tmp := \mathrm{Assign}(L)$$

$$F_A = \begin{bmatrix} -\frac{F_2 \cdot c}{c+b} \\ 0 \\ F_1 \end{bmatrix} \quad M_A = \begin{bmatrix} F_1\cdot(c+b)\cdot\cos(\alpha) \\ -F_1\cdot(a+\sin(\alpha)\cdot(c+b)) \\ 0 \end{bmatrix} \quad S = \frac{F_2 \cdot b}{c+b}$$

$$F_{B,I} = \begin{bmatrix} -\frac{F_2 \cdot c}{c+b} \\ 0 \\ F_1 \end{bmatrix} \quad M_{B,I} = \begin{bmatrix} F_1\cdot(c+b)\cdot\cos(\alpha) \\ -F_1\cdot\sin(\alpha)\cdot(c+b) \\ 0 \end{bmatrix}$$

Mit `L:=Assign(Solve(`*GGB*`;`*R*`))` werden Lösung und Ergebniszuweisung zu einem Einzeiler im Rechenblatt.

Einsetzen der gegebenen Zahlenwerte

Die beiden weiteren Lösungsverfahren liefern keine analytische Lösungen, daher geben wir hier Zahlenwerte für die Aufgabenparameter vor:

$$F_1 := 500\ \mathrm{N} \qquad F_2 := 800\ \mathrm{N} \qquad \alpha := 30\ °$$

$$a := 0{,}5\ \mathrm{m} \qquad b := 0{,}4\ \mathrm{m} \qquad c := 0{,}2\ \mathrm{m}$$

$$F_A = \begin{bmatrix} -267 \\ 0{,}00 \\ 500 \end{bmatrix} \mathrm{N} \qquad M_A = \begin{bmatrix} 260 \\ -400 \\ 0{,}00 \end{bmatrix} \mathrm{N\,m} \qquad S = 533\ \mathrm{N}$$

$$F_{B,I} = \begin{bmatrix} -267 \\ 0{,}00 \\ 500 \end{bmatrix} \mathrm{N} \qquad M_{B,I} = \begin{bmatrix} 260 \\ -150 \\ 0{,}00 \end{bmatrix} \mathrm{N\,m}$$

Lösung mit `FindRoot()`

Zunächst müssen die Unbekannten wieder gelöscht werden.

$$\mathrm{Clear}\left(B_x ; B_y ; B_z ; M_{B,x} ; M_{B,y} ; S\right) = 1$$

$$\mathrm{Clear}\left(A_x ; A_y ; A_z ; M_{A,x} ; M_{A,y} ; M_{A,z}\right) = 1$$

Bei Verwendung von `FindRoot()` sind bei der Angabe der Startschätzung die alphabetische Reihenfolge und die richtige Maßeinheit zu beachten. Einige Variablen sind Kräfte, andere Momente. Bei falscher Reihenfolge werden die Werte durcheinander gebracht.

Zur Sicherheit wird die Erfüllung der Gleichgewichtsbedingungen geprüft. Sie sind nicht exakt erfüllt, denn `FindRoot()` ist ein numerisches Verfahren. Der Fehler kann reduziert werden, indem als drittes Argument eine Toleranz vorgegeben wird.

$$\mathrm{Unknowns}(GGB)^{\mathrm{T}} = \begin{bmatrix} A_x & A_y & A_z & B_x & B_y & B_z & M_{A,x} & M_{A,y} & M_{A,z} & M_{B,x} & M_{B,y} & S \end{bmatrix}$$

Variable und ihre Startwerte — Lösung — Kontrolle

$$Vars := \begin{bmatrix} A_x = \mathrm{N} \\ A_y = \mathrm{N} \\ A_z = \mathrm{N} \\ B_x = \mathrm{N} \\ B_y = \mathrm{N} \\ B_z = \mathrm{N} \\ M_{A,x} = \mathrm{N\,m} \\ M_{A,y} = \mathrm{N\,m} \\ M_{A,z} = \mathrm{N\,m} \\ M_{B,x} = \mathrm{N\,m} \\ M_{B,y} = \mathrm{N\,m} \\ S = \mathrm{N} \end{bmatrix} \qquad \mathrm{FindRoot}\left(GGB ; Vars ; 10^{-16}\right) = \begin{bmatrix} -267 \\ 0 \\ 500 \\ -267 \\ 0 \\ 500 \\ 260\ \mathrm{m} \\ -400\ \mathrm{m} \\ 0 \\ 260\ \mathrm{m} \\ -150\ \mathrm{m} \\ 533 \end{bmatrix} \mathrm{N} \qquad GGB = \begin{bmatrix} 0 \\ 0 \\ 0 \\ -5{,}94 \cdot 10^{-13}\ \mathrm{m} \\ 0 \\ -1{,}25 \cdot 10^{-12}\ \mathrm{m} \\ 0 \\ 0 \\ 0 \\ 0 \\ 0 \\ 0 \end{bmatrix} \mathrm{N}$$

$$F_A = \begin{bmatrix} -267 \\ 0{,}00 \\ 500 \end{bmatrix} \mathrm{N} \qquad M_A = \begin{bmatrix} 260 \\ -400 \\ 0{,}00 \end{bmatrix} \mathrm{N\,m} \qquad S = 533\ \mathrm{N}$$

$$F_{B,I} = \begin{bmatrix} -267 \\ 0{,}00 \\ 500 \end{bmatrix} \mathrm{N} \qquad M_{B,I} = \begin{bmatrix} 260 \\ -150 \\ 0{,}00 \end{bmatrix} \mathrm{N\,m}$$

Der Vektor mit den Namen für die Ergebniszuweisung und den Anfangsschätzungen kann auch automatisch erzeugt werden, das vermeidet Fehler durch falsche Variablenreihenfolge. Die Maßeinheiten der Lösungsvariablen muss man allerdings trotzdem manuell angeben.

$$\mathrm{Clear}\left(B_x; B_y; B_z; M_{B,x}; M_{B,y}; S\right) = 1 \qquad \mathrm{Clear}\left(A_x; A_y; A_z; M_{A,x}; M_{A,y}; M_{A,z}\right) = 1$$

$$U := \mathrm{Unknowns}(GGB)$$

$$U^{T} = \begin{bmatrix} A_x & A_y & A_z & B_x & B_y & B_z & M_{A,x} & M_{A,y} & M_{A,z} & M_{B,x} & M_{B,y} & S \end{bmatrix}$$

$$ME := \begin{bmatrix} \mathrm{N} & \mathrm{N} & \mathrm{N} & \mathrm{N} & \mathrm{N} & \mathrm{N} & \mathrm{N\,m} & \mathrm{N\,m} & \mathrm{N\,m} & \mathrm{N\,m} & \mathrm{N\,m} & \mathrm{N} \end{bmatrix}^{T}$$

$$Vars := \overrightarrow{U = ME} = \begin{bmatrix} A_x = \dfrac{\mathrm{kg\,m}}{\mathrm{s}^2} \\ A_y = \dfrac{\mathrm{kg\,m}}{\mathrm{s}^2} \\ \vdots \end{bmatrix}$$

Lösung mit `roots()`

Da `roots()` keine Maßeinheiten verträgt, muss man die Einheiten aus den Gleichungen entfernen. Dafür wird die bereits aus dem vorigen Beispiel bekannte Hilfsfunktion benutzt.

$$\mathrm{Clear}\left(B_x; B_y; B_z; M_{B,x}; M_{B,y}; S\right) = 1 \qquad \mathrm{Clear}\left(A_x; A_y; A_z; M_{A,x}; M_{A,y}; M_{A,z}\right) = 1$$

$$simp_{no\_units}(x\#) := \left\| \begin{array}{l} [\, m := 1 \quad s := 1 \quad kg := 1 \,] \\ simp\left(\mathrm{str2num}\left(\mathrm{strrep}\left(\mathrm{num2str}(x\#); \text{"'"}; \text{""}\right)\right)\right) \end{array} \right.$$

$$GGB_{nu} := simp_{no\_units}(GGB) \qquad R_{nu} := \mathrm{roots}\left(GGB_{nu}; R\right) =$$

$$GGB_{nu\,[1..6]} = \begin{bmatrix} 800 + B_x - S \\ B_y \\ -500 + B_z \\ M_{B,x} - 50 \cdot \sqrt[2]{3}^{\,3} \\ 150 + M_{B,y} \\ \dfrac{\sqrt{3} \cdot (-1600 + 3 \cdot S)}{10} \end{bmatrix} \qquad GGB_{nu\,[7..12]} = \begin{bmatrix} A_x - B_x \\ A_y - B_y \\ A_z - B_z \\ M_{A,x} - M_{B,x} \\ \dfrac{B_z + 2 \cdot \left(M_{A,y} - M_{B,y}\right)}{2} \\ \dfrac{-B_y + 2 \cdot M_{A,z}}{2} \end{bmatrix} \qquad = \begin{bmatrix} -267 \\ 0 \\ 500 \\ 260 \\ -150 \\ 533 \\ -267 \\ 0 \\ 500 \\ 260 \\ -400 \\ 0 \end{bmatrix}$$

Die Anzeige des einheitenfreien Gleichungssystem wurde hier zur Platzersparnis aufgeteilt.

Das dimensionslose Ergebnis R_{nu} wird elementweise mit den passenden Maßeinheiten multipliziert und auf die Variablen zugewiesen. Die Kontrolle bestätigt die Erfüllung der Gleichgewichtsbedingungen.

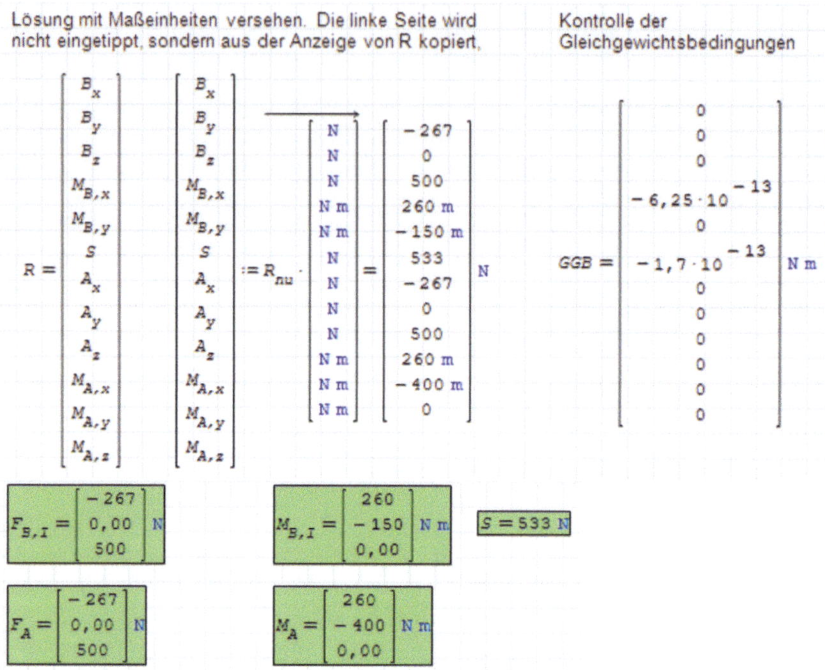

4.2. Vergleich der Lösungsverfahren

Zum Schluss tragen wir die Beobachtungen aus den drei Aufgaben dieses Kapitels nochmals zusammen (Tab. 4.1). Die folgenden Kriterien werden betrachtet:

Plug-in erforderlich? Dabei geht es um Drittanbieter-Plug-ins, die nicht im Standardumfang von SMath Studio dabei sind. Auf dem PC ist das kein Problem, man kann die Plug-ins nachinstallieren. In der Cloud-Version stehen diese Plug-ins jedoch nicht zur Verfügung. Die SMath-Roadmap sieht die Unterstützung von Drittanbieter-Plug-ins in der Cloud vor, womit das Problem entschärft wäre.

Externe Software? Das Maxima-Plug-in benötigt neben dem eigentlichen Plug-in noch eine komplette Maxima-Installation auf dem Rechner.

Analytische Lösung? Die numerischen Verfahren können eine solche nicht liefern.

Maßeinheiten in Koeffizienten möglich? Wenn das der Fall ist, kann das Modell mit voller Einheitenunterstützung aufgebaut werden.

Namen der Unbekannten als Maßeinheiten möglich? In manchen Fällen gelingt die symbolische Modellerstellung nur, wenn man die Unbekannten als Maßeinheiten kennzeichnet. Es ist jedoch möglich, die Maßeinheitenkennung nachträglich wieder zu entfernen.

Matrixform nötig? Die Lösung mit linearer Algebra erfordert als Zwischenschritt die Umwandlung der Gleichungen in Koeffizientenmatrix und rechte Seite. Auch wenn das mit Bordmitteln von SMath geht, ist das eher ein Griff in die Trickkiste als eine naheliegende Option.

Anfangsschätzung nötig? Numerische Löser benötigen in der Regel eine Anfangsschätzung. Bei linearen Problemen hat diese kein Einfluss auf das Ergebnis, es entsteht aber zusätzliche Schreibarbeit.

Ergebniszuweisung? Wie einfach ist die Belegung der Lösungsvariablen mit den ermittelten Werten? Bei `FindRoot()` ist die Zuweisung integriert, bei `Solve()` gibt es dafür die Funktion `Assign()`. Bei der Matrixinversion müssen die Variablennamen explizit hingeschrieben werden, der Vektor kann dafür nicht verwendet werden. Bei `roots()` ist das ebenso, dazu muss man die Maßeinheiten der Lösungsvariablen angeben und anwenden.

Bedienungssicherheit Damit ist die Sicherheit gemeint, dass bei Bedienungsfehlern kein unerkannt falsches Ergebnis geliefert wird. Bei `FindRoot()` ist sie kritisch, da bei einer falschen Reihenfolge der Lösungsvariablen falsche Zuweisungen erfolgen. Sowohl bei `roots()` als auch bei `FindRoot()` muss der Anwender die Maßeinheiten der Lösungsvariablen selbst setzen. Aus beiden Gründen ist es Pflicht, zu prüfen, ob die Lösung tatsächlich die Gleichgewichtsbedingungen erfüllt.

Nichtlineare Gleichungen? Dieses Kriterium ist für lineare Probleme nicht relevant. Aber es kennzeichnet die Vielseitigkeit des Lösungsverfahrens.

Die Matrixinversion liefert auch ohne Plug-ins symbolische Ergebnisse und volle Einheitenunterstützung. Allerdings muss man wie auch bei `roots()` selbst dafür sorgen, dass bei der Ergebniszuweisung die richtigen Variablennamen verwendet werden.

`roots()` funktioniert auch ohne Plug-ins, verträgt aber keine Maßeinheiten im Gleichungssystem.

`FindRoot()` ist eine elegante Variante für numerische Lösungen mit Maßeinheiten. Man muss die Variablennamen und die Schätzwerte in streng alphabetischer Reihenfolge hinschreiben, die Zuweisung des Ergebnisses an die Variablen erfolgt dann automatisch.

Wer die Möglichkeiten voll ausreizen will, kommt um das Maxima-Plug-in nicht herum, insbesondere wenn es um die symbolische Modellerstellung geht. Eine umfassende Einführung findet sich in Kraska (2023).

Es ist generell eine gute Idee, zu prüfen, ob die Lösung die Gleichungen erfüllt.

Tabelle 4.1.: Optionen zur Lösung von algebraischen Gleichungssystemen (Vorteile fett markiert).

	Matrix-inversion	roots()	FindRoot()	
Plug-in erforderlich?	**nein**	**nein**	Nonlinear Solvers	Maxima-Plug-in
Externe Software?	**nein**	**nein**	**nein**	Maxima
Analytische Lösung?	**ja**	nein	nein	**ja**
Maßeinheiten in Koeffizienten möglich?	**ja**	nein	**ja**	**ja**
Namen der Unbekannten als Maßeinheiten möglich?	**ja**	nein	nein	**ja**
Matrixform nötig?	ja	**nein**	**nein**	**nein**
Anfangsschätzung nötig?	**nein**	eventuell	ja	**nein**
Ergebniszuweisung?	weniger einfach	nichttrivial	**integriert**	**einfach**
Bedienungssicherheit	**hoch**	mittel	kritisch	**hoch**
Nichtlineare Gleichungen?	nein	**ja**	**ja**	**ja**

Literatur

Gross, D. u. a. (2024). *Technische Mechanik 1: Statik.* Hrsg. von Werner Hauger, Jörg Schröder und Wolfgang A. Wall. 15. Auflage. Berlin, Heidelberg: Springer. 1292 S. ISBN: 978-3-662-69443-5. DOI: 10.1007/978-3-662-69443-5.

Henning, G., A. Jahr und U. Mrowka (2004). *Technische Mechanik mit Mathcad, Matlab und Maple.* Wiebaden: Vieweg.

Kraska, M. (2023). *SMath with Maxima. Getting Started with the Maxima Plugin.* DOI: 10.25933/opus4-2949.

Schwarz, H. R. (1988). *Numerische Mathematik.* Teubner, Stuttgart.

5. Querkraft- und Biegemomentenlinien

In diesem Kapitel bestimmen wir den Schnittlastenverlauf (Querkraft, Biegemoment) an geraden und gekrümmten Trägern Grundlagen dazu finden sich z.B. in Gross u. a. (2024), Kap. 7. SMath-Themen sind dabei die numerische und symbolische Integration, die grafische Darstellung in Diagrammen und die Extremwertbestimmung.

5.1. Schnittlasten am geraden ebenen Balken

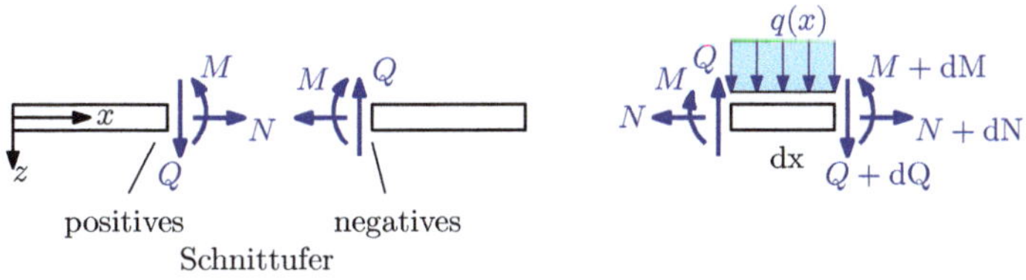

Abbildung 5.1.: Schnittlasten am ebenen Balken und am differenziellen Balkenelement

Aus den Gleichgewichtsbedingungen am differenziellen Balkenelement gemäß Abb. 5.1 ergeben sich die Schnittlastendifferenzialgleichungen

$$Q' = -q, \quad M' = Q. \tag{5.1}$$

Diese können bereichsweise zwischen Unstetigkeitsstellen integriert werden. Die Integrationskonstanten werden aus den Rand- und Übergangsbedingungen an den Bereichsgrenzen bestimmt. Mathematisch handelt es sich also um ein Randwertproblem. Ist nur ein Integrationsbereich erforderlich, spricht man von einem Einfeldträger.

Sind am linken Rand sowohl $M(0) = M_0$ und $Q(0) = Q_0$ bekannt, so wird daraus ein Anfangswertproblem, wobei eventuelle Auflagerreaktionen am linken Rand vorab bestimmt werden müssen.

M. Kraska, *Technische Mechanik mit SMath Studio*,
https://doi.org/10.1007/978-3-658-50592-9_5

Dann kann man die Differenzialgleichungen direkt zum Querkraftverlauf

$$Q(x) = Q_0 - \int_0^x q(\xi)\,\mathrm{d}\xi \tag{5.2}$$

und zum Momentenverlauf

$$M(x) = M_0 + \int_0^x Q(\xi)\,\mathrm{d}\xi$$

integrieren. Verwendet man dafür ein numerisches Integrationsverfahren, z.B. das Simpson-Verfahren (Papula, 2009, S.159), ist die doppelte Integration ungünstig. Besser ist es dann, Gleichung (5.2) vorab symbolisch zu integrieren:

$$M(x) = M_0 + Q_0 x - \int_0^x q(\xi)(x-\xi)\,\mathrm{d}\xi. \tag{5.3}$$

In den folgenden Aufgaben wird zunächst nur ein einzelner Integrationsbereich betrachtet. Im Abschnitt 5.2 zeigen wir dann, wie das Verfahren auf Träger mit Einzellasten und daher mehreren Integrationsbereichen (Mehrfeldträger) erweitert werden kann.

Häufig wird das maximale Biegemoment benötigt. Kandidatenpunkte dafür sind die bereichsweisen Randwerte oder falls vorhanden, lokale Extrema. Wegen $M' = Q$ sind die Extrempunkte von M die Nullstellen von Q. Wir werden es in diesem Kapitel also auch mit Nullstellenbestimmung zu tun bekommen.

Beispiel 5.1: Einfeldträger

Für einen beidseitig gelenkig gelagerten Balken der Länge L sind die Querkraft- und Momentenlinien für die Belastung gemäß Abb. 5.2 zu ermitteln. Gegeben sind $L = 2\,\mathrm{m}$ und $q_0 = 2\,\mathrm{kN/m}$.[1]

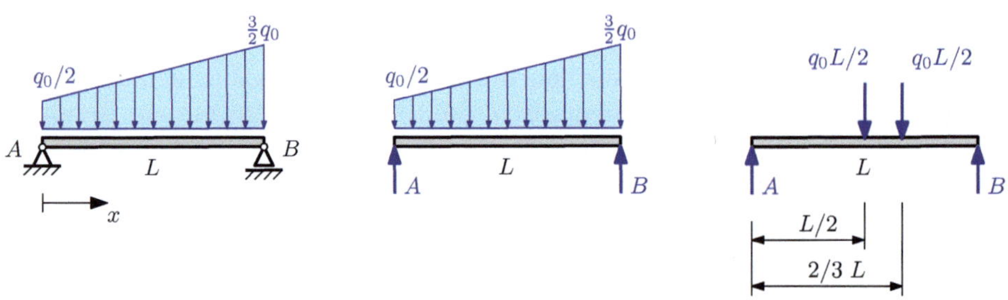

Abbildung 5.2.: Gerader Träger mit linearem Streckenlastverlauf. Mitte: Freischnitt, rechts: Ersetzung der Streckenlast durch ihre Teilresultierenden.

Lösungsweg:

[1] Analog zu Aufgabe 2.1.b) in Henning, Jahr und Mrowka (2004)

1. Bestimmung der Randwerte für M und Q bei $x = 0$ aus den Gleichgewichtsbedingungen.
2. Formelmäßige Berechnung der Q- und M-Verläufe durch Integration gemäß (5.2) und (5.3).
3. Bestimmung des maximalen Biegemoments und der Stelle, wo es auftritt.
4. Grafische Darstellung der Verläufe.

Die Berechnungen zu den Punkten 1 und 2 erfolgen symbolisch unter Verwendung der Maxima-Computeralgebra. Bei Punkt 3 und 4 werden dann Zahlenwerte eingesetzt.

Starten Sie einen neues Rechenblatt (*5.1.sm*).

Definition und Darstellung der Streckenlast

Zunächst werden die Streckenlast-Funktion definiert und ihre Resultierende berechnet.

Streckenlast $q(x) := q_0 \cdot \left(\frac{1}{2} + \frac{x}{L}\right)$ $\quad q(0) = \frac{q_0}{2}$ $\quad q(L) = \frac{3 \cdot q_0}{2}$

Berechnung der Gesamtlast (Streckenlast-Resultierende).
Dabei soll der Integraloperator Maxima nutzen.

```
MaximaTakeover("int")="int() handled by Maxima"
```

$$\int_0^L q(x)\,dx = L \cdot q_0$$

Der Befehl `MaximaTakeover()` sorgt dafür, dass ab dieser Stelle im Rechenblatt die Computeralgebra von Maxima für die Integration verwendet wird, wenn die standardmäßige numerische Berechnung nicht möglich ist. Das ist hier der Fall, weil die Variablen q_0 und L undefiniert sind.

Bei der grafischen Darstellung benutzen wir zwei Varianten:

- den Standard-Diagrammbereich. Diese Option erfordert keine Plug-ins und ist für schnelle Diagramme ohne Formatierungsanforderungen geeignet.
- Der X-Y-Plot-Bereich. Er bietet fast alles außer logarithmischen Achsen.

Eine Referenz zu beiden Varianten findet sich in Abschnitt 3.5. Es gäbe auch noch die Maxima-Grafik, sie erschließt zusätzliche Möglichkeiten wie logarithmische Achsen und 3D-Grafik, ist allerdings mit einer eigenen Kommandosprache verbunden. Wer sie als Anwender des Maxima-draw-Pakets kennt, wird damit zurechtkommen, für die Zwecke des vorliegenden Buchs ist das aber nicht erforderlich. Eine ausführliche Darstellung findet sich in Kraska (2023).

Standard-Diagrammbereich: Dieser kann mit dem Menü Einfügen> Diagramm> Zweidimensional erzeugt werden, oder auch mit dem Tastenkürzel [@]. In den Platzhalter unten links schreibt man die darzustellenden Funktionen, gegebenenfalls gruppiert mit dem Listenoperator {.

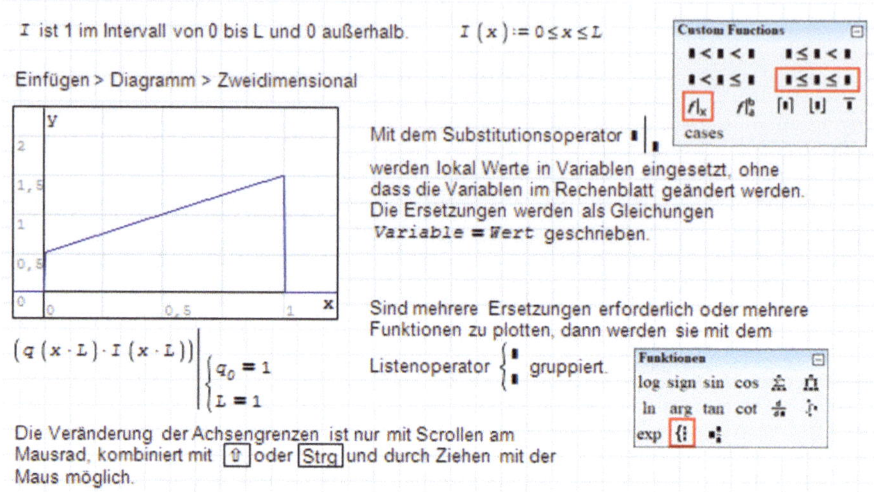

Die unabhängige Variable ist immer x und sie ist dimensionslos. Erwartet die Funktion ein Argument mit Maßeinheit, kann man x mit einer passenden Maßeinheit multiplizieren, hier ist das L. Außer x dürfen keine weiteren undefinierten Variablen vorkommen[2], auch wenn sie sich möglicherweise rauskürzen würden. Daher muss man diesen Variablen im Rechenblatt innerhalb des Diagramms einen Wert geben. Das geschieht entweder so wie hier mit dem Substitutionsoperator $\blacksquare|_{\blacksquare}$, der die Variable nur in seinem Wirkungsbereich ändert oder man weist den Variablen oberhalb des Diagramms Werte zu und löscht diese unterhalb wieder mit `Clear()`, wenn man symbolisch weiterrechnen will.

Die Achsentitel im Diagramm können nicht umbenannt werden, die Kurvenformatierung (Farbe, Linienstärke und -art) sind auch nicht beeinflussbar. Die Achsenbereiche werden durch Ziehen oder Zoomen mit der Maus festgelegt. Das kann sehr aufwändig werden wenn die Funktion rechenintensiv ist und der Bereich stark geändert werden muss.

> Tip: Wenn Sie beim Editieren durch die automatische Neuberechnung des Rechenblatts behindert werden, können Sie diese unter Berechnung> Automatische Berechnung ausschalten. Eine Neuberechnung können Sie dann mit in der Werkzeugleiste oder mit F9 starten.

X-Y-Plot-Bereich: Dieser Bereich wird vom gleichnamigen Plug-in bereitgestellt. Er bietet weitgehende Freiheit bei der Formatierung der Achsen und der Kurven und benutzt eine ähnliche Eingabelogik wie der Standard-Diagrammbereich. Daher bietet sich diese Diagrammform an, wenn man nach einem schnellen Test mit dem Standard-Diagramm Wert auf bessere Formatierung legt.

[2] Für animierte Grafiken kann die Variable t benutzt werden, der im Kontextmenü Variablen mit vektorwertigem Inhalt zugewiesen werden können.

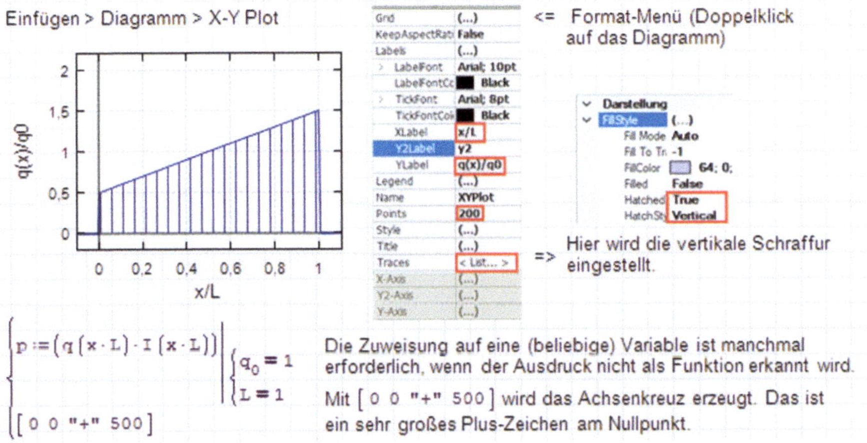

Schnittlasten

Benutzt werden die Gleichungen (5.2) und (5.3). Q_0 entspricht der Auflagerkraft bei A gemäß Freischnitt in Abb. 5.2. M_0 ist aufgrund der gelenkigen Lagerung gleich Null.

Die Auflagerreaktion A wird aus dem Momentengleichgewicht um B berechnet. In der Handrechnung benutzt man die Teilresultierenden (für den Rechteckanteil und den Dreieckanteil) gemäß Abb. (5.2) rechts:

$$\Sigma M_B = -AL + \frac{1}{2}q_0 L\frac{L}{2} + \frac{1}{2}q_0 L\frac{L}{3} = 0 \quad \rightarrow \quad A = \frac{5}{12}q_0 L.$$

In der SMath-Rechnung ist die allgemeine Formel für beliebige Streckenlastverläufe bequemer:

$$\Sigma M_B = \int_0^L (L - x)\, q(x)\, \mathrm{d}x - AL = 0.$$

Die Computeralgebra liefert das gleiche symbolische Ergebnis wie die Handrechnung.

$$A := \frac{1}{L} \cdot \int_0^L (L - x) \cdot q(x)\, \mathrm{d}x = \frac{5 \cdot L \cdot q_0}{12} \qquad Q_0 := A \qquad M_0 := 0$$

Damit können die Gleichungen (5.2) und (5.3) symbolisch ausgewertet werden. Die Darstellung der Verläufe erfolgt zunächst mit einem Standard-Diagramm. Die Beschriftung der Kurven besteht aus passend eingefärbten Formelbereichen, die über das Diagramm gelegt wurden.

$$Q(x) := Q_0 - \int_0^x q(\xi)\,d\xi \qquad Q(x) = \frac{q_0 \cdot \left(5 \cdot L^2 - 6 \cdot x \cdot (x + L)\right)}{12 \cdot L}$$

$$M(x) := M_0 + \int_0^x Q(\xi)\,d\xi \qquad M(x) = \frac{q_0 \cdot x \cdot \left(-x \cdot (2 \cdot x + 3 \cdot L) + 5 \cdot L^2\right)}{12 \cdot L}$$

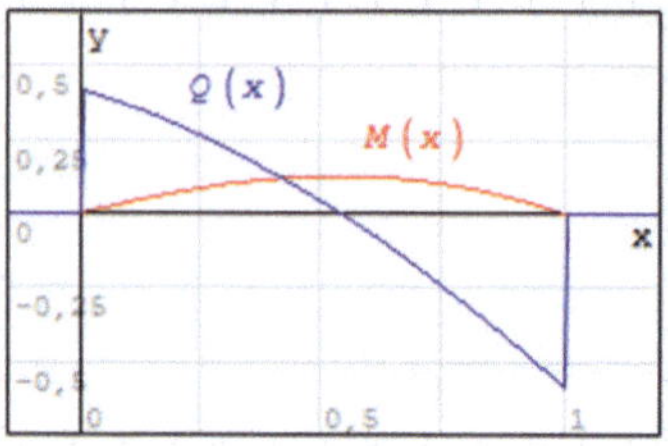

$$\begin{Bmatrix} Q(x \cdot L) \cdot I(x \cdot L) \\ M(x \cdot L) \cdot I(x \cdot L) \end{Bmatrix} \Bigg| \begin{Bmatrix} q_0 = 1 \\ L = 1 \end{Bmatrix}$$

Maximales Biegemoment

Das maximale Biegemoment tritt an einer Nullstelle der Querkraft auf. Die Funktion `Solve()` aus dem Maxima-Plug-in findet symbolisch zwei Lösungen. Nur eine davon liegt im gültigen Wertebereich. Für die grafische Darstellung werden Zahlenwerte definiert.

Analytische Lösung

$$Lsg := \text{Solve}\left(Q\left(x_0\right) = 0;\ x_0\right) = \begin{cases} x_0 = -\dfrac{L \cdot \left(3 + \sqrt{39}\right)}{6} \\ x_0 = \dfrac{L \cdot \left(-3 + \sqrt{39}\right)}{6} \end{cases}$$

Zahlenwerte $L := 2\ \text{m}$ $\quad q_0 := 2\ \frac{\text{kN}}{\text{m}}$

Auswahl der Nullstelle im gültigen Bereich zwischen 0 und L

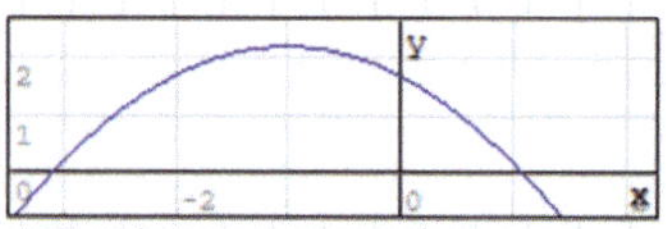

$$x_0 \Big|_{Lsg_1} = -3{,}08\ \text{m} \qquad x_0 \Big|_{Lsg_2} = 1{,}08\ \text{m}$$

Zuweisung an x_0 $\quad \text{Assign}\left(Lsg_2\right) = 1{,}08\ \text{m}$

$$M_{max} := M\left(x_0\right) \qquad x_0 = 1{,}08\ \text{m} \qquad M_{max} = 1{,}01\ \text{kN m}$$

Alternativ kann man numerische Lösungsverfahren benutzen (Schwarz, 1988, Kap. 5). Die bereits aus dem Kap. 4.2 bekannten Funktionen `roots()` und `FindRoot()` benutzen gradientenbasierte Algorithmen und sind für nichtlineare Gleichungssysteme geeignet. Sie liefern immer nur eine Lösung (wenn überhaupt), die vom vorzugebenden Startwert abhängt.

Die Funktion `solve()` sucht alle Nullstellen einer skalaren Funktion innerhalb eines

Bereichs.

Maßeinheiten in der unabhängigen Variable werden weder von `roots()` noch von `solve()` unterstützt. Da aber $Q(x)$ das Argument mit Längeneinheit erwartet, muss x mit einer solchen multipliziert werden. Auf diese Längeneinheit bezieht sich dann der dimensionslose Ergebniswert der Lösung.

$\mathrm{roots}(Q(x\,\mathrm{m});\,x;\,1)=1{,}08$ $\qquad$ $\mathrm{roots}(Q(x\,\mathrm{m});\,x;\,-2)=-3{,}08$

$\mathrm{FindRoot}\left(Q(x_1);\,x_1=\frac{L}{2}\right)=1{,}08\ \mathrm{m}$ $\qquad$ $\mathrm{FindRoot}\left(Q(x_2);\,x_2=-L\right)=-3{,}08\ \mathrm{m}$

$\mathrm{solve}(Q(x\,\mathrm{m});\,x;\,0;\,2)=1{,}08$ $\qquad$ $\mathrm{solve}(Q(x\,\mathrm{m});\,x;\,-10;\,10)=\begin{bmatrix}-3{,}08\\1{,}08\end{bmatrix}$

Der gefundene Extremwert wird zur Kontrolle grafisch dargestellt. Die Parameter haben nun Zahlenwerte mit Maßeinheiten. Im Standard-Diagramm ist die Variable x dimensionslos und muss mit einer passenden Länge multipliziert werden. Das Ergebnis (der y-Wert) wird durch eine passende Maßeinheit geteilt.

$$P:=\begin{cases}\dfrac{Q(x\,\mathrm{m})}{\mathrm{kN}}\cdot I(x\,\mathrm{m})\\[1ex] \dfrac{M(x\,\mathrm{m})}{\mathrm{kN\,m}}\cdot I(x\,\mathrm{m})\\[1ex] \begin{bmatrix}\dfrac{x_0}{\mathrm{m}} & \dfrac{M_{max}}{\mathrm{kN\,m}} & \text{"o"}\end{bmatrix}\end{cases}$$

1 x 3 Matrix

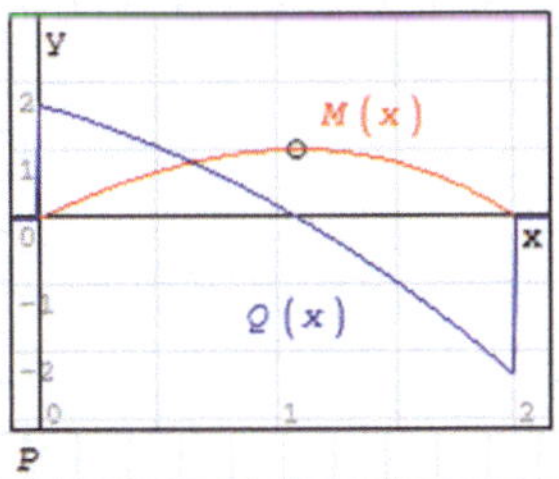

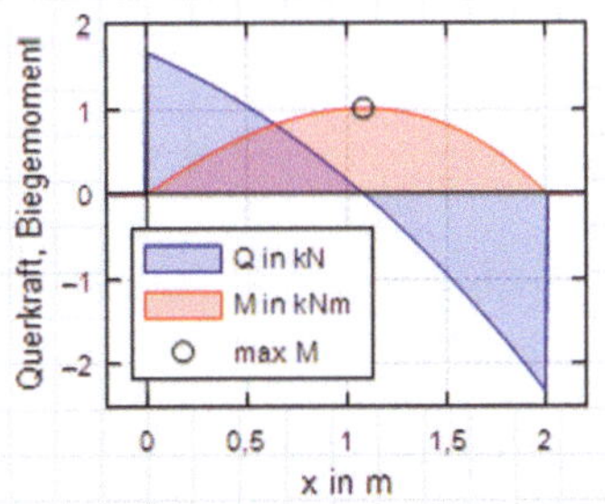

$\begin{cases}P\\ [0\ 0\ \text{"+"}\ 1000]\end{cases}$

Man sieht, dass die Stelle $(x_0, M_{\max})$ zum Kurvenverlauf $M(x)$ passt. Beim rechten Diagramm sind einige Einstellungen im Format-Dialog erfolgt:

- Labels: Achsenbereiche und Beschriftungen einstellen,
- Legend: Legende einschalten und deren Position festlegen,
- Traces: Beschriftung der Legendeneinträge und Aktivierung der Kurvenfüllung,
- Der Legendeneintrag „max M" wird erzeugt mit LineStyle> LineColor: White und SymbolStyle> Type: Circle

5.2. Mehrfeldträger

In diesem Abschnitt geht es um gerade Träger, die durch eine variable Streckenlast $q(x)$ (nach unten positiv gezählt) sowie durch Einzelkräfte F_i (nach oben positiv gezählt) und Einzelmomente M_i (gegen den Uhrzeiger positiv gezählt) an den Stellen

x_i belastet werden. Ein Beispiel zeigt Abb. 5.3. Mit Papier und Bleistift würde man die Querkraft-und Momentenlinie nach folgenden Regeln grafo-analytisch erstellen:

- An den Lasteinleitungsstellen erzeugen die Einzelkräfte Sprünge in der Querkraft und die Einzelmomente Sprünge im Momentenverlauf.
- Zwischen den Lasteinleitungspunkten gilt:
  - Die Streckenlast ist der Anstieg der Querkraftlinie. Die Veränderung der Querkraft über einen Bereich hinweg entspricht der Fläche unter der Streckenlastlinie.
  - Die Querkraft ist der Anstieg der Momentenlinie und die Fläche unter der Querkraftlinie entspricht der Veränderung des Momentes zwischen zwei Punkten.

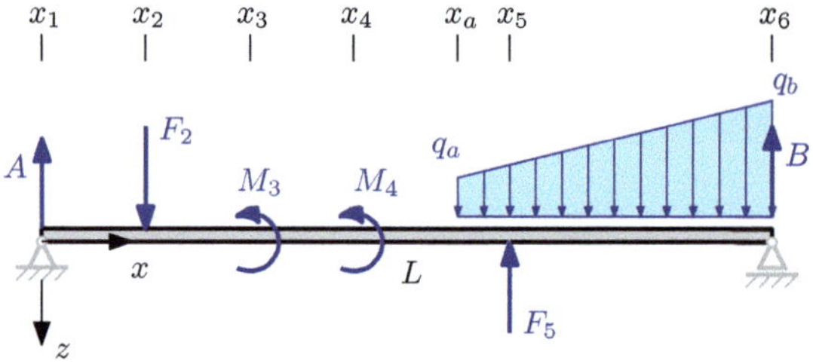

Abbildung 5.3.: Träger mit Streckenlast, Einzelkräften und Einzelmomenten.

Die Gleichungen aus Abschnitt 5.1 werden entsprechend angepasst. Dabei verwendet man vorteilhaft die Rampen- und Sprungfunktion $\langle x-a \rangle$.

Die Rampenfunktion beschreibt eine Rampe der Steigung 1, die am Punkt $x = 0$ beginnt. Sie wird mit der sogenannten Föppl-Klammer $\langle x \rangle$ geschrieben. Mit dem allgemeinen Startpunkt a ist sie wie folgt definiert:

$$\langle x-a \rangle = \begin{cases} 0 & x \leq a \\ x & x > a \end{cases}.$$

Die nullte Potenz dieser Funktion ist gleich der Sprungfunktion:

$$\langle x-a \rangle^0 = \begin{cases} 0 & x \leq a \\ 1 & x > a \end{cases}.$$

Damit kann der Schnittlastenverlauf über die ganze Länge des Trägers hinweg als Funktion geschrieben werden:

$$Q(x) = -\int_0^x q(\xi)\,\mathrm{d}\xi - \sum_{i=1} F_i \langle x - x_i \rangle^0 , \tag{5.4}$$

$$M(x) = -\int_0^x q(\xi)(x-\xi)\,\mathrm{d}\xi - \sum F_i \langle x - x_i \rangle^1 + \sum_{i=1} M_i \langle x - x_i \rangle^0 . \tag{5.5}$$

Das lässt sich fast 1:1 in SMath umsetzen. Allerdings kennt kennt SMath die Föppl-Klammer nicht, daher wird $\langle x-a\rangle^0$ durch $x>a$ ersetzt und $\langle x-a\rangle^1$ durch $(x>a)\,(x-a)$. Der logische Ausdruck $x>a$ liefert den Wert 1 wenn $x>a$ ist und 0 anderenfalls.

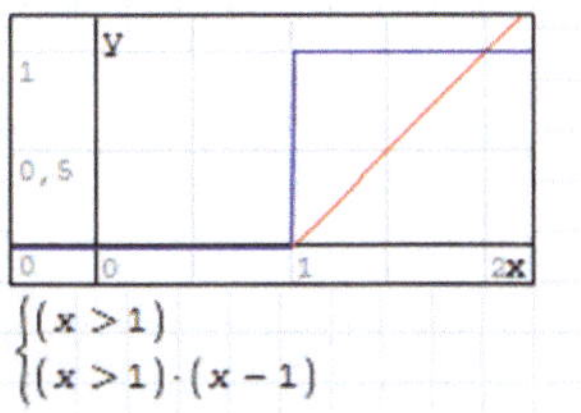

Beim Schreiben der Formeln ist zu beachten, dass j ein Elementindex ist. X_j wird geschrieben F[j oder man benutzt das ■ ▪-Symbol aus der Matrizen-Palette.

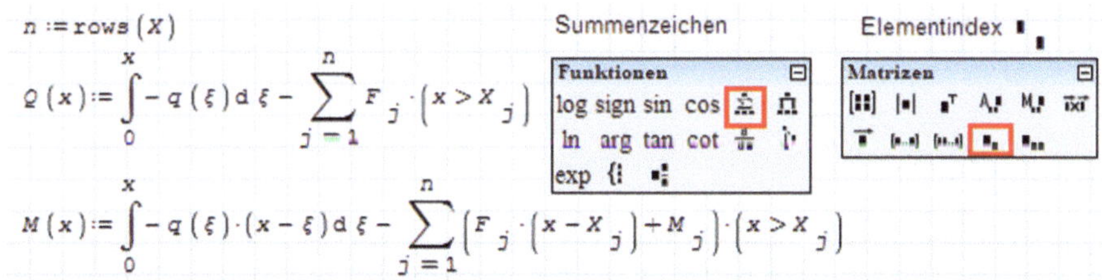

Die Angriffsstellen der Einzellasten werden in den Vektor (Spaltenmatrix) X geschrieben, die zugehörigen Einzelkräfte in den Vektor F und die Einzelmomente in den Vektor M. Die Kräfte werden nach unten (in z-Richtung) und die Momente gegen den Uhrzeiger positiv gezählt. Wenn an einem Punkt nur eine Kraft oder ein Moment angreift, wird die jeweils andere Größe auf Null gesetzt.

Grundsätzlich werden die Auflagerreaktionen aus den Gleichgewichtsbedingungen bestimmt.

$$\sum F_z = \int_0^L q(x)\,\mathrm{d}x + \sum_{i=1} F_i = 0,$$

$$\sum M_k = \int_0^L q(x)(x_k - x)\,\mathrm{d}x + \sum_{i=1} F_i\,(x_k - x_i) + \sum_{i=1} M_i = 0.$$

Die zweite Gleichung entspricht dem Momentengleichgewicht um den Punkt k. Im Falle zweier vertikaler Auflager an den Punkten j und k kann man die Auflagerreaktion am Punkt j aus der Momentensumme um den jeweils anderen Lagerpunkt k bestimmen. Aus der Summe $F_i\,(x_k - x_i)$ wird quasi der Term mit der Auflagerkraft auf die andere Seite geholt.

$$F_j\,(x_k - x_j) = -\int_0^L q(x)(x_k - x)\,\mathrm{d}x - \sum F_i\,(x_k - x_i) - \sum_{i=1} M_i. \tag{5.6}$$

In SMath definieren wir eine Funktion, der die beiden Punktkoordinaten übergeben werden. Die zu bestimmende Auflagerreaktion am Punkt x_F darf dann natürlich nicht in den F_i schon enthalten sein. Man kann sie dafür vorübergehend auf Null setzen.

```
F(x.F,x.r) Berechnet die bei x.F in positive z-Richtung wirkende Kraft mit dem
Momentengleichgewicht um x.r. Dabei sind global zu definieren: Streckenlast
q(x), Gesamtlänge L, Vektoren mit Lastpunkten X, Einzelkräften F (in z-Richtung
positiv) und Einzelmomenten M (gegen den Uhrzeiger positiv)
```

$$F\left(x_F;\, x_r\right) := \frac{1}{x_r - x_F} \cdot \left(-\int_0^L q(x) \cdot \left(x_r - x\right) \mathrm{d}x - \sum_{j=1}^{\mathrm{length}(X)} \left(F_j \cdot \left(x_r - X_j\right) + M_j \right) \right)$$

Auch hier ist auf den Unterschied zwischen den Indexvarianten zu achten:

- Textindex als Teil des Variablennamens (z.B. x_r oder x_F, Eingabe als `x.r` bzw. `x.F`). Im Rechenblatt haben solche Indizes keinen Abstand und sind kleiner.
- Elementindex (z.B. X_j oder F_j, einzugeben als `X[j` und `F[j` oder mit ■■ aus der Matrizen-Palette). Dabei sind X und j zwei verschiedene Variablen. X ist ein Vektor und j ist der Index. Im Rechenblatt haben solche Indizes einen größeren Abstand und haben die gleiche Schriftgröße wie alle anderen Variablen.

Alternativ kann man die Lagerkräfte aus den Bedingungen $Q(L) = 0$ und $M(L) = 0$ bestimmen. Am Ende des Balkens rechts vom letzten möglichen Lastangriff müssen die Schnittlasten Null sein.

Beispiel 5.2: Einzelkräfte und Streckenlast

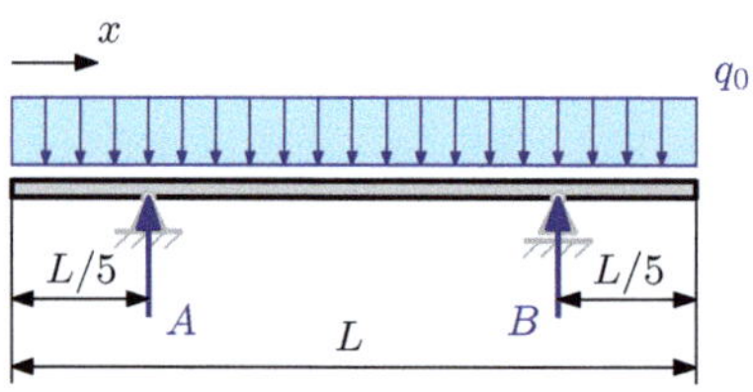

Abbildung 5.4.: Mehrfeldträger mit Streckenlast.

Wir betrachten einen Träger mit konstanter Streckenlast und zwei Lagern bei $x_1 = 1/5\,L$ und $x_2 = 4/5\,L$ (Abb. 5.4). Aus Symmetriegründen sind beide Lagerkräfte gleich groß und entsprechen der halben Streckenlastresultierenden. Das wird auch durch die Lösung der Gleichungen $Q(L) = 0$ und $M(L) = 0$ bestätigt. Zunächst werden wie oben erläutert die allgemeinen Funktionen $Q(x)$ und $M(x)$ sowie die Berechnungsfunktion für die vertikalen Auflagerreaktionen $F(x_F, x_r)$ definiert. Diese gelten für alle folgenden Beispiele dieses Abschnitts, so dass mit einem gemeinsamen Rechenblatt gearbeitet werden kann.

Starten Sie einen neues Rechenblatt (*5.2-4.sm*). Das gleiche Rechenblatt können Sie auch für die Beispiele 5.3 und 5.4 verwenden.

$n := \mathrm{rows}(X)$

$$Q(x) := \int_0^x -q(\xi)\,d\xi - \sum_{j=1}^{n} F_j \cdot (x > X_j)$$

$$M(x) := \int_0^x -q(\xi)\cdot(x-\xi)\,d\xi - \sum_{j=1}^{n} \left(F_j \cdot (x - X_j) + M_j\right)\cdot(x > X_j)$$

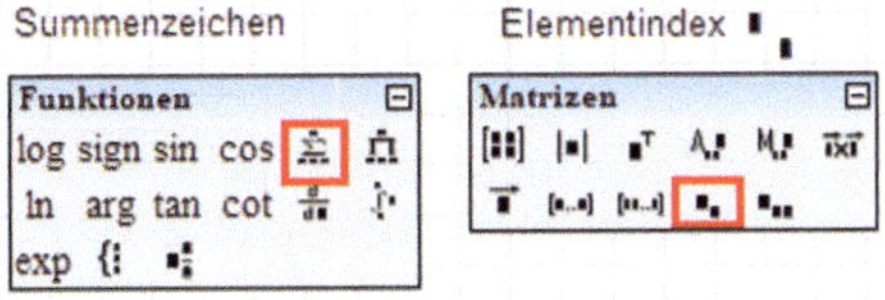

F(x.F,x.r) Berechnet die bei x.F in positive z-Richtung wirkende Kraft mit dem Momentengleichgewicht um x.r. Dabei sind global zu definieren: Streckenlast q(x), Gesamtlänge L, Vektoren mit Lastpunkten X, Einzelkräften F (in z-Richtung positiv) und Einzelmomenten M (gegen den Uhrzeiger positiv)

$$F(x_F; x_r) := \frac{1}{x_r - x_F}\cdot\left(-\int_0^L q(x)\cdot(x_r - x)\,dx - \sum_{j=1}^{\mathrm{length}(X)} \left(F_j\cdot(x_r - X_j) + M_j\right)\right)$$

Die Datenvektoren und die Streckenlastfunktion werden gemäß der Aufgabenstellung definiert. Als Einzelkräfte treten nur die zunächst unbekannten Auflagerreaktionen A und B auf, die gemäß Freischnitt in Abb. (5.4) negativ in die Spaltenmatrix F einzutragen sind. Einzelmomente sind nicht vorhanden, die Streckenlast ist konstant.

Die Auflagerreaktionen werden aus den Randbedingungen am rechten Rand bestimmt (freies Ende mit $M = 0$ und $Q = 0$).

Punkte | Kräfte | Momente | Streckenlast | Länge

$X := \begin{bmatrix} 0{,}2\cdot L \\ 0{,}8\cdot L \end{bmatrix}$ $F := \begin{bmatrix} -A \\ -B \end{bmatrix}$ $M := \begin{bmatrix} 0 \\ 0 \end{bmatrix}$ $q(x) := \frac{2\ \mathrm{N}}{L}$ $L := 2\ \mathrm{m}$

Auflagerreaktionen

$$\mathrm{FindRoot}\left(\begin{cases} M(L) = 0 \\ Q(L) = 0 \end{cases}; \begin{cases} A = \mathrm{N} \\ B = \mathrm{N} \end{cases}\right) = \begin{cases} 1 \\ 1 \end{cases}\ \mathrm{N}$$

Das maximale Moment tritt in der Mitte auf:

$M(0{,}5\cdot L) = 0{,}1\ \mathrm{N\,m}$

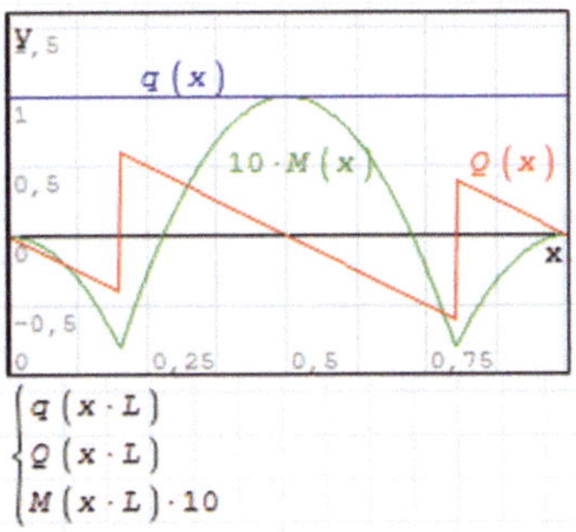

Die Verläufe der Streckenlast $q(x)$, der Querkraftlinie $Q(x)$ und der Momentenlinie $M(x)$ wurden hier im Standard-2D-Diagramm von SMath dargestellt. Die Beschriftungen bestehen aus darüber gelegten Formelbereichen. Das Moment wurde mit dem Faktor 10 skaliert, damit es besser zu erkennen ist.

Die Berechnung dauert etwas, denn für jeden Punkt im Diagramm muss SMath die numerischen Integrationen in den Formeln für Q und M ausführen. In Abschnitt (5.3) zeigen wir, wie man das effizienter machen kann.

Das maximale Biegemoment tritt aufgrund der Symmetrie in der Mitte bei $x = L/2$ auf.

Beispiel 5.3: Einzelmoment

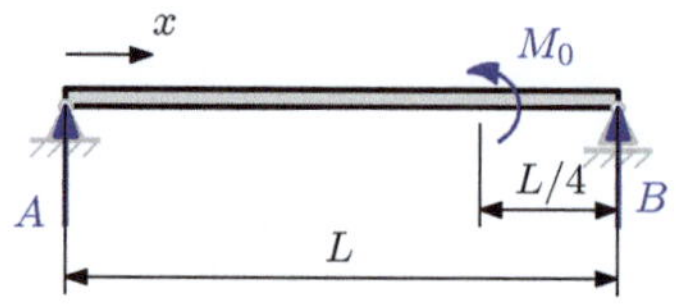

Abbildung 5.5.: Mehrfeldträger mit Einzelmoment.

Mit diesem Beispiel überzeugen wir uns davon, dass Einzelmomente korrekt von unseren Gleichungen erfasst werden. Der Träger gemäß Abb. 5.5 ist an den Enden gelagert und bei 3/4 der Länge mit einem Einzelmoment belastet. Gegeben sind $L = 2\,\mathrm{m}$ und $M_0 = 1\,\mathrm{Nm}$. Aufgrund der reinen Momentenbelastung müssen die Auflagerkräfte ein Kräftepaar bilden mit $A = -B = M/L$.

Im Unterschied zum vorigen Beispiel schafft es hier `FindRoot()` nicht, aus den Randbedingungen die Auflagerkräfte zu berechnen. Daher benutzen wir nun die Funktion $F(x_F, x_r)$ gemäß (5.6). Dafür müssen A und B zunächst gelöscht werden, um sie als undefinierte Symbole in den Vektor F eintragen zu können. Vor der Berechnung mit $F(x_F, x_r)$ werden sie dann Null gesetzt.

Fortsetzung des vorigen Rechenblatts (*5.2-4.sm*).

Punkte Kräfte Momente Streckenlast Länge $\mathrm{Clear}(A; B) = 1$

$$X := \begin{bmatrix} 0 \\ 0{,}75 \cdot L \\ L \end{bmatrix} \quad F := \begin{bmatrix} -A \\ 0 \\ -B \end{bmatrix} \quad M := \begin{bmatrix} 0 \\ 1\,\mathrm{N\,m} \\ 0 \end{bmatrix} \quad q(x) := 0 \quad L := 2\,\mathrm{m}$$

Auflagerreaktionen

$$A := 0 \quad B := 0 \quad A := -F(0; L) = \frac{1}{2}\,\mathrm{N} \quad B := -F(L; 0) = -\frac{1}{2}\,\mathrm{N}$$

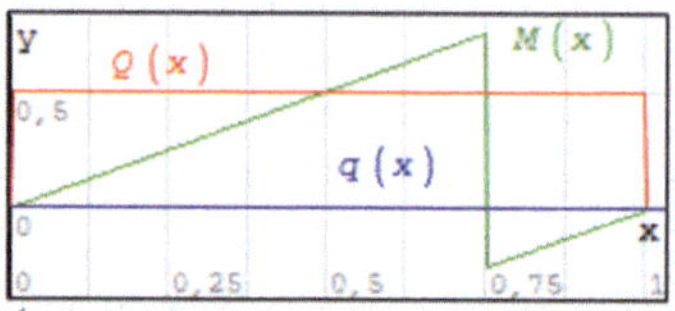

$$\begin{cases} q(x \cdot L) \\ Q(x \cdot L) \\ M(x \cdot L) \end{cases}$$

An Sprungstellen sollte man die Schnittlasten dicht daneben auf beiden Seiten auswerten

$$M(0{,}74999 \cdot L) = 0{,}75\,\mathrm{N\,m}$$
$$M(0{,}75 \cdot L) = 0{,}75\,\mathrm{N\,m}$$
$$M(0{,}75001 \cdot L) = -0{,}25\,\mathrm{N\,m}$$

Der Maximalwert des Biegemoments tritt genau links von der Lasteinleitung auf. Welcher Wert genau an einer Sprungstelle angezeigt wird, ist abhängig von der konkreten Ausgestaltung der Sprungfunktion. Daher fragt man den Wert sicherheitshalber etwas neben der Sprungstelle ab.

Beispiel 5.4: Zweifeldträger mit Streckenlast

In diesem Beispiel müssen wir in die SMath-Trickkiste greifen, um die Nullstelle der Querkraft und damit die Stelle extremer Biegebelastung zu finden.

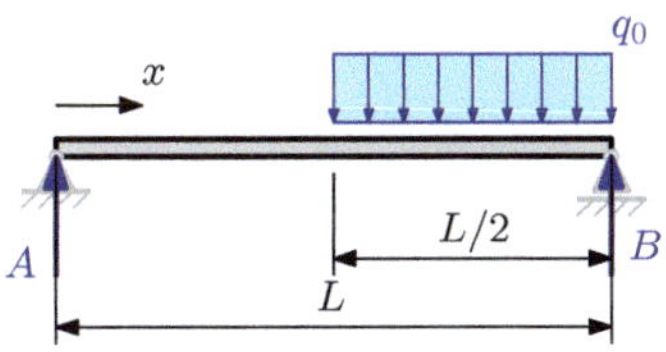

Abbildung 5.6.: Mehrfeldträger mit Streckenlast.

Abb. 5.6 zeigt einen an beiden Enden gelagerten Träger, der rechts der Mitte durch eine konstante Streckenlast belastet wird. Die Bestimmung der Auflagerreaktionen mit `FindRoot()` scheitert aufgrund des Streckenlastverlaufs. Daher werden sie mit der auf Seite 97 gezeigten Funktion $F(x_F; x_r)$ aus dem Momentengleichgewicht gemäß (5.6) berechnet.

Fortsetzung des vorigen Rechenblatts (*5.2-4.sm*).

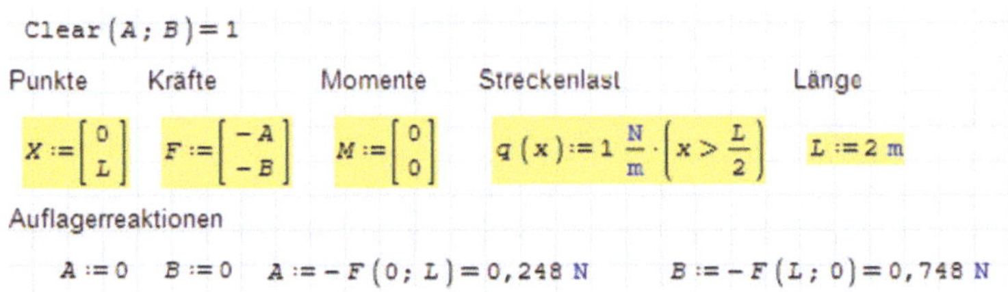

Die Werte der Auflagerkräfte sind etwas ungenau, exakt wären $A = 1/4\,\mathrm{N}$ und $B = 3/4\,\mathrm{N}$. Für die Integration verwendet SMath das Simpson-Verfahren, welches die Funktion an diskreten Punkten abtastet und mit quadratischen Polynomen interpoliert (Papula, 2009, S.159). Bei $x = L/2$ liefert $q(x)$, so wie die Funktion oben definiert ist, den Wert 0. Damit ist das Integral etwas zu klein. Die Anzahl der quadratischen Polynome kann man unter Extras> Optionen> Berechnung> Integrale Genauigkeit einstellen (hier wurde der Standardwert 100 verwendet). Der Fehler sinkt mit steigendem Wert für die Zahl der Polynome.

Nachdem nun die Auflagerkräfte bekannt sind, können die Verläufe von $M(x)$ und $Q(x)$ dargestellt werden.

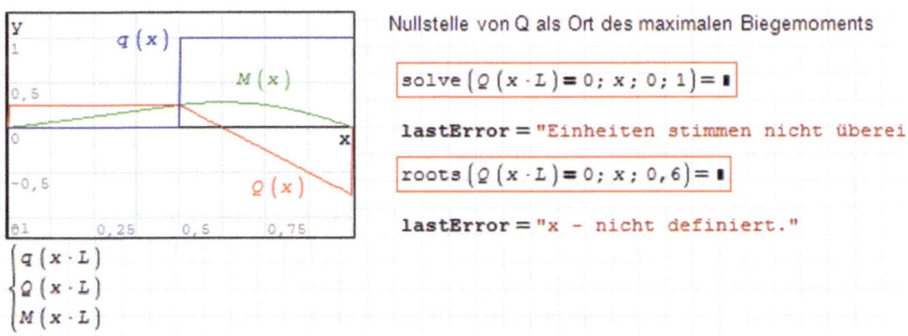

Nun soll noch das maximale Biegemoment bestimmt werden. Leider versagen die bisher betrachteten Optionen zur Nullstellenberechnung entweder weil sie mit den eingebetteten Integralen oder den logischen Ausdrücken in $Q(x)$ nicht zurechtkommen.

Es gibt aber einen Ausweg. SMath kann Funktionen $f(x)$ aus Datenvektoren $\underline{x}$ und $\underline{f}$ interpolieren. Es stellt sich heraus, dass **`FindRoot()`** anders als die anderen Löserfunktionen mit interpolierten Funktionen zurechtkommt.

Die zu interpolierenden Datenvektoren werden an $n_x + 1$ Punkten ermittelt. Der Ausdruck `[`a`..`b`]` steht für einen Vektor von Zahlen von a bis b mit der Schrittweite 1. Er ist ebenso wie der Vektorindex-Operator in der Matrizen-Palette zu finden.

Die Definitionen für die abgetasteten Werte (Namensindex „s" für *sample*) nutzen implizite Schleifen. Wenn auf beiden Seiten einer Definition ein Element-Index vorkommt, wird diese Definition für alle Werte der Indexvariable ausgeführt. Damit ergibt sich eine Schreibweise, die sehr dicht an der mathematischen Notation ist.

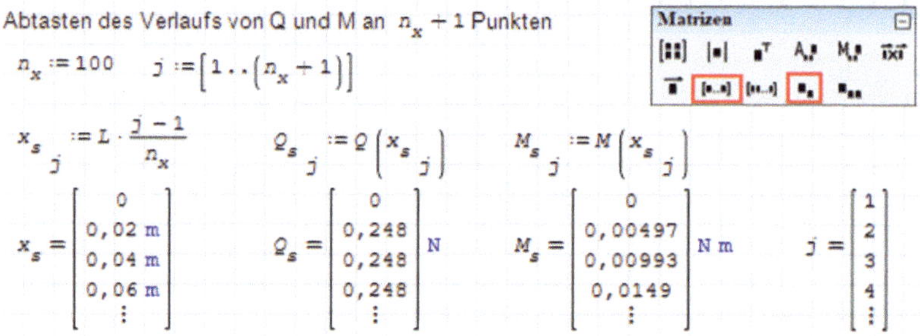

Bei über 100 Datenpunkten sind die Vektoren x_s, Q_s und M_s viel zu lang für die Anzeige im Rechenblatt. SMath begrenzt die Höhe der Ergebnisanzeige. Durch Ziehen mit der Maus an der Unterkante des Vektors kann man die Zahl der angezeigten Elemente verändern.

Die Interpolationsfunktion **`linterp()`** kommt nicht mit Maßeinheiten zurecht, daher müssen alle Eingabewerte dimensionslos gemacht und das Ergebnis mit der passenden Maßeinheit multipliziert werden.

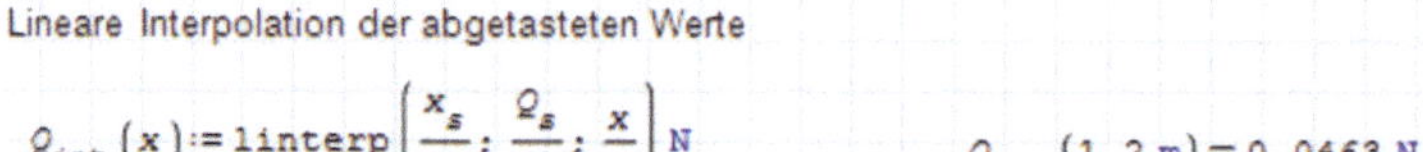

Der Vorteil der Kombination aus Abtastung und Interpolation ist, dass SMath nun nicht mehr bei jedem Aufruf von $Q(x)$ den ursprünglichen komplizierten Ausdruck berechnen muss, sondern quasi in der Wertetabelle nachschaut. Damit gelingt nun die Nullstellensuche und auch die Diagrammberechnung ist wesentlich schneller.

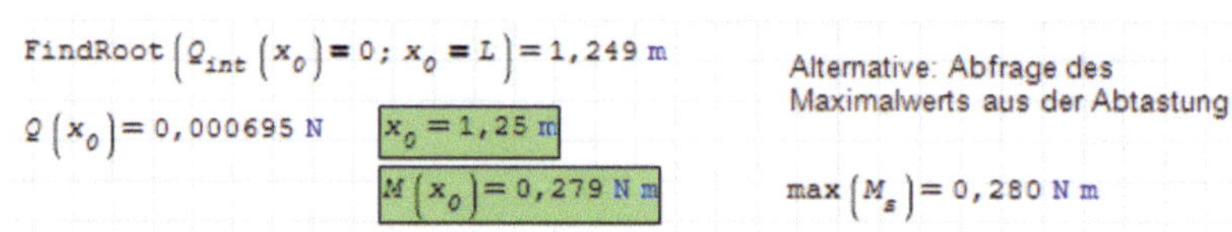

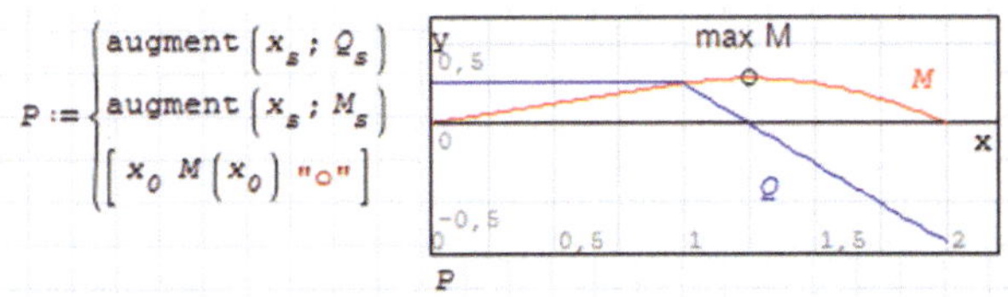

In der Rechnung oben sehen wir, dass die so gefundene Nullstelle ein geringfügig kleineres Moment $M(x_0)$ liefert als das Maximum der abgetasteten Werte $\max(M_s)$. Wie ist das möglich? Dafür zoomen wir in die abgetasteten Daten hinein. Im X-Y-Plot wurde die Querkraftkurve auf die Y2-Achse gelegt, dafür muss die Option IsY2Data im Format-Dialog bei den Kurveneigenschaften (Traces) aktiviert werden.

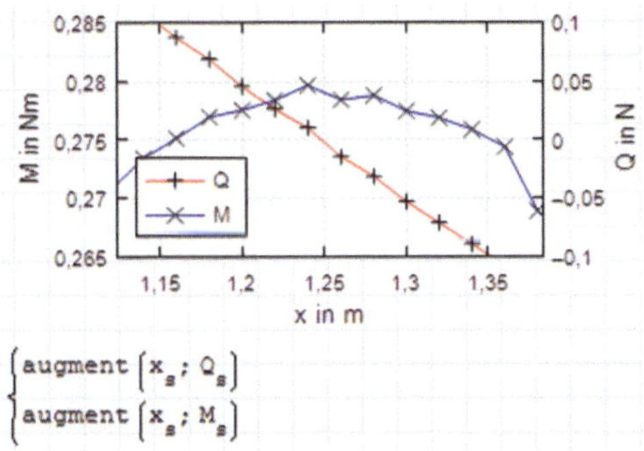

Man sieht, dass die Momentenkurve keiner glatten Parabel folgt, wie das eigentlich bei einer konstanten Streckenlast zu erwarten wäre. Das liegt daran, dass bei der Berechnung von $M(x)$ über eine Sprungstelle in $q(x)$ hinweg integriert wird, und zwar immer von 0 bis x. Die Sprungstelle liegt dann immer anders in Relation zu den Abtastintervallen des Simpson-Verfahrens für die Integration und dadurch ergeben sich überlagerte Schwankungen im Ergebnis. Diese sieht man dann als Rauschen auf dem Momentenverlauf. Abhilfe kann hier die Erhöhung der Integralgenauigkeit unter Extras> Einstellungen> Berechnung schaffen.

Beispiel 5.5: Verbesserte Integration

Starten Sie einen neues Rechenblatt (*5.5.sm*).

Nun soll noch das in Abb. (5.2) gezeigte System berechnet werden. Es besteht aus einem an beiden Enden gelagerten Träger und ist mit einer Trapezstreckenlast sowie mehreren Einzelkräften und -momenten belastet (Mehrfeldträger).

Bisher wurden die Funktionen $Q(x)$ und $M(x)$ entsprechend Gleichungen (5.2) und (5.3) unter Verwendung der Integrationsfunktion in SMath berechnet. Das führte bei der Diagrammerstellung zu merklichen Rechenzeiten und bereitete Schwierigkeiten bei der Extremwertbestimmung.

Statt des Simpson-Verfahrens soll nun das Runge-Kutta-Verfahren für die Integration benutzt werden (Papula, 2009, S.276). Das hat den Vorteil, dass es bei einmaliger Anwendung bereits alle Zwischenschritte liefert, statt nur den Endwert.

Zudem kann problemlos mehrfach integriert werden (über die gleiche unabhängige Variable).

Für die formelmäßige Beschreibung wird die Streckenlast $q(x)$ in einen konstanten Anteil q_a und einen Dreiecksanteil $q'\,(x-x_a)$ zerlegt. Stückweise stetige Funktionen kann man bequem mit der `cases()`-Funktion aus der Palette Custom Functions definieren (siehe auch Abschn. 3.2.2).

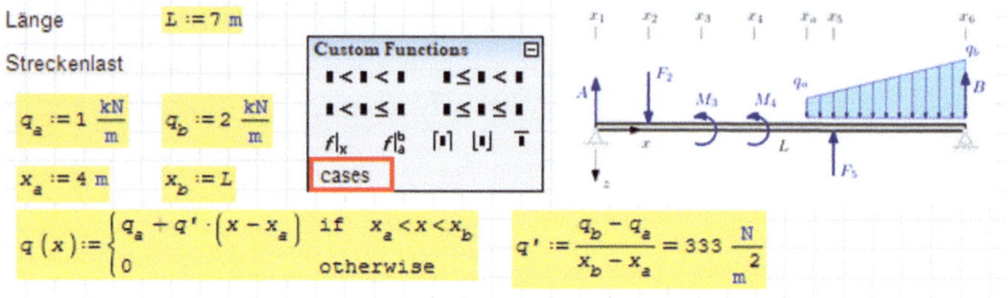

Die Lastangriffspunkte, Einzelkräfte und Einzelmomente werden genauso definiert wie in den vorigen Beispielen. Wichtig ist die Beachtung der positiven Koordinatenrichtungen. Die Auflagerreaktionen A und B sind zunächst undefiniert. Mit einem schnell erstellten Diagramm werden die Lastangriffspunkte und der Streckenlastverlauf als Plausibilitätskontrolle für die bereitgestellten Daten visualisiert.

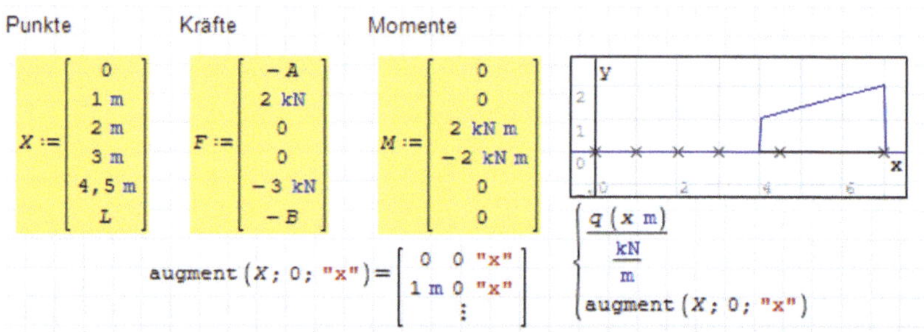

Die Funktion `augment()` kombiniert normalerweise Matrizen oder Vektoren gleicher Zeilenzahl. Werden Skalare (Zahlen, Zeichenketten) und Matrizen oder Vektoren gemischt eingesetzt, dann werden die Skalare zu jeder Zeile der Matrix hinzugefügt. Im Diagramm oben wird also der Vektor X durch eine Spalte Nullen und eine Spalte von x-Symbolen erweitert. Im Diagramm erzeugt jede Zeile dieser Matrix einen Punktmarker.

Die Berechnung der Auflagerreaktionen erfolgt mit der bereits bekannten Funktion $F(x_F, x_r)$, also mit dem Momentengleichgewicht. Das Integral darin kann so stehenbleiben, da die Funktion nur zweimal aufgerufen wird.

Mit den berechneten Werten prüfen wir dann noch die Summe aller Einzelkräfte und die Resultierende der Streckenlast. Beide sind entgegengesetzt gleich, so dass das vertikale Kräftegleichgewicht erfüllt ist.

Funktion für die Berechnung der Auflagerreaktionen aus dem Momentengleichgewicht

$$F\left(x_F; x_r\right) := \frac{1}{x_r - x_F} \cdot \left(-\int_0^L q(x) \cdot \left(x_r - x\right) \mathrm{d}x - \sum_{j=1}^{\mathrm{rows}(X)} \left(F_j \cdot \left(x_r - X_j\right) + M_j \right) \right)$$

Auflagerreaktionen

$A := 0 \quad B := 0 \quad A := -F\left(X_1; X_6\right) = 1500\ \mathrm{N} \quad B := -F\left(X_6; X_1\right) = 1980\ \mathrm{N}$

Die Summe aller Einzelkräfte muss entgegengesetzt gleich der Streckenlastresultierenden sein.

Summe aller Einzelkräfte einschließlich Reaktionen	Streckenlastresultierende
$\sum F = -4480\ \mathrm{N}$	$\int_0^L q(x)\,\mathrm{d}x = 4480\ \mathrm{N}$

Das vereinfachte Summenzeichen berechnet die Summe aller Elemente eines Vektors. Man erzeugt es mit `sum(` ⇆. Übernehmen Sie die Skizze aus Abb. 5.3.

Nun kommt das Runge-Kutta-Verfahren ins Spiel. In SMath Studio gibt es verschiedene Möglichkeiten dafür.

Das einfachste Interface hat die Funktion `rkfixed(`S, f, max, n`)` aus dem Plug-in Mathcad Toolbox. Darin ist S eine Liste mit den Differenzialgleichungen und den zugehörigen Anfangsbedingungen. Im vorliegenden Fall werden die Schnittlastendifferenzialgleichungen (5.1) und die Anfangsbedingungen $Q(0) = 0$ und $M(0) = 0$ direkt hingeschrieben.

f ist die Liste der zu bestimmenden Funktionen, hier $Q(x)$ und $M(x)$, wobei es sich zunächst nur um die Anteile aus der Streckenlast handelt. Die Anteile aus den restlichen Lasten werden später hinzugefügt. Die weiteren Argumente sind der Endwert für die unabhängige Variable, also die Länge des Trägers L, sowie die Zahl der Schritte, in die der Integrationsbereich einzuteilen ist. Bei unserem Vorgehen bestimmt das auch die Zahl der Punkte, die für die Diagrammerstellung bereitgestellt werden. Die Funktion `rkfixed()` ignoriert Maßeinheiten. Daher muss man den Endwert L durch Meter teilen und in $q(x)$ das Argument mit Meter multiplizieren, damit es die richtige Einheit bekommt.

Integration der Streckenlast mit dem Runge-Kutta-Verfahren

Differenzialgleichungen und Anfangsbedingungen	Gesuchte Funktionen	Obergrenze der Integration	Zahl der Integrationsschritte
$DGL := \begin{cases} Q'(x) = -q(x\ \mathrm{m}) \\ M'(x) = Q(x) \\ Q(0) = 0 \\ M(0) = 0 \end{cases}$	$f := \begin{cases} Q(x) \\ M(x) \end{cases}$	$x_{max} := \frac{L}{\mathrm{m}}$	$n_{step} := 200$

Numerische Lösung mit dem Runge-Kutta-Verfahren (RK4)

$D := \mathrm{rkfixed}\left(DGL; f; x_{max}; n_{step}\right)$

$$D = \begin{bmatrix} x & Q & M \\ 0 & 0 & 0 \\ 0{,}035 & 0 & 0 \\ 0{,}07 & 0 & 0 \\ 0{,}105 & 0 & 0 \\ & \vdots & \end{bmatrix}$$

Die Funktion liefert eine Matrix zurück. Darin steht jede Zeile für einen Datenpunkt und die Spalten sind die Werte der unabhängigen Variable (hier x) und der gesuchten Funktionen $Q(x)$ und $M(x)$. Für die weitere Rechnung werden die Spalten extrahiert und mit den passenden Einheiten multipliziert.

$$\begin{bmatrix} x_s \\ Q_s \\ M_s \end{bmatrix} := \begin{bmatrix} \mathrm{col}(D;1)\,\mathrm{m} \\ \mathrm{col}(D;2)\,\mathrm{N} \\ \mathrm{col}(D;3)\,\mathrm{N\,m} \end{bmatrix}$$

Extraktion der Ergebnisvektoren und Zuweisung der Maßeinheiten

Verläufe von Querkraft und Biegemoment (nur Anteil aus q(x))

$$P := \begin{cases} \mathrm{augment}(x_s ; Q_s) \\ \mathrm{augment}(x_s ; M_s) \end{cases}$$

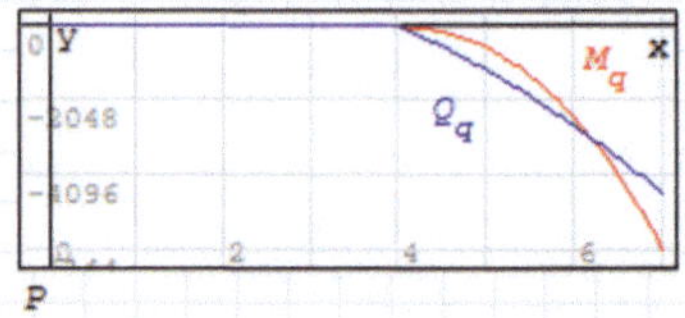

Anschließend werden die Beiträge der Einzellasten hinzugefügt. Die Gleichungen entsprechen (5.4) und (5.5), wobei die Integrale nun bereits vorab berechnet wurden. Der Index k läuft über alle Datenpunkte, der Index j in den Summen läuft über alle gegebenen Einzellasten.

Beiträge der Einzellasten zu den Datenvektoren hinzufügen k läuft über alle Datenpunkte (Zeilen von D)

$$k := [1..\mathrm{rows}(D)]$$

$$Q_{s_k} := Q_{s_k} - \sum_{j=1}^{\mathrm{rows}(X)} F_j \cdot \left(x_{s_k} > X_j\right)$$

Die Summen laufen über alle Lasteinleitungspunkte

$$M_{s_k} := M_{s_k} - \sum_{j=1}^{\mathrm{rows}(X)} \left(F_j \cdot \left(x_{s_k} - X_j\right) + M_j\right) \cdot \left(x_{s_k} > X_j\right)$$

Nun können die Verläufe dargestellt werden. Diesmal wird zusätzlich zum Standard-2D-Diagramm noch der X-Y-Plot benutzt.

$$P := \begin{cases} \dfrac{q(x\,\mathrm{m})}{\frac{\mathrm{kN}}{\mathrm{m}}} \\ \mathrm{augment}\left(x_s ; \dfrac{Q_s}{\mathrm{kN}}\right) \\ \mathrm{augment}\left(x_s ; \dfrac{M_s}{\mathrm{kN\,m}}\right) \end{cases}$$

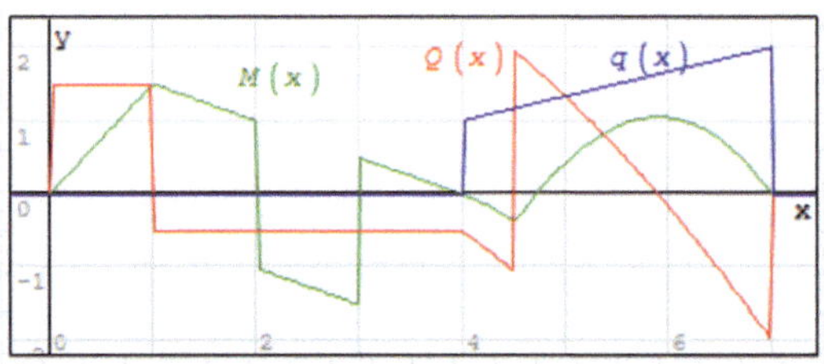

Extremwerte des Biegemoments: $\max(M_s) = 1{,}49\ \mathrm{kN\,m}$ $\min(M_s) = -1{,}49\ \mathrm{kN\,m}$

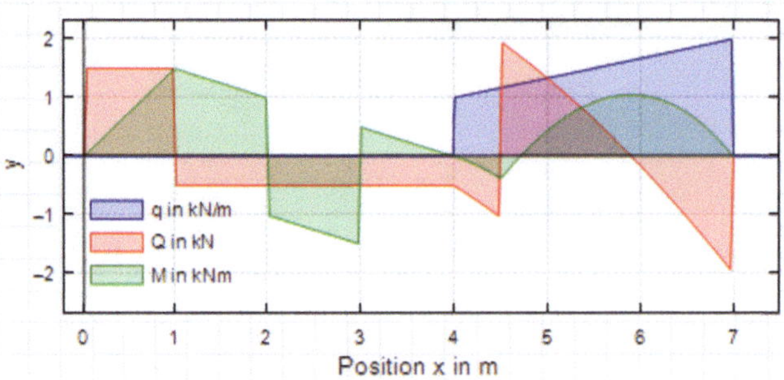

$$\begin{cases} P \\ [\,0\ \ 0\ \ \text{"+"}\ \ 2000\,] \end{cases}$$

5.3. Gekrümmte Träger

In diesem Abschnitt wird die Schnittlastenbestimmung an Kreisbogenträgern mit Belastung parallel zur Ebene und quer zur Ebene behandelt.

Beispiel 5.6: Bogenträger mit radialer Last

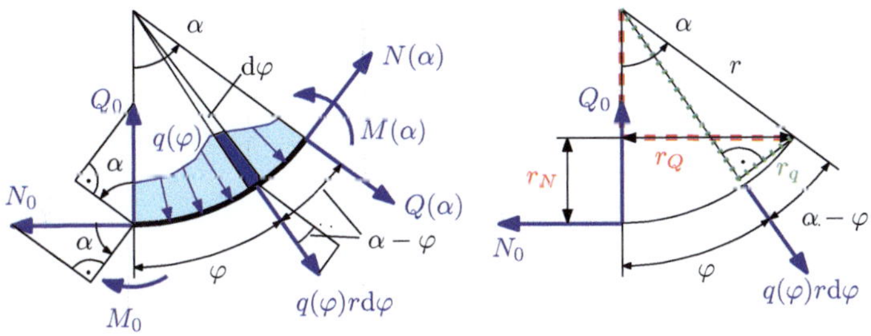

Abbildung 5.7.: Freischnitt und Hebelarme am ebenen Kreisbogenträger mit radialer Streckenlast

Betrachtet wird ein kreisbogenförmiger ebener Träger, welcher bei $\varphi = 0$ mit den Einzellasten Q_0, N_0, M_0 sowie mit einer radialen Streckenlast $q(\varphi)$ belastet wird (Abb. 5.7).[3]

Gleichgewicht in Richtung von $Q(\alpha)$ und $N(\alpha)$ergibt:

$$Q(\alpha) = Q_0 \cos\alpha + N_0 \sin\alpha - r \int_o^\alpha q(\varphi)\cos(\alpha - \varphi)\mathrm{d}\varphi,$$

$$N(\alpha) = -Q_0 \sin\alpha + N_0 \cos\alpha + r \int_o^\alpha q(\varphi)\sin(\alpha - \varphi)\mathrm{d}\varphi.$$

Die Hebelarme für das Momentengleichgewicht um die Stelle des Schnitts sind

$$\begin{aligned} r_Q &= r\sin\alpha \quad \text{für} \quad Q_0, \\ r_N &= r\,(1 - \cos\alpha) \quad \text{für} \quad N_0, \\ r_q &= r\sin(\alpha - \varphi) \quad \text{für} \quad q(\varphi)\, r\, \mathrm{d}\varphi. \end{aligned}$$

Somit ergibt sich für das Biegemoment

$$M(\alpha) = M_0 + Q_0\, r \sin\alpha + N_0 r\,(1 - \cos\alpha) - r^2 \int_o^\alpha q(\varphi)\sin(\alpha - \varphi)\mathrm{d}\varphi.$$

Gegeben ist ein Halbkreisträger mit den in Abb. 5.8 skizzierten Lastfällen und den Werten $r - 1,5\,\mathrm{m}$, $F = 2\,\mathrm{kN}$, $q_0 = 1,5\,\mathrm{kN/m}$. Zu bestimmen sind die Verläufe der Querkraft, der Normalkraft und des Biegemoments als Funktion von α.

[3]Nach Abschnitt 2.2.1 und Aufgabe 2.3 in Henning, Jahr und Mrowka (2004)

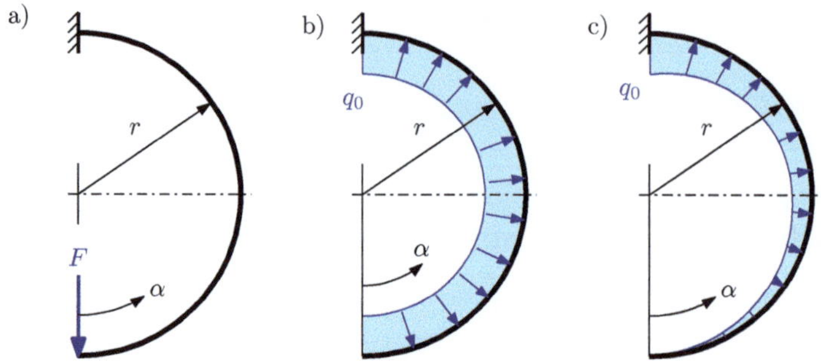

Abbildung 5.8.: Kreisbogenträger mit verschiedenen radialen Belastungen

Die Schnittlastenverläufe enthalten nur einfache Integrale. Diese kann man mit dem SMath-internen numerischen Integrationsverfahren lösen. Daher wird ein Lösungsweg komplett ohne Maxima demonstriert.

Starten Sie ein neues Rechenblatt (*5.6.sm*).

Die Verläufe werden zunächst allgemein als Funktionen definiert:

Querkraft $$Q(\alpha):=Q_0\cdot\cos(\alpha)+N_0\cdot\sin(\alpha)-\int_0^{\alpha} q(\varphi)\cdot\cos(\alpha-\varphi)\cdot r\,d\varphi$$

Längskraft $$N(\alpha):=\left(-Q_0\right)\cdot\sin(\alpha)+N_0\cdot\cos(\alpha)+\int_0^{\alpha} q(\varphi)\cdot\sin(\alpha-\varphi)\cdot r\,d\varphi$$

Biege-moment $$M(\alpha):=M_0+Q_0\cdot r\cdot\sin(\alpha)+N_0\cdot r\cdot(1-\cos(\alpha))-\int_0^{\alpha} q(\varphi)\cdot\sin(\alpha-\varphi)\cdot r^2\,d\varphi$$

Da $q(\alpha)$, Q_0 und M_0 noch keine Werte haben und SMath die Integration nicht symbolisch ausführen kann, werden die Formeln erst mal so gespeichert, wie sie geschrieben wurden. Mit konkreten Werten für $q(\alpha)$, Q_0 und M_0 können dann die Schnittlastenverläufe direkt ausgewertet werden.

Radiale Einzelkraft am freien Ende, Abb. 5.8 a)

Radius	Keine Streckenlast	Belastung am freien Ende			
$r:=1,5\ \mathrm{m}$	$q(\alpha):=0$	$Q_0:=-F$	$N_0:=0$	$M_0:=0$	$F:=2\ \mathrm{kN}$

Für die Darstellung der Schnittlastverläufe wird der X-Y-Plot-Bereich eingesetzt. Im Format-Dialog werden die Achsbeschriftungen, Achsgrenzen und die Legende definiert. Das Argument wird im Gradmaß angegeben, die Ergebnisse werden durch die jeweiligen Einheiten geteilt.

Die transparente Legende wurde durch die Hintergrundfarbe im ARGB-Format (A ist die Deckkraft) realisiert. Die definierte Farbe ist Weiß mit etwa 80% (200 von 255) Deckkraft.

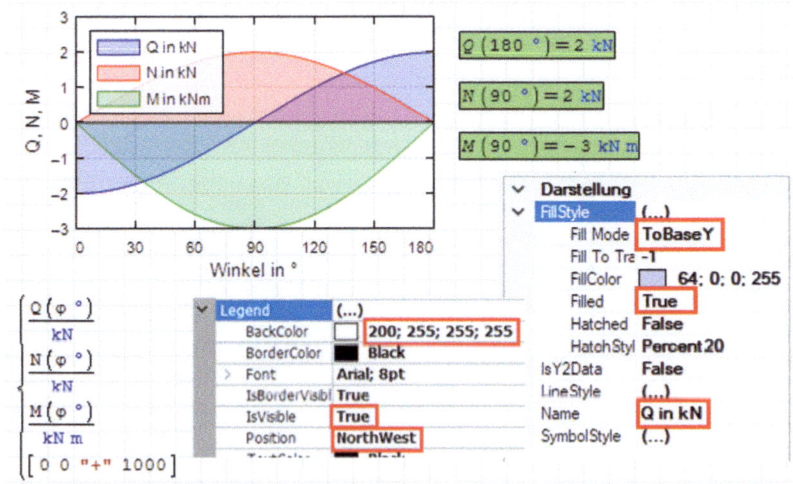

Konstante radiale Streckenlast, Abb. 5.8 b)

Radius $r := 1{,}5\ \mathrm{m}$ Konstante Streckenlast $q(\alpha) := q_0$ $q_0 := 1{,}5\ \frac{\mathrm{kN}}{\mathrm{m}}$ Belastung am freien Ende $Q_0 := 0$ $N_0 := 0$ $M_0 := 0$

Die Eingabedaten für das Diagramm sind die gleichen wie oben, daher wurden sie hier ausgeblendet. Lediglich die Grenzen der y-Achse wurden angepasst.

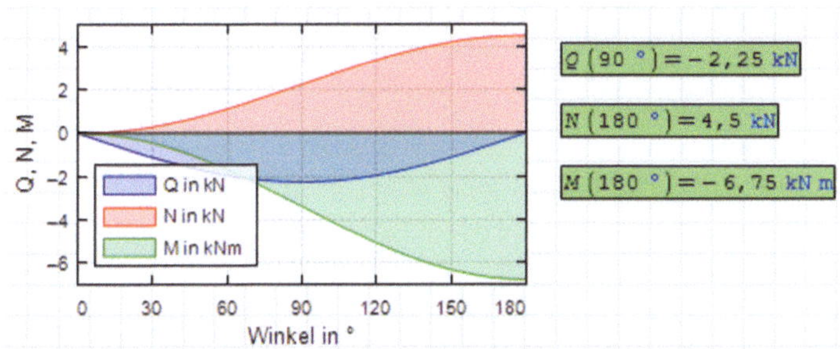

Linear ansteigende radiale Streckenlast, Abb. 5.8 c)

Radius $r := 1{,}5\ \mathrm{m}$ Lineare Streckenlast $q(\alpha) := q_0 \cdot \frac{\alpha}{\pi}$ $q_0 := 1{,}5\ \frac{\mathrm{kN}}{\mathrm{m}}$ Belastung am freien Ende $Q_0 := 0$ $N_0 := 0$ $M_0 := 0$

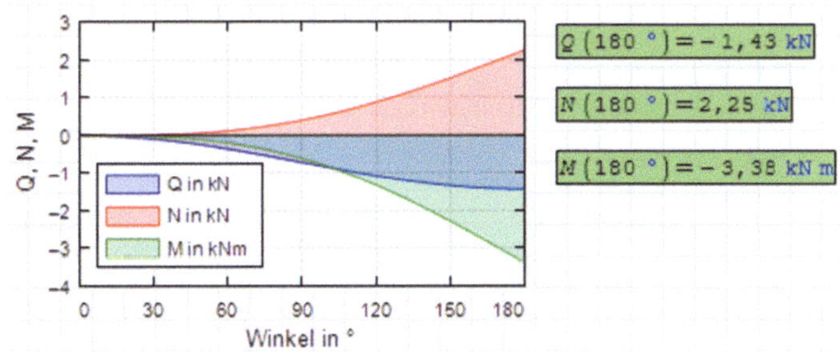

Beispiel 5.7: Bogenträger mit Querlast

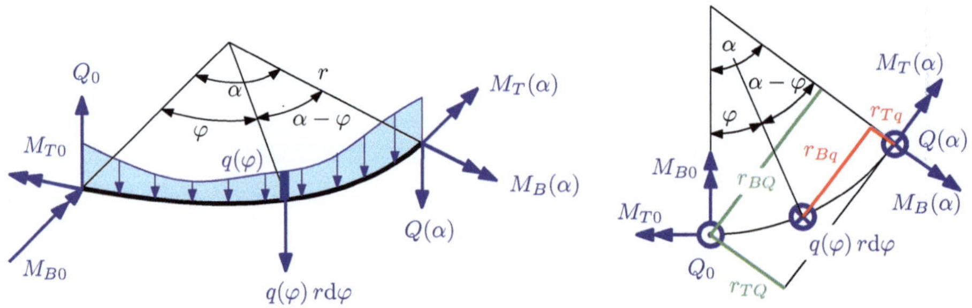

Abbildung 5.9.: Freischnitt eines Kreisbogenträgers mit Streckenlast quer zur Ebene.

Abb. 5.9 zeigt einen Kreisbogenträger, der quer zu seiner Ebene belastet ist.[4]

Die Querkraft $Q(\alpha)$ ergibt sich aus dem Kräftegleichgewicht senkrecht zur Ebene:

$$Q(\alpha) = Q_0 - r \int_0^{\alpha} q(\varphi)\, \mathrm{d}\varphi.$$

Hebelarme zur Momentenberechnung:

$r_{BQ}(\alpha) = r \sin\alpha$	Hebel von Q_0 für Biegung,
$r_{TQ}(\alpha) = r\,(1 - \cos\alpha)$	Hebel von Q_0 für Torsion,
$r_{Bq}(\varphi) = r \sin(\alpha - \varphi)$	Hebel von $q(\alpha) r\mathrm{d}\varphi$ für Biegung,
$r_{Tq}(\varphi) = r\,(1 - \cos(\alpha - \varphi)$	Hebel von $q(\alpha) r\mathrm{d}\varphi$ für Torsion.

Die Schnittmomente ergeben sich somit zu:

$$M_B(\alpha) = M_{B0} \cos\alpha + M_{T0} \sin\alpha + Q_0 r_{BQ}(\alpha) - r \int_0^{\alpha} q(\varphi)\, r_{Bq}(\varphi) \mathrm{d}\varphi,$$

$$M_T(\alpha) = -M_{B0} \sin\alpha + M_{T0} \cos\alpha - Q_0 r_{TQ}(\alpha) + r \int_0^{\alpha} q(\varphi)\, r_{Tq}(\varphi) \mathrm{d}\varphi.$$

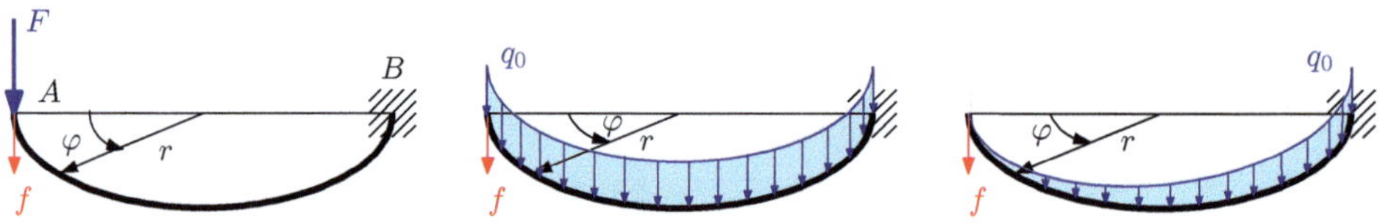

Abbildung 5.10.: Halbkreisträger mit verschiedenen Belastungen quer zur Ebene.

Gegeben ist ein einseitig bei $\alpha = 180°$ eingespannter Halbkreisträger gemäß Abb. 5.10 mit den folgenden Lastfällen quer zur Ebene des Halbkreises:

- Vertikale Einzelkraft F am freien Ende bei $\alpha = 0°$,

[4] Nach Abschnitt 2.22 und Aufgabe 2.4 in Henning, Jahr und Mrowka (2004)

- konstante Streckenlast q_0,
- linear von 0 auf q_0 ansteigende Streckenlast.

Die Zahlenwerte sind $r = 1,5\,\mathrm{m}$, $F = 2\,\mathrm{kN}$, $q_0 = 1,5\,\mathrm{kN/m}$. Zu bestimmen sind die Verläufe der Querkraft, der Normalkraft und des Biegemoments als Funktion von α.

Die Integrale der Schnittlastenfunktionen werden mit der Standard-SMath-Integrationsfunktion berechnet.

Starten Sie ein neues Rechenblatt (*5.7.sm*).

	Hebelarme der Einzelkraft	Hebelarme der Streckenlast
für das Biegemoment	$r_{BQ}(\alpha) := r \cdot \sin(\alpha)$	$r_{Bq}(\alpha;\varphi) := r \cdot \sin(\alpha - \varphi)$
für das Torsionsmoment	$r_{TQ}(\alpha) := r \cdot (1 - \cos(\alpha))$	$r_{Tq}(\alpha;\varphi) := r \cdot (1 - \cos(\alpha - \varphi))$

$$Q(\alpha) := Q_0 - \int_0^{\alpha} q(\varphi) \cdot r \, d\varphi$$

$$M_B(\alpha) := M_{B0} \cdot \cos(\alpha) + M_{T0} \cdot \sin(\alpha) + Q_0 \cdot r_{BQ}(\alpha) - r \cdot \int_0^{\alpha} q(\varphi) \cdot r_{Bq}(\alpha;\varphi) \, d\varphi$$

$$M_T(\alpha) := (-M_{B0}) \cdot \sin(\alpha) + M_{T0} \cdot \cos(\alpha) - Q_0 \cdot r_{TQ}(\alpha) + r \cdot \int_0^{\alpha} q(\varphi) \cdot r_{Tq}(\alpha;\varphi) \, d\varphi$$

Vertikale Einzelkraft am freien Ende:

Radius	Keine Streckenlast	Einzelkraft am freien Ende			
$r := 1,5\ \mathrm{m}$	$q(\alpha) := 0$	$F := 2\ \mathrm{kN}$	$Q_0 := -F$	$M_{B0} := 0$	$M_{T0} := 0$

$$P := \begin{cases} \dfrac{Q(\varphi\ ^\circ)}{\mathrm{kN}} \\ \dfrac{M_B(\varphi\ ^\circ)}{\mathrm{kN}} \\ \dfrac{M_T(\varphi\ ^\circ)}{\mathrm{kN\ m}} \\ [0\ \ 0\ \ "+"\ \ 1000] \end{cases}$$

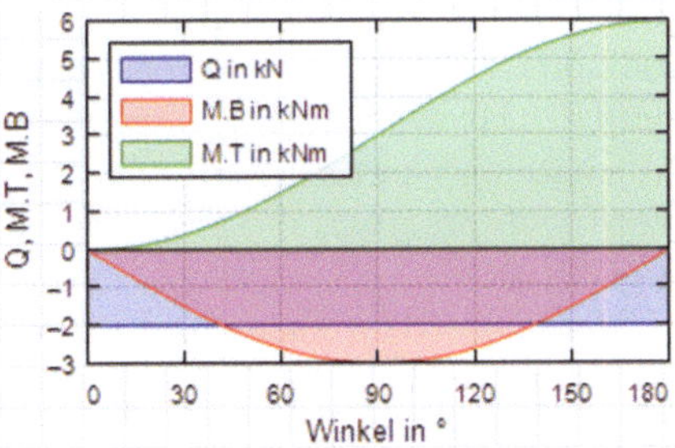

$M_B(90\ ^\circ) = -3\ \mathrm{kN\ m}$

$M_T(180\ ^\circ) = 6\ \mathrm{kN\ m}$

P

Konstante vertikale Streckenlast:

Radius	Konstante Streckenlast		Belastung am freien Ende		
$r := 1,5\ \mathrm{m}$	$q(\alpha) := q_0$	$q_0 := 1,5\ \dfrac{\mathrm{kN}}{\mathrm{m}}$	$Q_0 := 0$	$M_{B0} := 0$	$M_{T0} := 0$

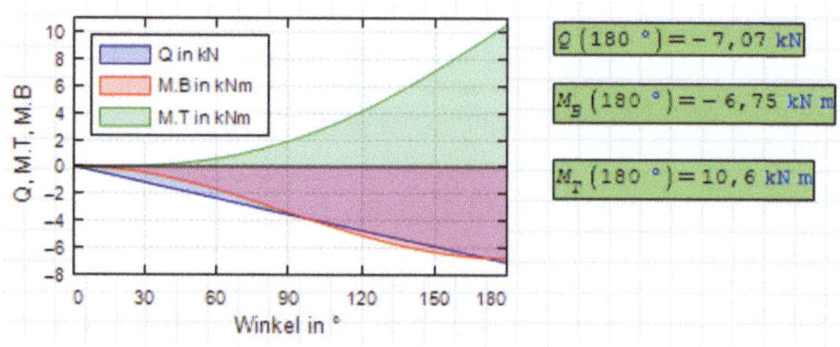

Linear ansteigende vertikale Streckenlast:

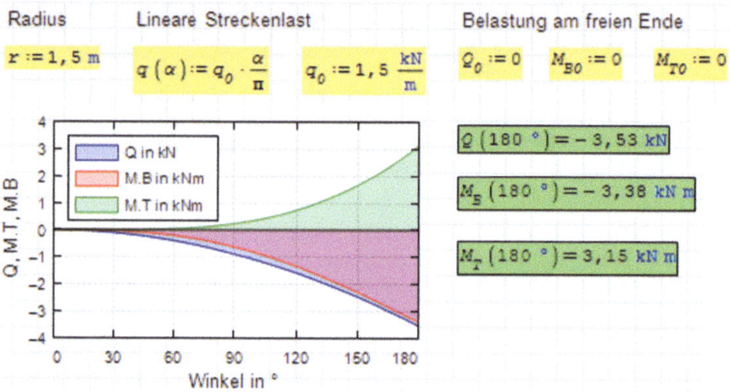

Literatur

Gross, D. u. a. (2024). *Technische Mechanik 1: Statik*. Hrsg. von Werner Hauger, Jörg Schröder und Wolfgang A. Wall. 15. Auflage. Berlin, Heidelberg: Springer. 1292 S. ISBN: 978-3-662-69443-5. DOI: 10.1007/978-3-662-69443-5.

Henning, G., A. Jahr und U. Mrowka (2004). *Technische Mechanik mit Mathcad, Matlab und Maple*. Wiebaden: Vieweg.

Kraska, M. (2023). *SMath with Maxima. Getting Started with the Maxima Plugin*. DOI: 10.25933/opus4-2949.

Papula, Lothar (2009). *Mathematische Formelsammlung. Für Ingenieure und Naturwissenschaftler*. 10. Auflage. Wiesbaden: Vieweg+Teubner. ISBN: 978-3-8348-0757-1.

Schwarz, H. R. (1988). *Numerische Mathematik*. Teubner, Stuttgart.

6. Haftung und Reibung

In diesem Kapitel wird untersucht, unter welchen Bedingungen für Systeme mit Reibkontakt Gleichgewicht möglich ist. Gleitreibung mit gleichförmiger Bewegung wäre zwar auch noch mit den Mitteln der Statik beherrschbar, die Beispiele behandeln aber alle das Gleichgewicht mit Haftreibung. Beschleunigte Bewegungen sind dann ein Fall für die Dynamik, wie etwa in Beispiel 10.1.

6.1. Grundlagen

Ob ein Körper auf einer rauen Unterlage haftet oder gleitet, hängt davon ab, ob die **Haftkraft** H, die der möglichen Bewegung entgegen wirkt, größer oder kleiner als die **Anpresskraft** (Normalkraft) N mal dem **Haftreibungskoeffizienten** μ_0 ist:

$$|H| \leq H_{\max} = \mu_0 N.$$

Haftkraft und Anpresskraft werden wie normale Auflagerreaktionen aus den Gleichgewichtsbedingungen der Statik ermittelt. $H_{\max}$ ist der maximal mögliche Betrag der Haftkraft, also die **Haftgrenze**. Diese wird nach der Berechnung aller wirkenden Kräfte aus den Gleichgewichtsbedingungen geprüft.

Bei Relativbewegung der Kontaktpartner spricht man von Gleitreibung. Dabei wird die Normalkraft aus den Gleichgewichtsbedingungen ermittelt und ist damit eine Auflagerreaktion, während die Reibkraft R aus dem **Gleitreibungsgesetz** mit dem **Gleitreibungskoeffizienten** μ folgt:

$$R = \mu N.$$

R wirkt tangential zur Kontaktfläche und ist der Relativbewegung entgegengesetzt. Sie ist damit eine eingeprägte Kraft. Ein Beispiel dazu wird in der Kinetik vorgeführt (Kap. 10.5, Beispiel 10.1).

Häufig wird bei Reibungsproblemen untersucht, für welche Werte bestimmter Systemparameter (Kräfte, Kraftrichtungen, Abmessungen, Winkelpositionen) Gleichgewicht (Haften) möglich ist. Das führt dann in der Regel auf nichtlineare Gleichungen, die wir in den Beispielen numerisch lösen (siehe dazu z.B. Papula (2009), S.21ff).

M. Kraska, *Technische Mechanik mit SMath Studio*,
https://doi.org/10.1007/978-3-658-50592-9_6

Anmerkung: Wenn ein ausgedehnter Körper (z.B. die Kisten oder Klötze der folgenden Beispiele) auf einer Unterlage gleitet oder haftet, wird in der Regel ein Abrollen behindert. Im Freischnitt würde das normalerweise durch ein Reaktionsmoment berücksichtigt werden, welches Einfluss auf die reale Druckverteilung hat. Deren Einfluss auf Haftkraft oder Reibkraft wird in den hier gegebenen Reibgesetzen vernachlässigt. Gleiches gilt für die Größe der Kontaktfläche und damit für den mittleren Kontaktdruck. Die entscheidende Größe ist die Normalkraft. Entsprechend werden solche Körper als Massenpunkt idealisiert und damit fehlt das Moment im Freischnitt.

Für die Vertiefung des Themas Reibung sei Gross u. a. (2024), Kap. 9 empfohlen.

Beispiel 6.1: Klotz auf schiefer Ebene

Abb. 6.1 zeigt einen Klotz auf einer geneigten Ebene. Gesucht ist der Bereich des Neigungswinkels α, für den bei gegebenen Kräften G und F Gleichgewicht möglich ist, der Klotz also weder nach oben, noch nach unten rutscht.

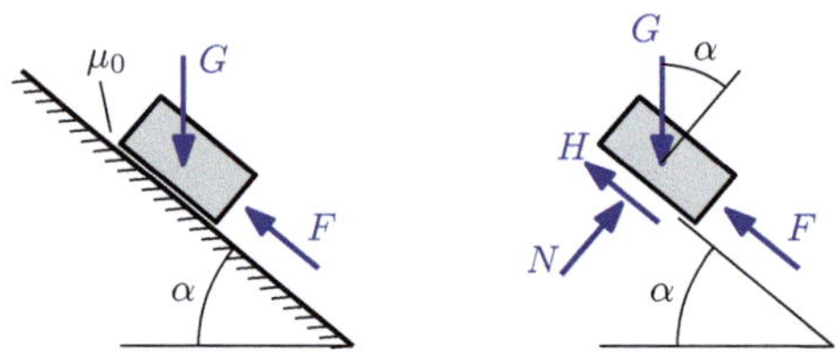

Abbildung 6.1.: Körper auf schiefer Ebene

Im Freischnitt (Abb. 6.1 rechts) wirkt eine positive Haftkraft H der Bewegung nach unten entgegen. Aus dem Gleichgewicht quer und längs zur Unterlage folgt:

$$N = G\,\cos\alpha, \quad H = G\,\sin\alpha - F.$$

Für die Haftgrenze gilt

$$H_{\max} = \mu_0 N.$$

Der sinnvolle Winkelbereich ist $\alpha = 0 \ldots 90°$.

Starten Sie ein neues Rechenblatt (*6.1.sm*).

Mit den Zahlenwerten $G = 200\,\text{N}$, $F = 100\,\text{N}$ und $\mu_0 = 0{,}3$ kann man die erforderliche Haftkraft H und die Haftgrenze $H_{\max}$ über α plotten.

Gleichgewicht ist möglich, wenn der Betrag der Haftkraft H (blaue Kurve) kleiner oder gleich der Haftgrenze $H_{\max}$ (rote Kurve) ist. Logische Ausdrücke wie $|H(\alpha)| < H_{\max}(\alpha)$ sind gleich Eins wenn die Bedingung erfüllt ist und ansonsten Null. Das wird ausgenutzt, um den stabilen Bereich, also da, wo Haften möglich ist, grün zu hinterlegen.

$F := 100\ \text{N}$ $G := 200\ \text{N}$ $\mu_0 := 0{,}3$

Haftkraft $H(\alpha) := G \cdot \sin(\alpha) - F$

Haftgrenze $H_{max}(\alpha) := \mu_0 \cdot G \cdot \cos(\alpha)$

$$P := \begin{cases} |H(\alpha\ °)| \\ H_{max}(\alpha\ °) \\ (|H(\alpha\ °)| < H_{max}(\alpha\ °)) \cdot 100 \\ [0\ 0\ \text{"+"}\ 1000] \end{cases}$$

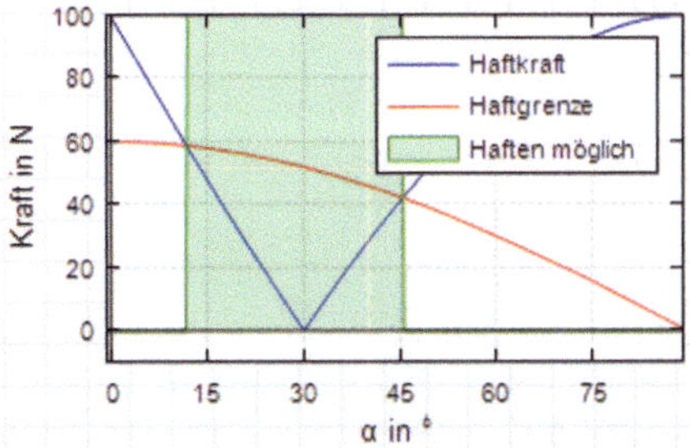

Die beiden Schnittpunkte der Kurven markieren die Grenzen des Haftungsbereichs. Man kann diese mit `roots()` ermitteln, wobei passende Startwerte vorzugeben sind:

$\alpha_{min} := \text{roots}(|H(\alpha)| - H_{max}(\alpha); \alpha; 0)$ $\alpha_{min} = 11{,}9\ °$

$\alpha_{max} := \text{roots}(|H(\alpha)| - H_{max}(\alpha); \alpha; 60\ °)$ $\alpha_{max} = 45{,}3\ °$

Bei Verwendung von `solve()` genügt die Vorgabe des Suchintervalls, um beide Schnittpunkte zu finden:

$$\begin{bmatrix} \alpha_{min} \\ \alpha_{max} \end{bmatrix} := \text{solve}(|H(\alpha)| - H_{max}(\alpha); \alpha; 0\ °; 90\ °) \quad \alpha_{min} = 11{,}9\ ° \quad \alpha_{max} = 45{,}3\ °$$

Ist die Neigung zu gering, schiebt die Kraft F den Klotz bergauf, ist die Neigung zu groß, reicht die Kraft F zusammen mit der Reibung nicht aus, den Klotz am Herabrutschen zu hindern.

Beispiel 6.2: Klotz und Stufenrolle

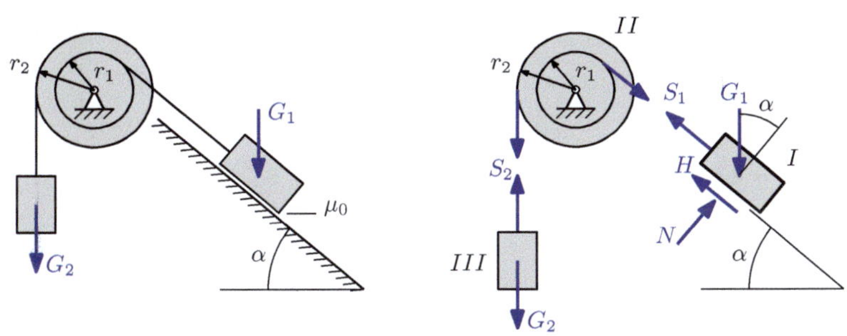

Abbildung 6.2.: System mit Klotz auf schiefer Ebene

Für das in Abb. 6.2 dargestellte System sind die Grenzwinkel $\alpha_{\min}$ und $\alpha_{\max}$ zu bestimmen, für die der Klotz mit dem Gewicht G_1 nach oben bzw. nach unten zu rutschen beginnt. Zahlenwerte: $G_1 = 500\,\mathrm{N}$, $G_2 = 150\,\mathrm{N}$, $r_1 = 30\,\mathrm{cm}$, $r_2 = 40\,\mathrm{cm}$, $\mu_0 = 0,2$.[1]

Unter der Annahme, dass das System in Ruhe ist, können alle Kräfte aus den Gleichgewichtsbedingungen bestimmt werden. Im Freischnitt ist die Haftkraft so angetragen, dass sie einer Bewegung nach unten entgegengesetzt ist. Sie kann aber auch negative Werte annehmen, das würde dann bedeuten, dass der Klotz ohne Reibung nach oben rutscht.

$$
\begin{aligned}
I \nearrow&: N - G_1 \cos\alpha = 0\\
I \nwarrow&: H + S_1 - G_1 \sin\alpha = 0\\
II \circlearrowleft&: S_2 r_2 - S_1 r_1 = 0\\
III \downarrow&: G_2 - S_2 = 0
\end{aligned}
$$

Die beiden letzten Gleichungen liefern $S_1 = G_2 r_2 / r_1$. Einsetzen in die zweite Gleichung liefert die Haftkraft:

$$H = G_1 \sin\alpha - G_2 \frac{r_2}{r_1}.$$

Für die Haftgrenze gilt

$$H_{\mathrm{max}} = \mu_0 G_1 \cos\alpha.$$

Starten Sie ein neues Rechenblatt (*6.2.sm*).

Die Modellbildung kann auch von SMath unterstützt werden. Dabei werden die Gleichungen in einem sogenannten Mathcad-Block (siehe auch Abschn. 3.2.4) gesammelt und der Lösungsfunktion `Solve()` als erstes Argument übergeben. Das zweite Argument ist ein Vektor der Variablen, nach denen aufzulösen ist.

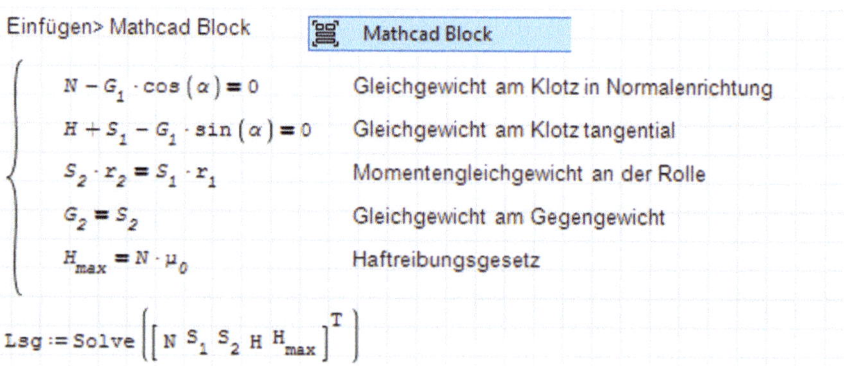

Für konkrete Zahlenwerte kann man den Verlauf von $|H|$ und H_{max} in einem Diagramm darstellen und erkennen, wo die Grenzwinkel ungefähr liegen.

[1] Entspricht Aufgabe 4.1 in Henning, Jahr und Mrowka (2004)

$$Lsg = \begin{cases} N = G_1 \cdot \cos(\alpha) \\ S_1 = \dfrac{G_2 \cdot r_2}{r_1} \\ S_2 = G_2 \\ H = \dfrac{G_1 \cdot r_1 \cdot \sin(\alpha) - G_2 \cdot r_2}{r_1} \\ H_{max} = G_1 \cdot \cos(\alpha) \cdot \mu_0 \end{cases} \qquad \text{Assign}(Lsg) = \begin{cases} G_1 \cdot \cos(\alpha) \\ \dfrac{G_2 \cdot r_2}{r_1} \\ G_2 \\ \dfrac{G_1 \cdot r_1 \cdot \sin(\alpha) - G_2 \cdot r_2}{r_1} \\ G_1 \cdot \cos(\alpha) \cdot \mu_0 \end{cases}$$

Der rutschsichere Bereich liegt dort, wo die Haftgrenze betragsmäßig größer als die erforderliche Haftkraft ist. Die Grenzwinkel findet man mit den numerischen Lösungsfunktionen aus SMath:

$G_1 := 500\ \text{N}$ $\quad G_2 := 150\ \text{N}$ $\quad r_1 := 30\ \text{cm}$ $\quad r_2 := 40\ \text{cm}$ $\quad \mu_0 := 0{,}2$

$\alpha := x\ °$ Die Variable α wird durch $x\ °$ ersetzt, damit die unabhängige Variable im Diagramm im Gradmaß interpretiert wird.

$$P := \begin{cases} |H| \\ H_{max} \\ (|H| < H_{max}) \cdot 300 \\ [0\ 0\ "+"\ 1000] \end{cases}$$

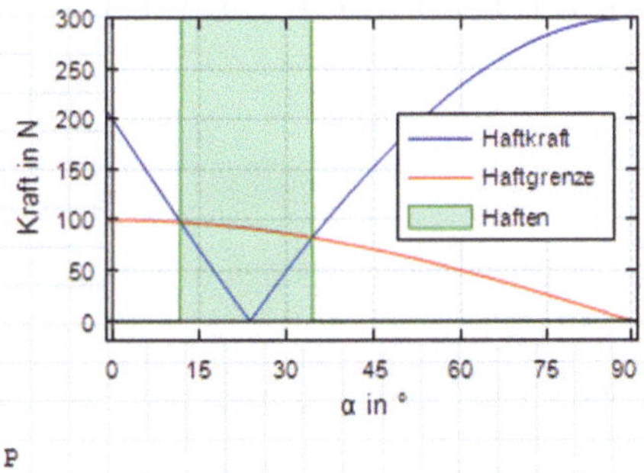

$$\begin{bmatrix} \alpha_{min} \\ \alpha_{max} \end{bmatrix} := \text{solve}\left(|H| = H_{max};\ \alpha;\ 0\ °;\ 45\ °\right)$$

$\alpha_{min} = 11{,}8\ °$ $\qquad \alpha_{max} = 34{,}4\ °$

In Verbindung mit dem Freischnitt Abb. 6.2 gibt das Vorzeichen der Haftkraft Auskunft darüber, was bei Überschreiten der jeweiligen Grenze passiert.

Bei α_{min} ist die Haftkraft negativ, sie verhindert also das Rutschen nach oben. Bei α_{max} ist die Haftkraft positiv, sie verhindert also wie im Freischnitt angenommen das Rutschen nach unten.

Beispiel 6.3: Leiter an Kante auf schiefem Boden

Eine Leiter mit dem Gewicht G liegt bei A an einer glatten Kante an und steht bei B auf einer rauen um α geneigten Unterlage. Gesucht sind die Winkelbereiche für den Neigungswinkel der Leiter β, innerhalb derer sie ohne zu rutschen im Gleichgewicht sein kann.[2]

Zunächst werden die Kräfte gemäß Freischnitt Abb. 6.3 rechts aus den Gleichgewichtsbedingungen ermittelt. Die Auflagerkraft bei A ergibt sich aus dem Momen-

[2] Analog zu Aufgabe 4.2 in Henning, Jahr und Mrowka (2004)

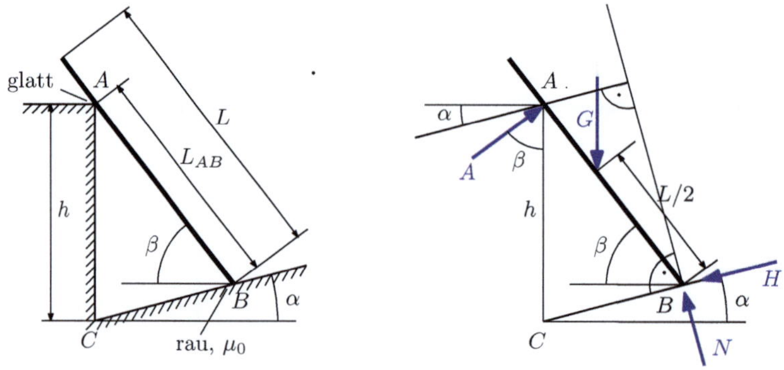

Abbildung 6.3.: Leiter auf schiefem Boden

tengleichgewicht um B:

$$A = \frac{1}{L_{AB}} G \frac{L}{2} \cos\beta.$$

Für den Hebelarm L_{AB} gilt mit dem Sinussatz

$$\frac{h}{\sin(\alpha+\beta)} = \frac{L_{AB}}{\sin(90^\circ - \alpha)} \Rightarrow L_{AB} = h \frac{\cos\alpha}{\sin(\alpha+\beta)}.$$

Haftkraft und Haftgrenze folgen dann aus dem Gleichgewicht senkrecht und parallel zur schiefen Ebene.

$$\begin{aligned} H &= A\sin(\alpha+\beta) - G\sin\alpha, \\ H_{\max} &= \mu_0 N = \mu_0 \left(G\cos\alpha - A\cos(\alpha+\beta)\right). \end{aligned}$$

Starten Sie ein neues Rechenblatt (*6.3.sm*).

Der Abstand der Auflagerpunkte kann nicht größer als die Länge der Leiter werden, also $L_{AB} \leq L$. Winkel, für die diese Bedingung verletzt ist, können nicht Teil der Lösungsmenge sein.

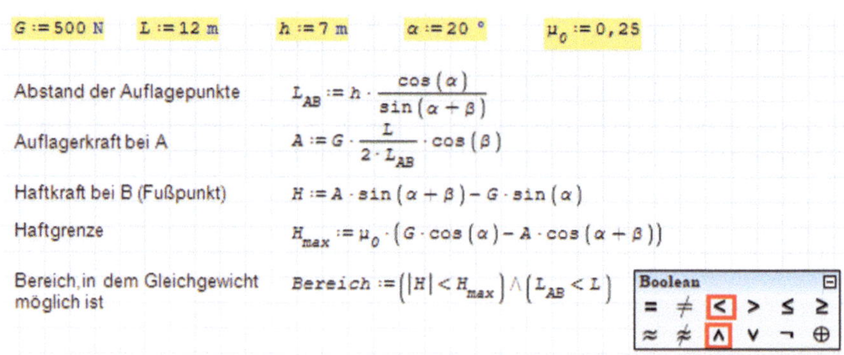

Beim Aufbau des logischen Ausdrucks für **`Bereich`** ist auf den Wirkbereich des Cursors (Unterstreichung) zu achten. Diesen kann man mit der Leertaste erweitern. Zudem wurde eine von SMath erzeugte unnötige Klammer aus optischen Gründen entfernt. Beides wird in der Einführung Abschn. 2.2.3 erläutert.

$$\beta := x\,°$$

$$P := \begin{cases} |H| \\ H_{max} \\ A \\ \dfrac{L_{AB}}{L} \\ Bereich \end{cases}$$

$$\mathrm{Clear}(\beta) = 1$$

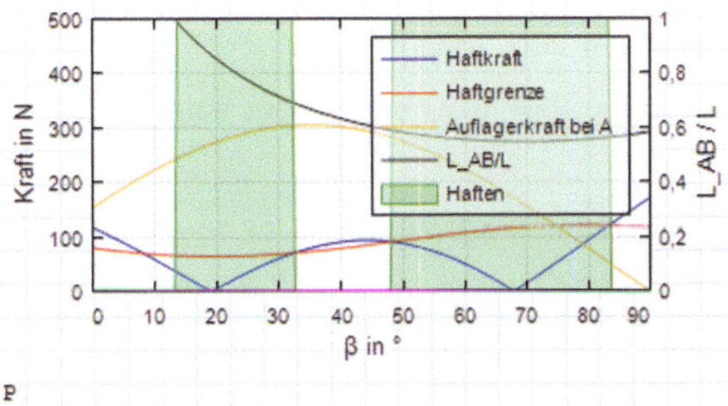

Bei Winkeln unter 13,2° ist die Leiter zu kurz. Die Suche nach den Grenzwinkeln zwischen Rutschen und Haften wird daher entsprechend eingeschränkt (Winkel β_0). Im Bereich von 13,2° bis 90° werden drei Grenzwinkel gefunden, das entspricht den Schnittpunkten der Verläufe von erforderlicher Haftkraft und Haftgrenze im Diagramm.

$$\beta_0 := \mathrm{solve}\left(L_{AB} - L;\ \beta;\ 0\,°;\ 90\,°\right) = 13{,}2\,° \qquad H\Big|_{\beta\,=\,\beta_0} = -37{,}6\ \mathrm{N}$$

$$\beta_i := \mathrm{solve}\left(|H| - H_{max};\ \beta;\ \beta_0;\ 90\,°\right) = \begin{bmatrix} 32{,}5 \\ 48{,}1 \\ 83{,}3 \end{bmatrix}° \qquad \overrightarrow{H\Big|_{\beta\,=\,\beta_i}} = \begin{bmatrix} 71 \\ 91{,}2 \\ -120 \end{bmatrix}\mathrm{N}$$

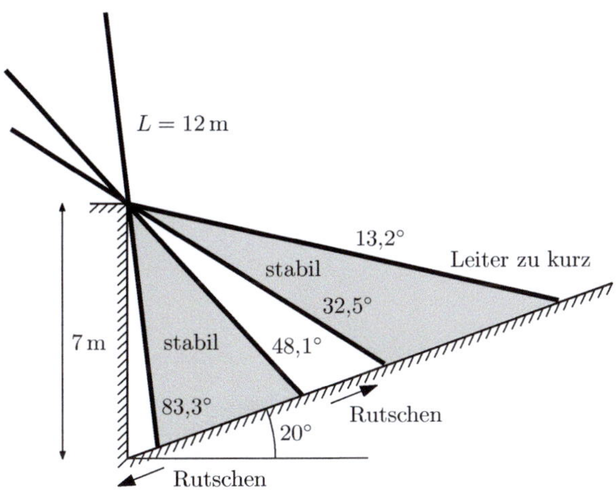

Abbildung 6.4.: Leiter auf schiefem Boden. Die Bereiche des Neigungswinkels, in denen Gleichgewicht ohne Rutschen möglich ist, sind grau hinterlegt.

Es gibt zwei Bereiche für den Neigungswinkel β, in denen die Leiter im Gleichgewicht bleibt ohne zu rutschen. Man beachte, dass die Haftkraft positiv nach links eingeführt wurde, positive Werte bedeuten also eine Grenze gegen Verkleinerung der Neigung.

1. Zwischen 13,2° (Grenze der Leiterlänge) und 32,5° (Grenze gegen Rutschen nach rechts).
2. Zwischen 48,1° (Grenze gegen Rutschen nach rechts) und 83,3° (Grenze gegen Rutschen nach links)

Diese Bereiche sind in Abb. 6.4 grau schattiert.

Literatur

Gross, D. u. a. (2024). *Technische Mechanik 1: Statik.* Hrsg. von Werner Hauger, Jörg Schröder und Wolfgang A. Wall. 15. Auflage. Berlin, Heidelberg: Springer. 1292 S. ISBN: 978-3-662-69443-5. DOI: 10.1007/978-3-662-69443-5.

Henning, G., A. Jahr und U. Mrowka (2004). *Technische Mechanik mit Mathcad, Matlab und Maple.* Wiebaden: Vieweg.

Papula, Lothar (2009). *Mathematische Formelsammlung. Für Ingenieure und Naturwissenschaftler.* 10. Auflage. Wiesbaden: Vieweg+Teubner. ISBN: 978-3-8348-0757-1.

7. Spannungsberechnung

In diesem Kapitel wird zunächst die Spannungsberechnung für schiefe Biegung bei reiner Momentenbelastung einschließlich der erforderlichen Flächenträgheitsmomente betrachtet. Anschließend geht es um die Spannungstransformation und Hauptspannungen für den ebenen Spannungszustand. Als Referenz zu diesen Themen seien Gross u. a. (2024), Abschnitte 2.2, 4.2 sowie 4.7 empfohlen.

7.1. Biegespannung

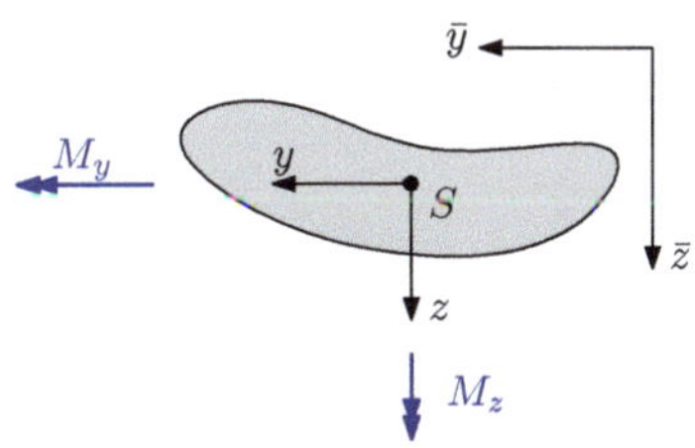

Abbildung 7.1.: Koordinatensysteme zur Bestimmung der Querschnittswerte: Referenzsystem $\bar{y}, \bar{z}$, Schwerpunktsystem y, z (Zentralachsen).

Für allgemeine Querschnitte gemäß Abb. 7.1 kann die Biegespannung nach folgender Formel berechnet werden:

$$\sigma = \frac{1}{\Delta}\left((M_y I_z - M_z I_{yz})\, z - (M_z I_y - M_y I_{yz})\, y\right) \quad \text{mit} \quad \Delta = I_y I_z - I_{yz}^2. \tag{7.1}$$

M_y, M_z	Biegemoment um die y- und z-Achse,
I_y, I_z, I_{yz}	axiale Flächenträgheitsmomente und Deviationsmoment,
y, z	Koordinaten des Punkts im Querschnitt, für den die Spannung berechnet werden soll.

Alle Koordinaten und Trägheitsmomente beziehen sich dabei auf ein **Zentralachsensystem**, der Koordinatenursprung liegt also im Schwerpunkt.

Für die Anwendung möchte man wissen, wie groß die maximale Spannung im Querschnitt ist. Dazu wird üblicherweise die Spannungsnulllinie berechnet, indem $\sigma(y, z)$

M. Kraska, *Technische Mechanik mit SMath Studio*,
https://doi.org/10.1007/978-3-658-50592-9_7

in (7.1) Null gesetzt und die Gleichung nach z aufgelöst wird:

$$z = \frac{M_z I_y - M_y I_{yz}}{M_y I_z - M_z I_{yz}} y.$$

Aufgrund des linearen Spannungsverlaufs ist die Spannung dort maximal, wo der Abstand zur Spannungsnulllinie maximal ist.

7.1.1. Polygonal begrenzte Querschnitte

Betrachtet werden zunächst polygonal begrenzte Querschnitte. Die Randkontur wird durch eine Folge von n Eckpunkten mit den Koordinaten $\bar{y}_i, \bar{z}_i$ mit einem beliebig festgelegten Ursprung angegeben (**Referenzsystem**). Der erste Punkt wird am Ende wiederholt, so dass insgesamt $n+1$ Koordinatenpaare angegeben werden.

Gemäß Hally (1987) gelten dann folgende Formeln:

Flächeninhalt:

$$A = \frac{1}{2} \sum_{i=1}^{n} \left(\bar{y}_i \bar{z}_{i+1} - \bar{y}_{i+1} \bar{z}_i\right). \tag{7.2}$$

Statische Momente um $\bar{y}$ und $\bar{z}$:

$$\begin{aligned} S_{\bar{y}} &= \frac{1}{6} \sum_{i=1}^{n} \left(\bar{y}_i \bar{z}_{i+1} - \bar{y}_{i+1} \bar{z}_i\right)\left(\bar{y}_i + \bar{y}_{i+1}\right), \\ S_{\bar{z}} &= \frac{1}{6} \sum_{i=1}^{n} \left(\bar{y}_i \bar{z}_{i+1} - \bar{y}_{i+1} \bar{z}_i\right)\left(\bar{z}_i + \bar{z}_{i+1}\right). \end{aligned} \tag{7.3}$$

Flächenträgheitsmomente:

$$\begin{aligned} I_{\bar{y}} &= \frac{1}{12} \sum_{i=1}^{n} \left(\bar{y}_i \bar{z}_{i+1} - \bar{y}_{i+1} \bar{z}_i\right)\left(\bar{z}_{i+1}^2 + \bar{z}_{i+1}\bar{z}_i + \bar{z}_i^2\right), \\ I_{\bar{z}} &= \frac{1}{12} \sum_{i=1}^{n} \left(\bar{y}_i \bar{z}_{i+1} - \bar{y}_{i+1} \bar{z}_i\right)\left(\bar{y}_{i+1}^2 + \bar{y}_{i+1}\bar{y}_i + \bar{y}_i^2\right), \\ I_{\bar{y}\bar{z}} &= -\frac{1}{24} \sum_{i=1}^{n} \left(\bar{y}_i \bar{z}_{i+1} - \bar{y}_{i+1} \bar{z}_i\right)\left(2\bar{y}_{i+1}\bar{z}_{i+1} + \bar{y}_{i+1}\bar{z}_i + \bar{y}_i\bar{z}_{i+1} + 2\bar{y}_i\bar{z}_i\right). \end{aligned} \tag{7.4}$$

Für die Verwendung zur Spannungsberechnung müssen die Größen noch auf ein Zentralachsensystem umgerechnet werden. Die Schwerpunktskoordinaten sind

$$\bar{y}_S = \frac{S_{\bar{y}}}{A}, \quad \bar{z}_S = \frac{S_{\bar{z}}}{A}.$$

Mit dem Satz von Steiner gilt:

$$\begin{aligned} I_y &= I_{\bar{y}} - \bar{z}_S^2 A, \\ I_z &= I_{\bar{z}} - \bar{y}_S^2 A, \\ I_{yz} &= I_{\bar{y}\bar{z}} + \bar{y}_S \bar{z}_S A. \end{aligned}$$

7.1.2. Zusammengesetzte Querschnitte

Die hier beschriebene Vorgehensweise erfordert, dass sich der Querschnitt in n Teilflächen mit folgenden bekannten Größen zerlegen lässt:

- Schwerpunktkoordinaten im Referenzsystem $\bar{y}_i, \bar{z}_i$,
- Flächeninhalt A_i (bei abzuziehenden Teilflächen ist dieser negativ),
- Flächenträgheitsmomente um den Teilschwerpunkt $I_{y,i}, I_{z,i}, I_{yz,i}$ (ebenfalls negativ bei abzuziehenden Teilflächen).

Dieses Verfahren ist sinnvoll, wenn man die Werte für die Teilquerschnitte aus Tabellen wie z.B. Tab. 7.1 entnehmen oder elementar berechnen kann.

Tabelle 7.1.: Geometrische Kennwerte für einige elementare Querschnitte

Querschnitt	A	I_y	I_{yz}
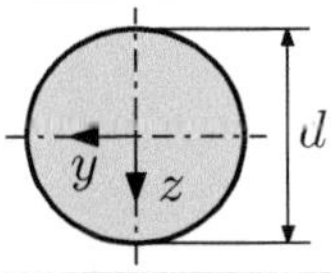	$\frac{\pi}{4}d^2$	$\frac{\pi}{64}d^4 = 2I_p$	0
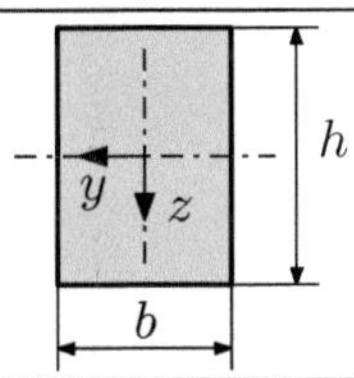	bh	$\frac{1}{12}bh^3$	0
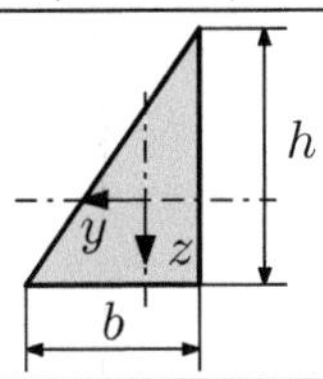	$\frac{1}{2}bh$	$\frac{1}{36}bh^3$	$-\frac{1}{72}b^2h^2$
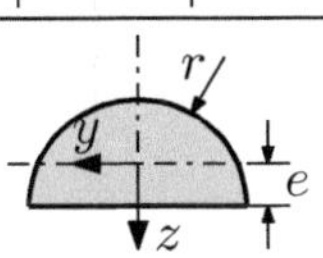 $e = 4r/3\pi \approx 0,424r$	$\frac{\pi}{2}r^2$	$0,110\,r^4$	0
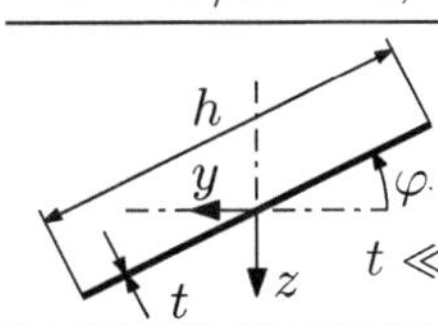 $t \ll h$	th	$\frac{th^3}{12}\sin^2\varphi$	$-\frac{th^3}{12}\sin\varphi\cos\varphi$

Die Gesamtfläche und die statischen Momente um die Referenzachsen ergeben sich als Summe der Werte für die Teilflächen.

$$A = \sum_{i=1}^{n} A_i, \quad S_{\bar{y}} = \sum_{i=1}^{n} \bar{y}_i A_i, \quad S_{\bar{z}} = \sum_{i=1}^{n} \bar{z}_i A_i.$$

Daraus wird die Lage des Gesamtschwerpunkt berechnet:

$$\bar{y}_S = \frac{S_{\bar{y}}}{A}, \quad \bar{z}_S = \frac{S_{\bar{z}}}{A}.$$

Die Schwerpunktkoordinaten der Teilflächen müssen auf das Zentralachsensystem umgerechnet werden:

$$y_i = \bar{y}_i - \bar{y}_S, \quad z_i = \bar{z}_i - \bar{z}_S.$$

Die Gesamtträgheitsmomente ergeben sich dann aus den Teilträgheitsmomenten unter Berücksichtigung des Steineranteils:

$$I_y = \sum_{i=1}^{n} \left(I_{y,i} + z_i^2 A_i \right),$$

$$I_z = \sum_{i=1}^{n} \left(I_{z,i} + y_i^2 A_i \right),$$

$$I_{yz} = \sum_{i=1}^{n} \left(I_{yz,i} - y_i z_i A_i \right).$$

Beispiel 7.1: Anwendung der Polygonformeln

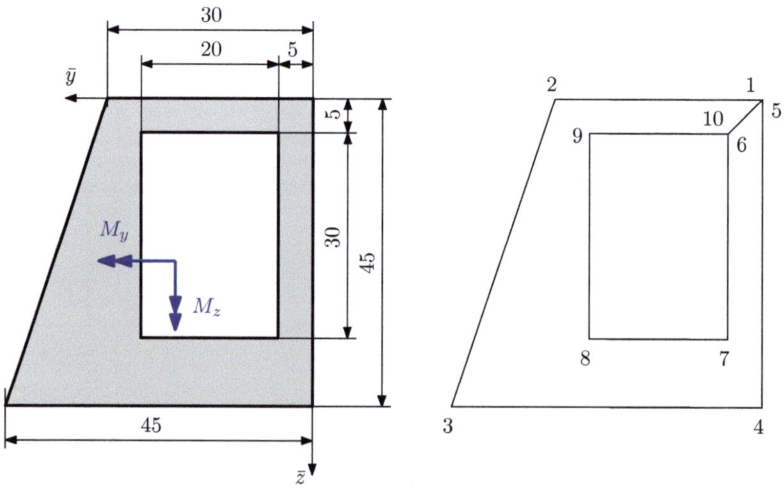

Abbildung 7.2.: Profil, belastet durch Biegemomente um y und z. Links: Maßskizze (in mm), rechts: Punktnummern in der Polygondarstellung.

Das in Abb. 7.2 skizzierte Profil besteht aus einem Trapez mit einem rechteckigen Ausschnitt. Es wird mit den Biegemomenten $M_y = 800\,\text{Nm}$ und $M_z = 500\,\text{Nm}$ belastet.

Zu bestimmen ist die betragsmäßig maximale Biegespannung und die Stelle, wo diese auftritt. Für die Geometriekennwerte sind die Formeln für polygonale Querschnitte anzuwenden.[1]

Bereitstellung der Formeln

Bei der Anwendung der Formeln muss man zwischen Größen im Referenzsystem und im Zentralachsensystem unterscheiden.

Die Gleichungen (7.2, 7.3, 7.4) liefern die Querschnittskennwerte genau für das System, in welchem die Polygonkoordinaten definiert wurden. Entsprechend erfolgt die Umsetzung in SMath als Funktionen der Koordinatenvektoren, wobei die Abkürzung $A(\bar{y}, \bar{z}, i) = \frac{1}{2}(\bar{y}_i \bar{z}_{i+1} - \bar{y}_{i+1} \bar{z}_i)$ für eine kompaktere Schreibweise benutzt wird.

Starten Sie ein neues Rechenblatt (*7.1.sm*).

$$n(y) := \mathrm{length}(y) - 1$$

$$A(y; z; j) := \frac{1}{2} \cdot \left(y_j \cdot z_{j+1} - y_{j+1} \cdot z_j \right) \qquad A(y; z) := \sum_{j=1}^{n(y)} A(y; z; j)$$

$$S_y(y; z) := \frac{1}{3} \cdot \sum_{j=1}^{n(y)} A(y; z; j) \cdot \left(y_j + y_{j+1} \right)$$

$$S_z(y; z) := \frac{1}{3} \cdot \sum_{j=1}^{n(y)} A(y; z; j) \cdot \left(z_j + z_{j+1} \right)$$

$$I_y(y; z) := \frac{1}{6} \cdot \sum_{j=1}^{n(y)} A(y; z; j) \cdot \left({z_j}^2 + {z_{j+1}}^2 + z_j \cdot z_{j+1} \right)$$

$$I_z(y; z) := \frac{1}{6} \cdot \sum_{j=1}^{n(y)} A(y; z; j) \cdot \left({y_j}^2 + {y_{j+1}}^2 + y_j \cdot y_{j+1} \right)$$

$$I_{yz}(y; z) :=$$ Umbruch in der Formel mit Strg+Enter

$$:= \frac{-1}{12} \cdot \sum_{j=1}^{n(y)} A(y; z; j) \cdot \left(2 \cdot y_{j+1} \cdot z_{j+1} + y_{j+1} \cdot z_j + y_j \cdot z_{j+1} + 2 \cdot y_j \cdot z_j \right)$$

Für die Spannungsberechnung definieren wir eine weitere Funktion, deren Argumente die Koordinaten des betrachteten Punktes in Schwerpunktkoordinaten sind. Vorausgesetzt wird, dass die Querschnittskennwerte in Schwerpunktskoordinaten im Rechenblatt als globale Variable zur Verfügung stehen. Man beachte, dass die Funktion $I_y(y, z)$ und die Variable I_y für SMath zwei verschiedene Objekte sind.

Die Funktion $\sigma(y, z)$ verträgt übrigens vektorwertige Argumente, denn es handelt sich um eine einfache Linearkombination von y und z. Somit kann die Spannung

[1] Erweiterte Version der Aufgabe 3.1 in Henning, Jahr und Mrowka (2004)

für alle Punkte des Polygons in einer Operation berechnet werden.

$$\Delta := I_y \cdot I_z - I_{yz}^{\,2}$$

$$\sigma(y; z) := \frac{1}{\Delta} \cdot \left(\left(M_y \cdot I_z - M_z \cdot I_{yz} \right) \cdot z - \left(M_z \cdot I_y - M_y \cdot I_{yz} \right) \cdot y \right)$$

Querschnittsbeschreibung

Da die Schwerpunktlage nicht vorab bekannt ist, werden die Randpunktkoordinaten im Referenzsystem gemäß der Aufgabenstellung angegeben. Um Platz zu sparen, werden sie als Zeilenvektoren geschrieben und dann transponiert, um sie als Spaltenvektor zu speichern. Da SMath keinen Überstrich bei Buchstaben kennt, wird hier der Index r (Referenzsystem) verwendet.

$$y_r := \begin{bmatrix} 0 & 30 & 45 & 0 & 0 & 5 & 5 & 25 & 25 & 5 & 0 \end{bmatrix}^T \text{ mm} \qquad n\left(y_r\right) = 10$$

$$z_r := \begin{bmatrix} 0 & 0 & 45 & 45 & 0 & 5 & 35 & 35 & 5 & 5 & 0 \end{bmatrix}^T \text{ mm}$$

Eingabekontrolle

Die Koordinateneingabe sollte mit einem Diagramm kontrolliert werden. Dafür wird eine zweispaltige Matrix benötigt, welche mit der Funktion `augment()` aus den Koordinatenvektoren zusammengestellt wird.

Die Punkte des Randpolygons sollen beschriftet werden. Dafür braucht man eine Liste mit den Nummern als Zeichenketten. Die Liste enthält die Nummern $1 \ldots n$ und am Ende für den wiederholten Anfangspunkt noch mal die Nummer 1.

$$Nr := \left[1 .. n\left(y_r\right) \right] \qquad Nr^T = \begin{bmatrix} 1 & 2 & 3 & 4 & 5 & 6 & 7 & 8 & 9 & 10 \end{bmatrix}$$

$$Nr := \mathrm{stack}(Nr; 1) \qquad Nr^T = \begin{bmatrix} 1 & 2 & 3 & 4 & 5 & 6 & 7 & 8 & 9 & 10 & 1 \end{bmatrix}$$

$$Nr := \overrightarrow{\mathrm{num2str}(Nr)} \qquad Nr^T = \begin{bmatrix} \text{"1"} & \text{"2"} & \text{"3"} & \text{"4"} & \text{"5"} & \text{"6"} & \text{"7"} & \text{"8"} & \text{"9"} & \text{"10"} & \text{"1"} \end{bmatrix}$$

Man beachte, dass sich die Achsrichtungen im X-Y-Plot umkehren lassen, indem man im Formatdialog entsprechend umgekehrte min- und max-Werte angibt.

$$C := \begin{cases} P \\ \mathrm{augment}(P; Nr; 10) \\ \begin{bmatrix} 0 & 0 & \text{"+"} & 1000 \end{bmatrix} \end{cases}$$

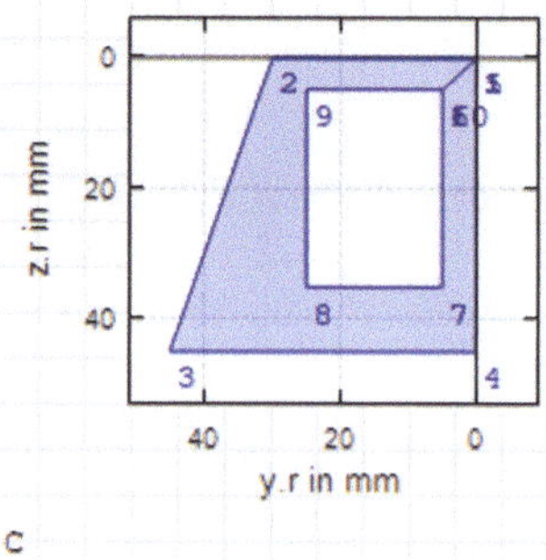

Querschnittskennwerte im Zentralachsensystem

Zunächst wird mit den bereitgestellten Funktionen die Schwerpunktlage im Referenzsystem (Ursprung in der rechten oberen Ecke, siehe Abb. 7.1) berechnet:

$$A := A\left(y_r ; z_r\right) = 10,9 \text{ cm}^2$$

$$S_{y,r} := S_y\left(y_r ; z_r\right) = 23,1 \text{ cm}^3 \qquad S_{z,r} := S_z\left(y_r ; z_r\right) = 28,5 \text{ cm}^3$$

$$y_{S,r} := \frac{S_{y,r}}{A} = 21,2 \text{ mm} \qquad z_{S,r} := \frac{S_{z,r}}{A} = 26,2 \text{ mm}$$

Für die Berechnung der Flächenträgheitsmomente im Zentralachsensystem gibt es nun zwei Möglichkeiten:

- Berechnung im Referenzsystem und Umrechnung auf das Zentralachsensystem mit dem Satz von Steiner:

Querschnittswerte im Referenzsystem	Umrechnung mit dem Satz von Steiner
$I_{y,r} := I_y\left(y_r ; z_r\right)$	$I_y := I_{y,r} - z_{S,r}^2 \cdot A = 22,1 \text{ cm}^4$
$I_{z,r} := I_z\left(y_r ; z_r\right)$	$I_z := I_{z,r} - y_{S,r}^2 \cdot A = 17,9 \text{ cm}^4$
$I_{yz,r} := I_{yz}\left(y_r ; z_r\right)$	$I_{yz} := I_{yz,r} + y_{S,r} \cdot z_{S,r} \cdot A = -3,19 \text{ cm}^4$

- Umrechnung der Polygonkoordinaten auf das Zentralachsensystem und direkte Berechnung der Trägheitsmomente:

Koordinatenumrechnung auf Zentralachsen	$y := y_r - y_{S,r} \qquad z := z_r - z_{S,r}$
Querschnittswerte im Schwerpunktsystem	$I_y := I_y\left(y ; z\right) = 22,1 \text{ cm}^4$
	$I_z := I_z\left(y ; z\right) = 17,9 \text{ cm}^4$
	$I_{yz} := I_{yz}\left(y ; z\right) = -3,19 \text{ cm}^4$

Erwartungsgemäß liefern beide Wege das gleiche Ergebnis. Für die Spannungsberechnung benötigt man sowieso die Polygonkoordinaten im Zentralachsensystem, daher bietet sich der zweite Weg an.

Spannungsberechnung

Die Spannungsformel wird mit den gegebenen Momenten, den Querschnittskennwerten und den Punktkoordinaten ausgewertet. Dabei können die Koordinatenvektoren eingesetzt werden, denn die Spannung ist eine Linearkombination dieser Vektoren.

Bei der Berechnung der Betragswerte benötigen wir hingegen die Vektorisierungsfunktion (elementweise Ausführung) $\vec{\blacksquare}$ aus der Matrix-Palette der Seitenleiste. Das Maximum des Spannungsbetrags lässt sich so ganz einfach mit der `max()`-Funktion ermitteln.

Nicht ganz so einfach ist die Bestimmung, an welchem Punkt das Maximum auftritt. Dafür brauchen wir ein kleines Programm. Dieses besteht aus einer for-Schleife über alle Punkte. Für jeden Punkt wird geprüft, ob der Spannungsbetrag dem vorher ermittelten Maximum entspricht. Falls ja, wird der Index in j_{max} gespeichert. Man hätte die Schleife auch benutzen können, um das Maximum selbst zu ermitteln, aber wir wollten zeigen, wie das ohne Schleife geht.

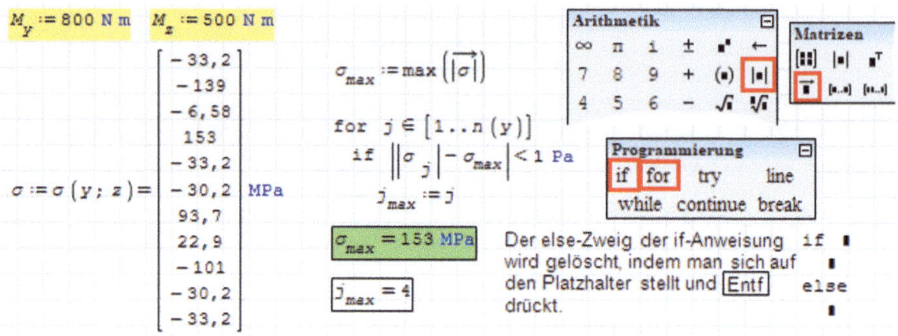

Die maximale Spannung tritt also am Punkt 4 auf, das ist die rechte untere Ecke (siehe Abb. 7.2).

Warum wurde in der Bedingung der if-Anweisung nicht einfach die Gleichheit von σ_j und $\sigma_{\max}$ geprüft? Die Prüfung auf **Gleichheit zweier Fließkommazahlen** ist nie eine gute Idee. Man kann nicht sicher sein, dass zwei theoretisch gleiche Zahlen, die auf unterschiedlichen Wegen numerisch berechnet werden, wirklich gleiche Fließkomma-Zahlen ergeben. Daher muss man bei solchen Vergleichen immer eine gewisse Toleranz erlauben, hier wurde der Wert 1 Pa verwendet. Das ist 8 Größenordnungen kleiner als die Spannungswerte, also schon sehr streng.

Die SMath-Entwickler haben an dieses Problem gedacht und den Vergleichsoperator „ungefähr gleich" $\approx$ eingeführt. Leider ist ihm die verwendete Toleranz nicht anzusehen, diese muss man unter Extras> Einstellungen> Berechnung setzen. Der Standardwert 7 bedeutet eine Toleranz von 10^{-7} (in Basiseinheiten). Sie gilt im ganzen Rechenblatt, kann also nicht von Fall zu Fall eingestellt werden, was wesentlich sinnvoller wäre.[2] Jedenfalls passt der Standardwert im vorliegenden Fall nicht, SMath würde bei keinem der Punkte eine Übereinstimmung feststellen.

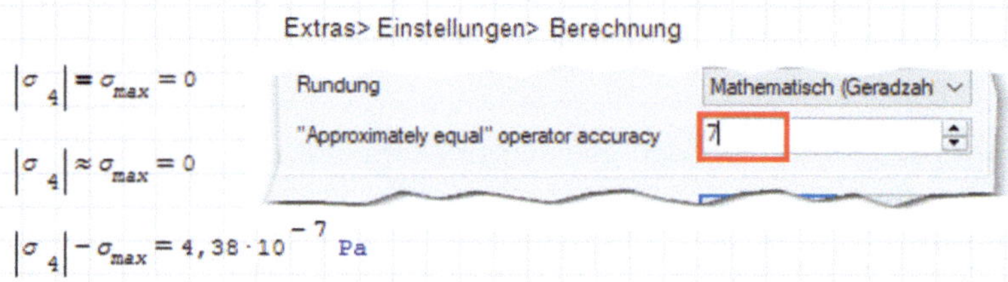

[2]Das gleiche Problem tritt bei der Integralgenauigkeit auf. Die Zahl der Interpolationsparabeln des Simpson-Verfahrens wird auch global eingestellt.

Spannungsnulllinie

Die Spannungsnulllinie ist eine Funktion $z(y)$, die angibt, wo die Spannung gleich Null ist. Bei fehlender Längskraft ist die Spannung im Querschnittsmittelpunkt (Koordinatenursprung des Zentralachsensystems) gleich Null, daher hat $z(y)$ die Form $z = ky$ mit einer zu bestimmenden Konstante k.

$$SNL := \mathrm{Solve}\left(\sigma\left(y_N; z_N\right) = 0; z_N\right) \qquad \mathrm{Assign}(SNL) = \frac{587481236619957 \cdot y_N}{685662270789548}$$

Anstieg $\frac{z_N}{y_N} = 0{,}857$

Polygon	$P := \left\{ \mathrm{augment}\left(\frac{y}{mm}; \frac{z}{mm}\right) \right.$
Spannungsnulllinie	z_N
Beschriftung des Maximums	$\left[\frac{y_{j_{max}}}{mm} \quad \frac{z_{j_{max}}}{mm} \quad \text{"max"} \quad 8 \quad \text{"red"}\right]$
Zentralachsen	$[0 \; 0 \; \text{"+"} \; 1000]$

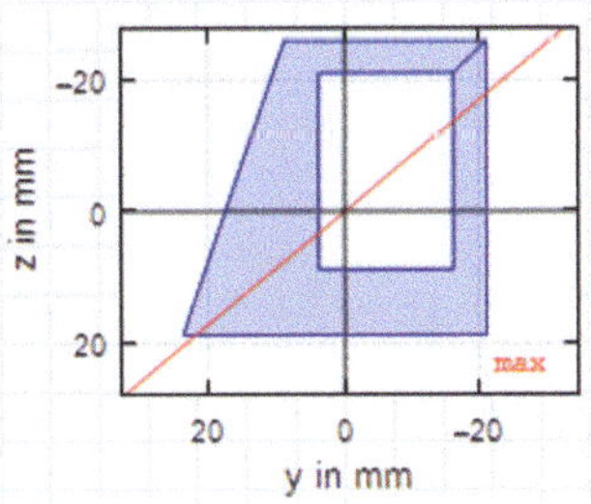

P

Beispiel 7.2: Klassisches Verfahren

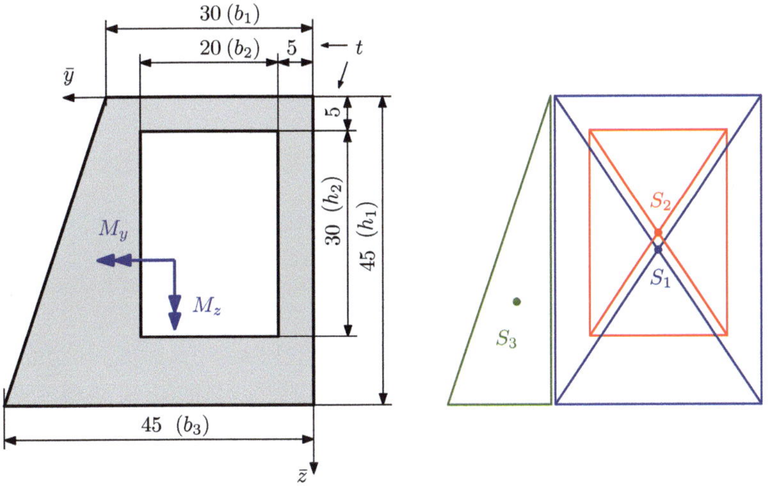

Abbildung 7.3.: Profil, belastet durch Biegemomente um y und z. Links: Maßskizze (in mm), rechts: Zerlegung in Teilflächen.

Das Problem ist das gleiche wie in Beispiel 7.1, diesmal sind jedoch die Formeln für zusammengesetzte Querschnitte anzuwenden. Abb. 7.3 zeigt die Aufteilung in Teilflächen.

Starten Sie ein neues Rechenblatt (*7.2.sm*).

In SMath werden die Werte der Teilgebiete in Vektoren zusammengefasst, so dass die Formeln fast identisch zur Theorie umgesetzt werden können.

Zunächst werden die Geometrieparameter definiert. Damit können die Flächeninhalte und Trägheitsmomente der Teilflächen angegeben werden. Teilfläche 2 wird abgezogen, daher sind deren Kennwerte negativ zu setzen. Ebenfalls anzugeben ist die Lage der Teilschwerpunkte im Referenzsystem.

Abmessungen

$b_1 := 30\ \text{mm} \qquad b_2 := 20\ \text{mm} \qquad b_3 := 45\ \text{mm}$

$h_1 := 45\ \text{mm} \qquad h_2 := 30\ \text{mm} \qquad t := 5\ \text{mm}$

Kennwerte der Teilflächen, elementar berechnet oder aus Tabelle

Flächeninhalt

$$A := \begin{bmatrix} b_1 \cdot h_1 \\ -b_2 \cdot h_2 \\ \frac{1}{2} \cdot h_1 \cdot (b_3 - b_1) \end{bmatrix} = \begin{bmatrix} 13,5 \\ -6 \\ 3,38 \end{bmatrix} \text{cm}^2$$

Deviationsmoment

$$I_{yz} := \begin{bmatrix} 0 \\ 0 \\ -\frac{1}{72} \cdot (b_3 - b_1)^2 \cdot h_1^{\ 2} \end{bmatrix} = \begin{bmatrix} 0 \\ 0 \\ -0,633 \end{bmatrix} \text{cm}^4$$

Zahl der Teilflächen $n := \text{rows}(A) = 3$

Flächenträgheitsmoment um y

$$I_y := \begin{bmatrix} \frac{1}{12} \cdot b_1 \cdot h_1^{\ 3} \\ -\frac{1}{12} \cdot b_2 \cdot h_2^{\ 3} \\ \frac{1}{36} \cdot (b_3 - b_1) \cdot h_1^{\ 3} \end{bmatrix} = \begin{bmatrix} 22,8 \\ -4,5 \\ 3,8 \end{bmatrix} \text{cm}^4$$

Flächenträgheitsmoment um z

$$I_z := \begin{bmatrix} \frac{1}{12} \cdot b_1^{\ 3} \cdot h_1 \\ -\frac{1}{12} \cdot b_2^{\ 3} \cdot h_2 \\ \frac{1}{36} \cdot (b_3 - b_1)^3 \cdot h_1 \end{bmatrix} = \begin{bmatrix} 10,1 \\ -2 \\ 0,422 \end{bmatrix} \text{cm}^4$$

Schwerpunktlage der Teilflächen

$$y_r := \begin{bmatrix} \frac{b_1}{2} \\ \frac{b_2}{2} + t \\ b_1 + \frac{1}{3} \cdot (b_3 - b_1) \end{bmatrix} = \begin{bmatrix} 1,5 \\ 1,5 \\ 3,5 \end{bmatrix} \text{cm} \qquad z_r := \begin{bmatrix} \frac{h_1}{2} \\ \frac{h_2}{2} + t \\ \frac{2}{3} \cdot h_1 \end{bmatrix} = \begin{bmatrix} 2,25 \\ 2 \\ 3 \end{bmatrix} \text{cm}$$

Nun werden die Gesamtfläche und die Schwerpunktkoordinaten bestimmt und die Koordinaten der Teilschwerpunkte auf das Zentralachsensystem umgerechnet:

Gesamtfläche $A_{ges} := \sum A = 10,9\ \text{cm}^2$

Gesamtschwerpunkt

$$y_{r,S} := \frac{1}{A_{ges}} \cdot \left(\sum_{j=1}^{n} A_j \cdot y_{r_j} \right) = 2,12\ \text{cm}$$

$$z_{r,S} := \frac{1}{A_{ges}} \cdot \left(\sum_{j=1}^{n} A_j \cdot z_{r_j} \right) = 2,62\ \text{cm}$$

Teilschwerpunkte im Zentralachsensystem

$$y := y_r - y_{r,S} = \begin{bmatrix} -0,621 \\ -0,621 \\ 1,38 \end{bmatrix} \text{cm}$$

$$z := z_r - z_{r,S} = \begin{bmatrix} -0,371 \\ -0,621 \\ 0,379 \end{bmatrix} \text{cm}$$

Damit können die Gesamtträgheitsmomente berechnet werden:

Querschnittskennwerte im Zentralachsensystem

$$I_y := \sum_{j=1}^{n} \left(I_{y_j} + A_j \cdot z_j^2 \right) = 22{,}1\ \text{cm}^4 \qquad I_{yz} := \sum_{j=1}^{n} \left(I_{yz_j} - A_j \cdot y_j \cdot z_j \right) = -3{,}19\ \text{cm}^4$$

$$I_z := \sum_{j=1}^{n} \left(I_{z_j} + A_j \cdot y_j^2 \right) = 17{,}9\ \text{cm}^4$$

Für die Spannungsberechnung werden die Randpunkte angegeben, zunächst im Referenzsystem und dann auf Zentralachsen umgerechnet.

Punkte für die Spannungsberechnung (Eckpunkte)

Im Referenzsystem — Im Zentralachsensystem

$$y_r := \begin{bmatrix} 0 \\ b_1 \\ b_3 \\ 0 \end{bmatrix} \qquad z_r := \begin{bmatrix} 0 \\ 0 \\ h_1 \\ h_1 \end{bmatrix} \qquad \begin{aligned} y &:= y_r - y_{r,S} \\ z &:= z_r - z_{r,S} \end{aligned}$$

Die Berechnungsformel für die Biegespannung wird bereitgestellt.

$$\sigma(y; z) := \frac{1}{\Delta} \cdot \left(\left(M_y \cdot I_z - M_z \cdot I_{yz} \right) \cdot z - \left(M_z \cdot I_y - M_y \cdot I_{yz} \right) \cdot y \right) \qquad \Delta := I_y \cdot I_z - I_{yz}^2$$

Die Spannungsnulllinie wird wieder per Computeralgebra bestimmt:

$$M_y := 800\ \text{N m} \qquad M_z := 500\ \text{N m} \qquad Lsg := \text{Solve}\left(\sigma(y_N; z_N); z_N \right)$$

$$\text{Assign}(Lsg) = \frac{29384373729277 \cdot y_N}{34295148782732}$$ (symbolische Anzeige) Anstieg der SNL: $\frac{z_N}{y_N} = 0{,}857$

Das folgende Diagramm zeigt die Eckpunkte und die Spannungsnulllinie im Zentralachsensystem. Die Randpunktkoordinaten werden in die Spannungsformel eingesetzt. Die betragsmäßig maximale Spannung tritt an der rechten unteren Ecke auf.

$$P := \begin{cases} \text{augment}\left(\frac{y}{\text{mm}}; \frac{z}{\text{mm}}; \text{"+"}; 10; \text{"blue"} \right) \\ [0\ \ 0\ \ \text{"+"}\ \ 1000] \\ z_N \end{cases}$$

Eckpunkte: Koordinaten und Spannungswerte

$$y = \begin{bmatrix} -21{,}2 \\ 8{,}79 \\ 23{,}8 \\ -21{,}2 \end{bmatrix} \text{mm} \qquad z = \begin{bmatrix} -26{,}2 \\ -26{,}2 \\ 18{,}8 \\ 18{,}8 \end{bmatrix} \text{mm} \qquad \sigma := \sigma(y; z) = \begin{bmatrix} -33{,}2 \\ -139 \\ -6{,}58 \\ 153 \end{bmatrix} \text{MPa}$$

$$\sigma_{max} := \max\left(\left| \overrightarrow{\sigma(y; z)} \right| \right) \qquad \sigma_{max} = 153\ \text{MPa}$$

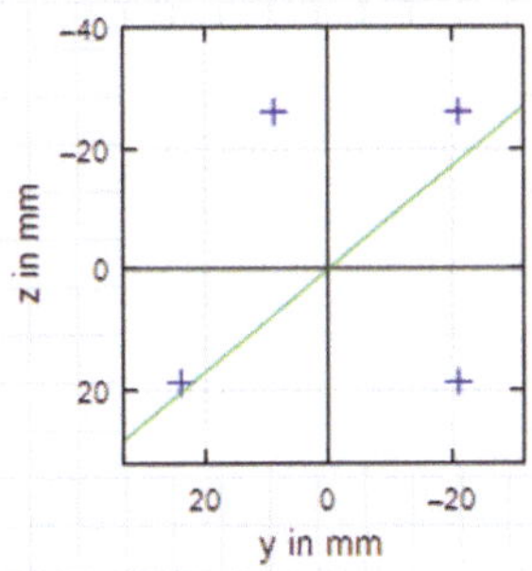

P

Im Vergleich zum Lösungsweg mit den Polygonformeln ist der Eingabeaufwand wesentlich größer, aber die eigentliche Rechnung ist einfacher. Die Auswertungspunkte für die Spannungen müssen nachträglich angegeben werden. Bei deren Auswahl ist die Spannungsnulllinie hilfreich. Die betragsmäßig maximale Spannung tritt dort auf, wo der Abstand zur Spannungsnulllinie am größten ist.

Die Polygonformel eignet sich daher bevorzugt für rechnergestützte Anwendungen wie CAD-Programme, da sie als Eingabe nichts weiter als das Randpolygon benötigt. Bei krummlinig berandeten Flächen müssen die Punkte entsprechend dicht liegen, damit der Fehler durch den stückweise geraden Rand nicht zu groß wird.

7.2. Spannungstransformation

Der allgemeine Belastungszustand im Inneren eines verformbaren Körpers wird durch die Kraftdichte an gedachten Schnittflächen beschrieben. Dabei unterscheidet man die Normalspannung σ (Kraftdichte senkrecht auf der Schnittebene) und die Schubspannung τ (Kraftdichte parallel zur Schnittebene). Diese sind im Allgemeinen von der Orientierung der Schnittfläche abhängig. Kennt man die Spannungen für zwei (beim ebenen Spannungszustand) oder drei (beim räumlichen Spannungszustand) zueinander senkrechte Schnittrichtungen, so kann man die Spannungen für jede andere Schnittrichtung ebenfalls ausrechnen. Besonders wichtig ist dabei die Frage, wie groß die Normalspannungen oder die Schubspannungen τ maximal werden können und für welche Schnittrichtung dies gilt. Siehe dazu auch Kap. 2 in Gross u. a. (2024).

7.2.1. Transformationsgleichungen

Für den ebenen Spannungszustand kann man die Abhängigkeit der Normal- und Schubspannungen von der Schnittrichtung aus den Gleichgewichtsbedingungen an einem Dreieck (Abb. 7.4) gewinnen.

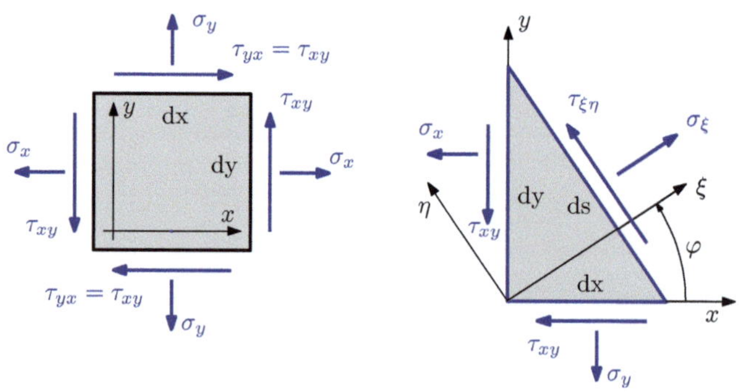

Abbildung 7.4.: Ebener Spannungszustand in xy-Koordinaten und in gedrehten Koordinaten

Die Kräfte auf den jeweiligen Randflächen einer Scheibe der Dicke t werden in ξ-

und η-Richtung aufsummiert:

$$\nearrow\colon\ \sigma_\xi t\mathrm{d}s - \tau_{xy} t\mathrm{d}x\,\cos\varphi - \sigma_y t\mathrm{d}x\,\sin\varphi - \tau_{xy} t\mathrm{d}y\,\sin\varphi - \sigma_x t\mathrm{d}y\,\cos\varphi = 0,$$
$$\nwarrow\colon\ \tau_{\xi\eta} t\mathrm{d}s + \tau_{xy} t\mathrm{d}x\,\sin\varphi - \sigma_y t\mathrm{d}x\,\cos\varphi - \tau_{xy} t\mathrm{d}y\,\cos\varphi + \sigma_x t\mathrm{d}y\,\sin\varphi = 0.$$

Für die Kantenlängen gilt $\mathrm{d}x = \mathrm{d}s\,\sin\varphi$ und $\mathrm{d}y = \mathrm{d}s\,\cos\varphi$. Mit dieser Substitution und Teilen durch $t\mathrm{d}s$ erhält man:

$$\nearrow\colon\ \sigma_\xi = 2\tau_{xy}\sin\varphi\,\cos\varphi + \sigma_y\,\sin^2\varphi + \sigma_x\,\cos^2\varphi,$$
$$\nwarrow\colon\ \tau_{\xi\eta} = (\sigma_y - \sigma_x)\sin\varphi\,\cos\varphi + \tau_{xy}\,\left(\cos^2\varphi - \sin^2\varphi\right).$$

Die Transformationsgleichungen lassen sich mit den Regeln für Doppelwinkel auf die klassische Form bringen:

$$\boxed{\begin{aligned}
\sigma_\xi &= \frac{1}{2}(\sigma_x + \sigma_y) + \frac{1}{2}(\sigma_x - \sigma_y)\cos 2\varphi + \tau_{xy}\sin 2\varphi \\
\sigma_\eta &= \frac{1}{2}(\sigma_x + \sigma_y) - \frac{1}{2}(\sigma_x - \sigma_y)\cos 2\varphi - \tau_{xy}\sin 2\varphi \\
\tau_{\xi\eta} &= \qquad\qquad\quad - \frac{1}{2}(\sigma_x - \sigma_y)\sin 2\varphi + \tau_{xy}\cos 2\varphi
\end{aligned}} \tag{7.5}$$

Die Transformationsgleichungen erhält man auch, indem man die jeweiligen Achs-Einheitsvektoren $\underline{\mathrm{e}}_\xi$ oder $\underline{\mathrm{e}}_\eta$ an die Spannungsmatrix $\underline{\underline{\sigma}}$ multipliziert.

$$\underline{\underline{\sigma}} = \begin{bmatrix} \sigma_x & \tau_{xy} \\ \tau_{xy} & \sigma_x \end{bmatrix},\ \underline{\mathrm{e}}_\xi = \begin{bmatrix} \cos\varphi \\ \sin\varphi \end{bmatrix},\ \underline{\mathrm{e}}_\eta = \begin{bmatrix} -\sin\varphi \\ \cos\varphi \end{bmatrix}$$

$$\sigma_\xi = \underline{\mathrm{e}}_\xi^T\,\underline{\underline{\sigma}}\,\underline{\mathrm{e}}_\xi,\ \tau_{\xi\eta} = \underline{\mathrm{e}}_\xi^T\,\underline{\underline{\sigma}}\,\underline{\mathrm{e}}_\eta.$$

Größen, deren Koordinaten sich in dieser Weise bei Drehung des Koordinatensystems verhalten, heißen Tensoren. Man spricht daher auch vom Spannungstensor, wobei $\underline{\underline{\sigma}}$ dessen Koordinatenmatrix bezüglich der xy-Achsen ist.

7.2.2. Hauptspannungen

Leitet man σ_ξ nach φ ab und setzt dies gleich Null, erhält man den Winkel φ^*, unter dem σ_ξ extremal wird:

$$\tan 2\varphi^* = \frac{2\tau_{xy}}{\sigma_x - \sigma_y}. \tag{7.6}$$

Die zugehörigen Spannungen sind die sogenannten Hauptspannungen

$$\sigma_{1,2} = \frac{\sigma_x + \sigma_y}{2} \pm \sqrt{\left(\frac{\sigma_x - \sigma_y}{2}\right)^2 + \tau_{xy}^2}. \tag{7.7}$$

Die Hauptspannungen werden der Größe nach sortiert, wobei σ_1 die größte ist.

Da der zu einem bestimmten Tangenswert gehörende Winkel nur bis auf Vielfache von 180° eindeutig ist, ist auch der Winkel φ^* nur bis auf Vielfache von 90° eindeutig und kann nicht eindeutig der ersten oder zweiten Hauptspannung zugeordnet werden.

Die folgende Gleichung hingegen liefert eindeutig den Winkel zur 1-Achse:

$$\tan \varphi_1 = \frac{\tau_{xy}}{\sigma_x - \sigma_2}. \tag{7.8}$$

Die 2-Achse verläuft genau senkrecht zur 1-Achse.

Diese Gleichung lässt sich direkt aus dem Mohrschen Kreis (Abb. 7.5) ablesen. Für ihre Anwendung muss man zunächst die minimale Hauptspannung σ_2 berechnen.

Alternativ kann man die Hauptspannungen als Lösung eines Eigenwertproblems mit den Eigenwerten λ und den Eigenvektoren $\underline{\mathrm{n}}$ gewinnen:

$$\underline{\underline{\sigma}}\,\underline{\mathrm{n}} = \lambda \underline{\mathrm{n}} \Leftrightarrow \left(\underline{\underline{\sigma}} - \lambda \underline{\underline{\mathrm{I}}}\right) \underline{\mathrm{n}} = \underline{0}. \tag{7.9}$$

Dieses homogene Gleichungssystem hat nur dann eine nichttriviale Lösung, wenn die Determinante der Matrix $\underline{\underline{\sigma}} - \lambda \underline{\underline{\mathrm{I}}}$ verschwindet. Diese Bedingung liefert die Eigenwerte λ_i, welche den Hauptspannungen entsprechen, wenn sie in absteigender Reihenfolge sortiert werden.

Die Eigenwerte λ_i setzt man nacheinander in das Eigenwertproblem (7.9) ein und löst nach dem jeweils zugehörigen Eigenvektor $\underline{\mathrm{n}}_i$ auf. Die Richtung dieses Vektors entspricht der Spannungshauptachse. Sein Betrag ist unbestimmt und wird üblicherweise auf die Länge 1 normiert.

7.2.3. Mohrscher Spannungskreis

Der Mohrsche Spannungskreis ist eine grafische Umsetzung der Transformationsgleichungen (7.5).

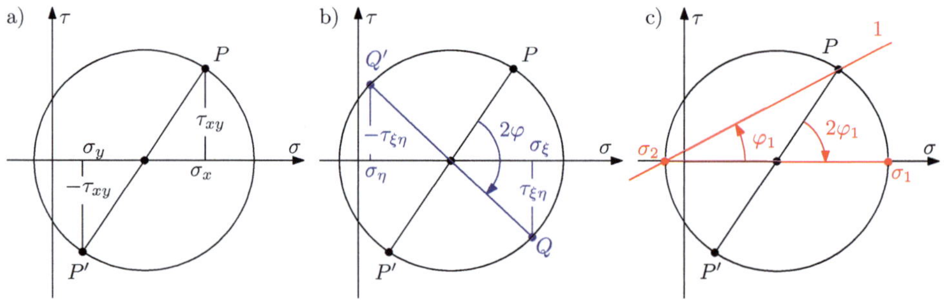

Abbildung 7.5.: Mohrscher Spannungskreis. a) Konstruktion aus σ_x, σ_y und τ_{xy}, b) Ablesen der transformierten Werte σ_ξ, σ_η und $\tau_{\xi\eta}$ in um φ gedrehten Achsen, c) Ablesen der Hauptspannungen σ_1 und σ_2 sowie des Winkels zur 1-Achse φ_1.

Ausgangspunkt bei der Konstruktion sind die Spannungen σ_x, σ_y und τ_{xy}, Abb. 7.5 a):

1. Die Konstruktion erfolgt in den kartesischen Koordinaten σ (Abszisse, x-Richtung) und τ (Ordinate, y-Richtung).
2. Eintragen der Punkte $P(\sigma_x, \tau_{xy})$ und $P'(\sigma_y, -\tau_{xy})$. Diese ergeben den Durchmesser des Kreises.
3. Konstruktion des Mittelpunkts $M(\sigma_M, 0)$ als Schnittpunkt der Verbindungslinie PP' (Durchmesser) mit der σ-Achse.
4. Abnehmen des Radius R als Abstand zwischen M und P oder P' und Zeichnen des Kreises.

Transformation auf um φ gedrehte Schnittrichtungen, Abb. 7.5 b):

1. Eintragen eines zweiten Durchmessers QQ', der um 2φ gegenüber PP' im Uhrzeigersinn (mathematisch negativ) gedreht ist.
2. Ausgehend von den Punkten $Q(\sigma_\xi, \tau_{\xi\eta})$ und $Q'(\sigma_\eta, -\tau_{\xi\eta})$ liest man die transformierten Spannungen σ_ξ, σ_η und $\tau_{\xi\eta}$ ab.

Bestimmung der Hauptspannungen und der zugehörigen Achsrichtungen, Abb. 7.5 c):

1. Die Hauptspannungen können an den Schnittpunkten des Kreises mit der σ-Achse ermittelt werden.
2. Die zugehörige Drehung wird als Zentriwinkel $2\varphi_1$ abgelesen.
3. Die 1-Achse kann direkt als Gerade durch die Punkte $(\sigma_2, 0)$ und P konstruiert werden. Das ist übrigens der geometrische Hintergrund von Gleichung (7.8).

Beispiel 7.3: Hauptspannungen

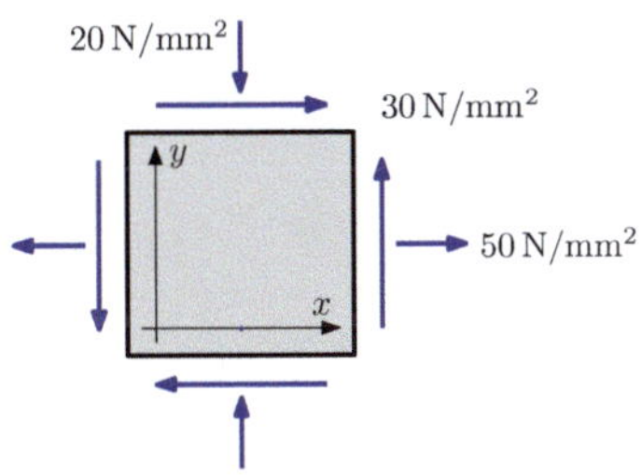

Abbildung 7.6.: Ebener Spannungszustand

Betrachtet wird der in Abb. 7.6 skizzierte ebene Spannungszustand. Zu ermitteln sind:

1. Hauptspannungen und Hauptrichtungen,

2. Normal- und Schubspannungen, die in einer Schnittfläche wirken, deren Normale den Winkel $\varphi = 30°$ mit der x-Achse bildet.[3]

Lösungsweg

1. Die Hauptspannungen und Hauptrichtungen werden entweder mit den Gleichungen (7.7) und (7.8) berechnet oder als Eigenwerte und -vektoren der Spannungsmatrix $\underline{\underline{\sigma}}$. Das kann bei der Benutzung von Mathematiksoftware sinnvoll sein, weil es dafür in der Regel Funktionen gibt.
2. Die transformierten Spannungen können mit den Transformationsgleichungen (7.5) oder durch Koordinatentransformation der Spannungsmatrix $\underline{\underline{\sigma}}$ berechnet werden.

Lösung mit Anwendung der Transformationsgleichungen

Starten Sie ein neues Rechenblatt (*7.3.sm*).

Dies erfordert keine Spezialkenntnisse in SMath, man muss nur die Formeln übertragen.

Spannungszustand $\sigma_x := 50\ \text{MPa}$ $\sigma_y := -20\ \text{MPa}$ $\tau_{xy} := 30\ \text{MPa}$

Hauptspannungen und Hauptachsen

$$\sigma_1 := \frac{\sigma_x + \sigma_y}{2} + \sqrt{\left(\frac{\sigma_x - \sigma_y}{2}\right)^2 + \tau_{xy}^2} \qquad \sigma_1 = 61{,}1\ \text{MPa}$$

$$\sigma_2 := \frac{\sigma_x + \sigma_y}{2} - \sqrt{\left(\frac{\sigma_x - \sigma_y}{2}\right)^2 + \tau_{xy}^2} \qquad \sigma_2 = -31{,}1\ \text{MPa}$$

$$\varphi_1 := \operatorname{atan}\left(\frac{\tau_{xy}}{\sigma_x - \sigma_2}\right) \qquad \varphi_1 = 20{,}3\ °$$

Drehung um 30° $\varphi := 30\ °$

$$\sigma_\xi := \frac{\sigma_x + \sigma_y}{2} + \frac{\sigma_x - \sigma_y}{2} \cdot \cos(2 \cdot \varphi) + \tau_{xy} \cdot \sin(2 \cdot \varphi) \qquad \sigma_\xi = 58{,}5\ \text{MPa}$$

$$\sigma_\eta := \frac{\sigma_x + \sigma_y}{2} - \frac{\sigma_x - \sigma_y}{2} \cdot \cos(2 \cdot \varphi) - \tau_{xy} \cdot \sin(2 \cdot \varphi) \qquad \sigma_\eta = -28{,}5\ \text{MPa}$$

$$\tau_{\xi\eta} := \left(-\frac{\sigma_x - \sigma_y}{2}\right) \cdot \sin(2 \cdot \varphi) + \tau_{xy} \cdot \cos(2 \cdot \varphi) \qquad \tau_{\xi\eta} = -15{,}3\ \text{MPa}$$

Lösung mit linearer Algebra

Wir bearbeiten zunächst Teil 2 der Aufgabe. Die Matrix der Spannungskomponenten im xy-System wird mit Hilfe der Drehmatrix $\underline{\underline{R}}$ auf das gedrehte Koordinatensystem umgerechnet:

[3]Entspricht Aufgabe 3.3 in Henning, Jahr und Mrowka (2004)

$$\varphi := 30\,° \qquad R := \begin{bmatrix} \cos(\varphi) & -\sin(\varphi) \\ \sin(\varphi) & \cos(\varphi) \end{bmatrix}$$

$$\begin{bmatrix} \sigma_\xi & \tau_{\xi\eta} \\ \tau_{\xi\eta} & \sigma_\eta \end{bmatrix} := R^{T} \cdot \begin{bmatrix} \sigma_x & \tau_{xy} \\ \tau_{xy} & \sigma_y \end{bmatrix} \cdot R = \begin{bmatrix} 58{,}5 & -15{,}3 \\ -15{,}3 & -28{,}5 \end{bmatrix} \text{MPa}$$

$$\sigma_\xi = 58{,}5\ \text{MPa} \qquad \sigma_\eta = -28{,}5\ \text{MPa} \qquad \tau_{\xi\eta} = -15{,}3\ \text{MPa}$$

Bei Teil 1 der Aufgabe ist nun ein Eigenwertproblem zu lösen. Dafür gibt es in SMath verschiedene Möglichkeiten:

Direkte Umsetzung des Lösungsverfahrens: Dabei werden zunächst die Eigenwerte als Nullstellen des charakteristischen Polynoms $|\underline{\underline{\sigma}} - \lambda \underline{\underline{I}}| = 0$ bestimmt. Das sind die Hauptspannungen, wobei σ_1 der größere von beiden Werten ist. Der SMath-Löser `solve()` kann nur dimensionslose Lösungsvariablen handhaben. Damit es keinen Einheitenkonflikt gibt, kann man beispielsweise die Spannungsmatrix durch MPa teilen. Das Ergebnis ist dann mit der gleichen Einheit zu multiplizieren.

Spannungsmatrix und Einheitsmatrix

$$S := \begin{bmatrix} \sigma_x & \tau_{xy} \\ \tau_{xy} & \sigma_y \end{bmatrix} = \begin{bmatrix} 50 & 30 \\ 30 & -20 \end{bmatrix} \text{MPa} \qquad I := \text{identity}(2) = \begin{bmatrix} 1 & 0 \\ 0 & 1 \end{bmatrix}$$

Determinante und Betrag haben die gleiche Operatordarstellung. Hier wird die Determinante gebraucht.

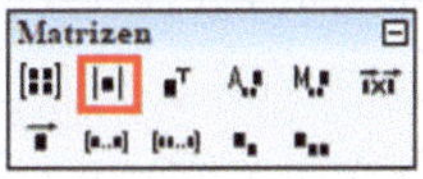

Eigenwerte und Hauptspannungen

$$\lambda := \text{solve}\left(\left| \frac{S}{\text{MPa}} - \lambda \cdot I \right| ; \lambda ; -100 ; 100 \right) \text{MPa} = \begin{bmatrix} -31{,}1 \\ 61{,}1 \end{bmatrix} \text{MPa}$$

$$\sigma_1 := \max(\lambda) \qquad \sigma_1 = 61{,}1\ \text{MPa}$$

$$\sigma_2 := \min(\lambda) \qquad \sigma_2 = -31{,}1\ \text{MPa}$$

Wenn man nicht sicher ist, wie der numerische Löser die Eigenwerte sortiert, muss man selbst nachsortieren. Im vorliegenden Fall mit nur zwei Werten genügen dafür die Funktionen `min()` und `max()` .

Die erste Hauptspannung wird ins Gleichungssystem eingesetzt, dann kann man nach dem Eigenvektor $\underline{n}$ auflösen. Mit dem folgenden Ansatz erhält man den Achswinkel direkt als Lösung, muss aber einen nichtlinearen Löser bemühen:

$$\underline{n} = \begin{bmatrix} \cos\varphi \\ \sin\varphi \end{bmatrix}$$

Der Index 1 am Gleichungssystem greift die erste Gleichung heraus, damit genau eine Gleichung nach einer Unbekannten aufgelöst wird. Die Lösungssuche wird auf das Intervall $[-90°, 90°]$ beschränkt, sonst findet `solve()` eventuell mehrere Lösungen.

Neigungswinkel der 1-Achse

$$\varphi_1 := \text{solve}\left(\left(\left(S - \sigma_1 \cdot I \right) \cdot \begin{bmatrix} \cos(\varphi) \\ \sin(\varphi) \end{bmatrix} \right)_1 ; \varphi ; -\frac{\pi}{2} ; \frac{\pi}{2} \right) \qquad \varphi_1 = 20{,}3\,°$$

Hinweis: Der Index 1 an σ_1 und φ_1 ist ein Textindex. Der Index am ersten Argument der `solve()`-Funktion ist ein Elementindex, der mit ■▪ aus der Matrizen-Palette erzeugt wird.

Lösung mit dem Plug-in DotNumerics: Dieses Plug-in enthält unter anderem Funktionen zur Lösung von Eigenwertproblemen.

`dn_LinAlgEigenvalues()` liefert die Eigenwerte, `dn_LinAlgEigenvectors()` die Eigenvektoren (als Spalten einer Matrix).

Funktionen aus Plugin *DotNumerics*

Eigenwerte

$$\lambda := \text{dn\_LinAlgEigenvalues}\left(\frac{S}{\text{MPa}}\right)\text{MPa} = \begin{bmatrix} 61{,}1 \\ -31{,}1 \end{bmatrix}\text{MPa}$$

Eigenvektoren spaltenweise

$$\Phi := \text{dn\_LinAlgEigenvectors}(S) = \begin{bmatrix} 0{,}938 & -0{,}347 \\ 0{,}347 & 0{,}938 \end{bmatrix}$$

Auch hier muss man vorsichtshalber sortieren. Um dabei die berechneten Eigenvektoren gleich richtig zuzuordnen, stellen wir eine Matrix $\underline{\underline{M}}$ zusammen, die in jeder Zeile die Eigenwerte und die beiden Komponenten des Eigenvektors enthält. Diese Matrix sortieren wir dann mit der Funktion `csort()` zeilenweise nach der ersten Spalte.

$$M := \text{augment}\left(\lambda;\ \Phi^{\text{T}}\right) = \begin{bmatrix} 6{,}11\cdot 10^{7}\ \dfrac{\text{kg}}{\text{m s}^{2}} & 0{,}938 & 0{,}347 \\ -3{,}11\cdot 10^{7}\ \dfrac{\text{kg}}{\text{m s}^{2}} & -0{,}347 & 0{,}938 \end{bmatrix}$$

$$\begin{bmatrix} \sigma_2 & x_2 & y_2 \\ \sigma_1 & x_1 & y_1 \end{bmatrix} := \text{csort}(M;\ 1) = \begin{bmatrix} -3{,}11\cdot 10^{7}\ \dfrac{\text{kg}}{\text{m s}^{2}} & -0{,}347 & 0{,}938 \\ 6{,}11\cdot 10^{7}\ \dfrac{\text{kg}}{\text{m s}^{2}} & 0{,}938 & 0{,}347 \end{bmatrix}$$

Kontextmenü>
Optimierung>
Numerisch

$$\sigma_1 = 61{,}1\ \text{MPa} \qquad \sigma_2 = -31{,}1\ \text{MPa} \qquad \varphi_1 := \text{atan}\left(\frac{y_1}{x_1}\right) = 20{,}3\ °$$

Lösung mit Maxima-Funktionen: Die Maxima-Funktion `eigens_by_jacobi()` liefert eine Datenstruktur aus zwei Listen. Die erste enthält die Eigenwerte, die zweite die zugehörigen Eigenvektoren. Da verschachtelte Listen von SMath entschachtelt werden, muss man sich schon innerhalb von Maxima den richtigen Teil der Lösung herausgreifen (mit dem Index 1 für die Eigenwerte und 2 für die Eigenvektoren).

Eigenwertproblem

$$\text{Maxima}\left(\text{eigens\_by\_jacobi}\left(\frac{S}{\text{MPa}}\right)\right) = \begin{cases} 61{,}1 \\ -31{,}1 \\ \begin{bmatrix} 0{,}938 & -0{,}347 \\ 0{,}347 & 0{,}938 \end{bmatrix} \end{cases} \qquad S = \begin{bmatrix} 50 & 30 \\ 30 & -20 \end{bmatrix}\text{MPa}$$

Eigenwerte

$$\lambda := \mathbf{\Sigma}\left(\mathit{eigens\_by\_jacobi}\left(\frac{S}{\text{MPa}}\right)_1\right)\text{MPa} = \begin{Bmatrix} 61{,}1 \\ -31{,}1 \end{Bmatrix}\text{MPa}$$

Eigenvektoren spaltenweise

$$\Phi := \mathbf{\Sigma}\left(\mathit{eigens\_by\_jacobi}\left(\frac{S}{\text{MPa}}\right)_2\right) = \begin{bmatrix} 0{,}938 & -0{,}347 \\ 0{,}347 & 0{,}938 \end{bmatrix}$$

Auch hier muss sicherheitshalber nachsortiert werden, das geschieht genauso wie eben.

Sortierung der Eigenwerte und Eigenvektoren

$$M := \text{augment}\left(\text{sys2mat}(\lambda);\ \Phi^{T}\right) = \begin{bmatrix} 6{,}11\cdot 10^{7}\ \frac{\text{kg}}{\text{m s}^2} & 0{,}938 & 0{,}347 \\ -3{,}11\cdot 10^{7}\ \frac{\text{kg}}{\text{m s}^2} & -0{,}347 & 0{,}938 \end{bmatrix}$$

$$\begin{bmatrix} \sigma_2 & x_2 & y_2 \\ \sigma_1 & x_1 & y_1 \end{bmatrix} := \text{csort}(M;\ 1) = \begin{bmatrix} -3{,}11\cdot 10^{7}\ \frac{\text{kg}}{\text{m s}^2} & -0{,}347 & 0{,}938 \\ 6{,}11\cdot 10^{7}\ \frac{\text{kg}}{\text{m s}^2} & 0{,}938 & 0{,}347 \end{bmatrix}$$

Kontextmenü> Optimierung> Numerisch

$\sigma_1 = 61{,}1\ \text{MPa}$ $\sigma_2 = -31{,}1\ \text{MPa}$ $\varphi_1 := \text{atan}\left(\frac{y_1}{x_1}\right) = 20{,}3\ °$

Beispiel 7.4: Spannungstransformation und Mohrscher Kreis

Gegeben ist ein Spannungszustand $\sigma_x = 40\,\text{MPa}$, $\sigma_y = -20\,\text{MPa}$ und $\tau_{xy} = 0\,\text{MPa}$. Die x, y-Achsen sind also Hauptachsen. Gesucht ist eine Schnittrichtung, für die die Normalspannung verschwindet, also $\sigma_\xi = 0$ gilt. Anzugeben sind die zugehörigen restlichen Spannungskomponenten. Die Transformation ist mit dem Mohrschen Spannungskreis zu illustrieren.[4]

Starten Sie ein neues Rechenblatt (*7.4.sm*).

Lösung mit den Transformationsgleichungen

Gegebene Größen und Transformationsgleichungen:

$\sigma_x := 40\ \text{MPa}$ $\sigma_y := -20\ \text{MPa}$ $\tau_{xy} := 0\ \text{MPa}$

$$\sigma_\xi := \frac{\sigma_x + \sigma_y}{2} + \frac{\sigma_x - \sigma_y}{2}\cdot\cos(2\cdot\varphi) + \tau_{xy}\cdot\sin(2\cdot\varphi$$

$$\sigma_\eta := \frac{\sigma_x + \sigma_y}{2} - \frac{\sigma_x - \sigma_y}{2}\cdot\cos(2\cdot\varphi) - \tau_{xy}\cdot\sin(2\cdot\varphi$$

$$\tau_{\xi\eta} := -\frac{\sigma_x - \sigma_y}{2}\cdot\sin(2\cdot\varphi) + \tau_{xy}\cdot\cos(2\cdot\varphi)$$

[4]Entspricht Aufgabe 3.4 in Henning, Jahr und Mrowka (2004)

Die Transformationsgleichung für σ_ξ wird für $\sigma_\xi = 0$ nach φ aufgelöst. Das erfolgt numerisch mit den Bordmitteln von SMath, also ohne Verwendung von Plug-ins.

Bei der Nullstellensuche empfiehlt es sich generell, zunächst die Funktion zu plotten. Für φ ist ein Suchbereich von $\pm 90°$ ausreichend, weil 2φ damit bereits 360° abdeckt. Man erkennt zwei Nullstellen in der Nähe von $\varphi = \pm 60°$.

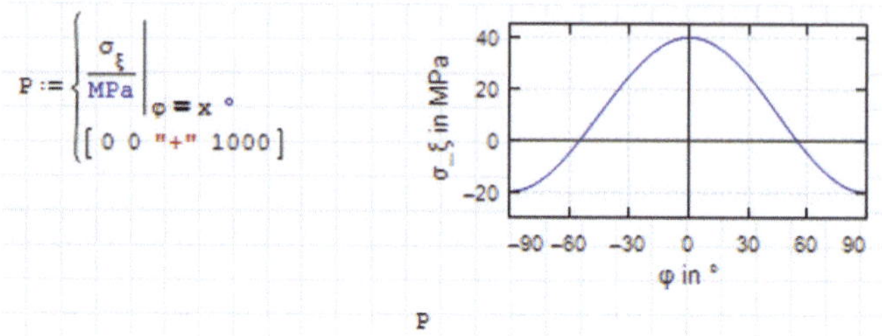

Die Funktion `solve()` kommt mit dieser Aufgabe gut zurecht. Man beachte, dass zur Ergebnisanzeige keine Zuweisung auf φ erfolgt, sondern der Substitutionsoperator $\blacksquare|_\blacksquare$ benutzt wird, welcher die Variable nur lokal ersetzt.

$$\varphi_0 := \text{solve}\left(\sigma_\xi = 0;\ \varphi;\ -\frac{\pi}{2};\ \frac{\pi}{2}\right) = \begin{bmatrix} -54{,}7 \\ 54{,}7 \end{bmatrix} °$$

$$\begin{bmatrix} \sigma_\xi & \tau_{\xi\eta} \\ \tau_{\xi\eta} & \sigma_\eta \end{bmatrix}\Bigg|_{\varphi = \varphi_{0_1}} = \begin{bmatrix} -3{,}18 \cdot 10^{-6} & 28{,}3 \\ 28{,}3 & 20 \end{bmatrix} \text{MPa}$$

$$\begin{bmatrix} \sigma_\xi & \tau_{\xi\eta} \\ \tau_{\xi\eta} & \sigma_\eta \end{bmatrix}\Bigg|_{\varphi = \varphi_{0_2}} = \begin{bmatrix} 7{,}36 \cdot 10^{-7} & -28{,}3 \\ -28{,}3 & 20 \end{bmatrix} \text{MPa}$$

σ_ξ ist nicht exakt Null, hat aber einen sehr kleinen Wert.

Die Funktion `roots()` scheitert ohne Startwert und mit den Startwerten $\varphi = 0$ und $\varphi = \pi/2$. An beiden Stellen ist der Funktionsverlauf horizontal. Erst bei Vorgabe eines Startwerts, der nicht gleichzeitig eine Extremstelle ist, klappt die Rechnung:

Wenn die Ableitung am Startpunkt gleich Null ist, findet das Gradientenverfahren keine Lösung.

$\text{roots}(\sigma_\xi = 0;\ \varphi) = \blacksquare\ °$ lastError = "Keine reelen Nullstellen."

$\text{roots}(\sigma_\xi = 0;\ \varphi;\ 0) = \blacksquare\ °$ lastError = "Keine reelen Nullstellen."

$\text{roots}\left(\sigma_\xi = 0;\ \varphi;\ \frac{\pi}{2}\right) = \blacksquare\ °$ lastError = "Keine reelen Nullstellen."

$\text{roots}(\sigma_\xi = 0;\ \varphi;\ 1) = 54{,}7\ °$

$\text{roots}(\sigma_\xi = 0;\ \varphi;\ -1) = -54{,}7\ °$

Darstellung mit dem Mohrschen Kreis

Der Mohrsche Kreis ist zentriert bei $(\sigma_M, 0)$ und hat den Radius R.

$$\sigma_M := \frac{\sigma_x + \sigma_y}{2} \qquad R := \sqrt{\left(\frac{\sigma_x - \sigma_y}{2}\right)^2 + \tau_{xy}^{\;2}}$$

Die folgende Funktion stellt die Grafikobjekte für die Konstruktionslinien und die Beschriftung bereit. Vorausgesetzt ist die Definition der Spannungskomponenten im Ausgangssystem und im transformierten System, wie am Anfang des Abschnitts angegeben. Die Argumente sind der Drehwinkel (φ) des Koordinatensystems, die Maßeinheit (u), der Punktname (s) und die Farbe der Beschriftung (c). Die Funktion `concat()` kombiniert Zeichenketten. Hier wird sie benutzt, um das Apostroph an den Punktnamen anzuhängen.

KL(φ,u,s,c) erzeugt beschriftete Konstruktionslinien für den Mohrschen Kreis. φ Drehwinkel, u Spannungseinheit, s Punktname, c Farbe

$$KL(\varphi\#; u\#; s\#; c\#) := \begin{pmatrix} \left.\begin{bmatrix}\sigma_\xi & 0\\ \sigma_\xi & \tau_{\xi\eta}\\ \sigma_\eta & -\tau_{\xi\eta}\\ \sigma_\eta & 0\end{bmatrix}\cdot\frac{1}{u\#}\right|_{\varphi=\varphi\#} \\ \text{augment}\left(\left.\begin{bmatrix}\sigma_\xi & \tau_{\xi\eta}\\ \sigma_\eta & -\tau_{\xi\eta}\end{bmatrix}\cdot\frac{1}{u\#}\right|_{\varphi=\varphi\#}; \begin{bmatrix} s\# \\ \text{concat}(s\#; "'")\end{bmatrix}; 12; c\#\right)\end{pmatrix}$$

Das #- Zeichen in den Variablennamen stellt sicher, dass die Definition von gleichnamigen globalen Variablen nicht betroffen ist.

Diese Funktion wird einmal für das Ausgangssystem (Drehwinkel $\varphi = 0$) und einmal für das transformierte System benutzt. Zu ergänzen sind dann noch der Kreis (der hier implizit dargestellt wird) und das Achsenkreuz als großes „+"-Zeichen.

$$P := \begin{pmatrix} \left(x - \frac{\sigma_M}{\text{MPa}}\right)^2 + y^2 - \left(\frac{R}{\text{MPa}}\right)^2 \\ [0\ 0\ "+"\ 1000] \\ KL(0; \text{MPa}; "P"; "green") \\ KL(\varphi_{0_1}; \text{MPa}; "Q"; "orange") \end{pmatrix}$$

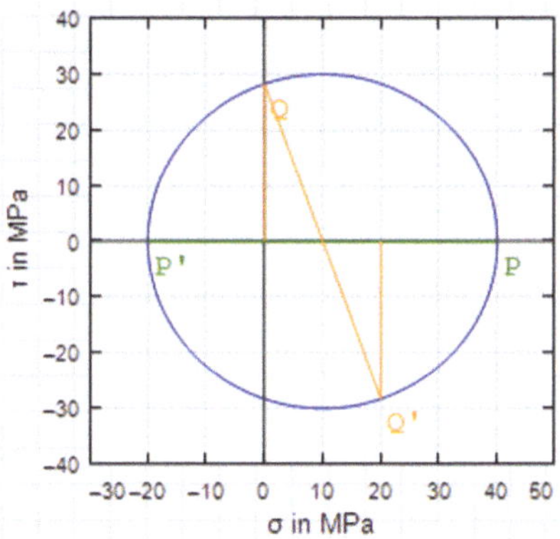

P

Im Mohrschen Kreis entsprechen die gegebenen Spannungen den Punkten P und P'. Der gedrehte Durchmesser muss so platziert werden, dass der Punkt Q bei $\sigma = 0$ steht. Der Zentriwinkel zwischen P und Q entspricht betragsmäßig $2\varphi_0$.

Literatur

Gross, D. u. a. (2024). *Technische Mechanik 2: Elastostatik.* Springer Berlin Heidelberg. ISBN: 9783662684238. DOI: 10.1007/978-3-662-68423-8.

Hally, D. (1987). *Calculation of the Moments of Polygons.* Techn. Ber. AD-A183-444. Defense Research Establishment Atlantic (Canada).

Henning, G., A. Jahr und U. Mrowka (2004). *Technische Mechanik mit Mathcad, Matlab und Maple.* Wiebaden: Vieweg.

8. Verformungsberechnung

In diesem Kapitel wird das Prinzip der virtuellen Kräfte für die Berechnung von Verschiebungen und Verdrehungen an statisch bestimmten und unbestimmten Systemen angewendet. Zum Nachlesen sei Kap. 6 in Gross u. a. (2024) empfohlen.

8.1. Das Prinzip der virtuellen Kräfte

Das Prinzip der virtuellen Kräfte ist gut geeignet, um in komplexen Systemen die Verschiebung oder Verdrehung an einzelnen Punkten zu bestimmen.

Wird im Punkt P einer Struktur die Verschiebung f_P in eine bestimmte Richtung gesucht, so führt man an dieser Stelle eine virtuelle Kraft $F_v = 1$ in Richtung der gesuchten Verschiebung ein.

Diese virtuelle Kraft ändert die tatsächlich wirkende Last nicht, sondern wird nur „dazugedacht". Es gibt auch andere Schreibweisen für die virtuelle Kraft, z.B. $\hat{F}$, gesprochen als F-Dach, wie „gedacht", oder auch δF. Wir verwenden hier den Index v für virtuelle Größen, weil sich das in SMath am bequemsten abbilden lässt.

Die virtuelle Kraft leistet virtuelle Arbeit W_v an der tatsächlichen (der aus den tatsächlichen Lasten resultierenden) Verschiebung f_P:

$$W_v = F_v f_P = f_P.$$

Das rechte Gleichheitszeichen ergibt sich aus $F_v = 1$. Diese Arbeit ist für verlustfrei verformbare elastische Systeme gleich der in der Struktur gespeicherten virtuellen Formänderungsenergie Π_v

$$W_v = f_P = \Pi_v. \tag{8.1}$$

Sie ist gleich der Arbeit der virtuellen Schnittlasten an den tatsächlichen Verzerrungen, wobei letztere mit Hilfe des elastischen Gesetzes durch die tatsächlichen Schnittlasten ausgedrückt werden.

Für Zug/Druck-Stäbe, z.B. in Fachwerken, sind die Schnittlasten die Stabkräfte S bzw. S_v. Dann gilt mit der Länge L und der Dehnsteifigkeit EA

$$\Pi_{v,\mathrm{Stab}} = \Delta L\, S_v = \frac{SL}{EA} S_v. \tag{8.2}$$

M. Kraska, *Technische Mechanik mit SMath Studio*,
https://doi.org/10.1007/978-3-658-50592-9_8

Für schubstarre Balken sind die Anteile aus Biegung, Zug/Druck und Torsion zu berücksichtigen:

$$\Pi_{v,\text{Balken}} = \int_0^L \frac{M_B(x)M_{Bv}(x)}{EI}\mathrm{d}x + \int_0^L \frac{N(x)N_v(x)}{EA}\mathrm{d}x + \int_0^L \frac{M_T(x)M_{Tv}(x)}{GI_T}\mathrm{d}x.$$

Darin sind

$M_B(x)$	Biegemoment
$N(x)$	Normalkraft
$M_T(x)$	Torsionsmoment
L	Länge des Balkenabschnitts
EI	Biegesteifigkeit (E-Modul mal Flächenträgheitsmoment)
EA	Dehnsteifigkeit (E-Modul mal Querschnittsfläche)
GI_T	Torsionssteifigkeit (Schubmodul mal Torsionsträgheitsmoment)

Schnittlasten ohne Index v resultieren aus den tatsächlichen Lasten, die Schnittlasten infolge der virtuellen Belastung werden mit v indiziert.

Enthält das System mehrere Balkenabschnitte oder Stäbe, ist über alle Teile zu summieren.

Falls am Punkt P nicht eine Verschiebung sondern die Verdrehung φ_P gesucht wird, bringt man ein dimensionsloses virtuelles Moment 1 an und berechnet die Verdrehung ganz analog zu (8.1):

$$\varphi_P = M_v \varphi_P = \Pi_v. \tag{8.3}$$

Insgesamt erfordert das Prinzip der virtuellen Kräfte folgende Arbeitsschritte:

- Berechnung der Schnittlasten infolge der tatsächlichen Belastung,
- Berechnung der Schnittlasten infolge der virtuellen Belastung,
- Berechnung der Verschiebung mit (8.1) oder der Verdrehung mit (8.3).

In der Handrechnung ist die Auswertung der Integrale unter Umständen sehr aufwändig. Dafür findet man in der Literatur sogenannte Koppeltafeln, für deren Einsatz man Form und Maximalwert der Schnittlastenverläufe kennen muss, z.B. Tab. 6.3 in Gross u. a. (2024).

Wir überlassen die Integration dem Rechner. Wenn die Schnittlasten wie in Kap. 5.7 selbst durch Integration bestimmt werden, dann treten Doppelintegrale auf. Diese können nicht mit SMath-Bordmitteln berechnet werden, daher kommt dann das Maxima-Plug-in zum Einsatz.

Beispiel 8.1: Geneigte Rechteckplatte

Für das in Abb. (8.1) skizzierte System soll die Verschiebung f_D in x-Richtung am Punkt D ermittelt werden. Die Stabkräfte infolge der tatsächlichen Last wurden

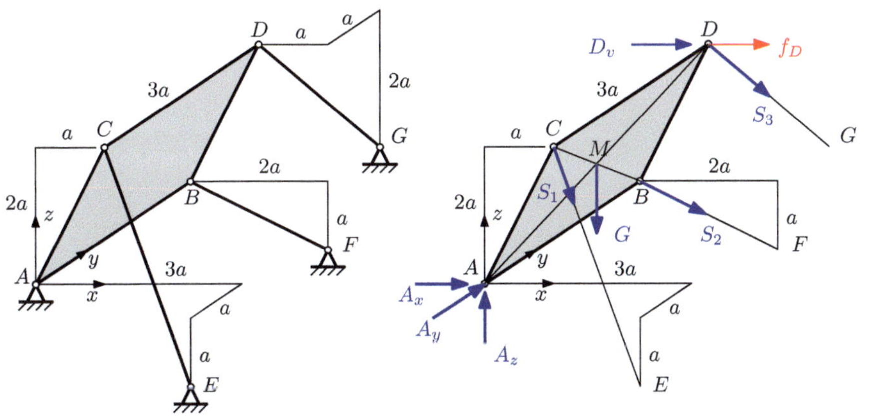

Abbildung 8.1.: Systemskizze und Freischnitt mit realer Last G und virtueller Last D_v

bereits in Beispiel 4.2 ermittelt. Nun sind noch die Stabkräfte infolge einer virtuellen Last D_v am Ort und in Richtung der gesuchten Verschiebung zu berechnen und die virtuelle Formänderungsenergie gemäß (8.2) zu ermitteln.[1]

Hier rechnen wir von vornherein mit Zahlenwerten. Im Vergleich zu Beispiel 4.2 sind zusätzlich noch E-Modul und Stabquerschnitte anzugeben sowie die Stablängen zu berechnen. Integrieren muss man bei dieser Aufgabe nicht, da die verformbaren Elemente der Struktur ausschließlich Stäbe mit konstanter Längskraft sind.

Starten Sie ein neues Rechenblatt (*8.1.sm*). Sie können den ersten Teil auch von Beispiel 4.2 übernehmen.

Geometrie $a := 0{,}5\ \text{m}$

$$r_A := \begin{bmatrix} 0 \\ 0 \\ 0 \end{bmatrix} \quad r_B := \begin{bmatrix} 0 \\ 3 \cdot a \\ 0 \end{bmatrix} \quad r_C := \begin{bmatrix} a \\ 0 \\ 2 \cdot a \end{bmatrix} \quad r_D := \begin{bmatrix} a \\ 3 \cdot a \\ 2 \cdot a \end{bmatrix} \quad r_E := \begin{bmatrix} 3 \cdot a \\ -a \\ -a \end{bmatrix} \quad r_F := \begin{bmatrix} 2 \cdot a \\ 3 \cdot a \\ -a \end{bmatrix} \quad r_G := \begin{bmatrix} 2 \cdot a \\ 4 \cdot a \\ 0 \end{bmatrix}$$

E-Modul $E_{St} := 210\ \text{GPa}$

Querschnittsflächen der Stäbe $A_1 := 20\ \text{mm}^2 \quad A_2 := 30\ \text{mm}^2 \quad A_3 := 40\ \text{mm}^2$

Angriffspunkt der Gewichtskraft

$$r_M := \frac{1}{2} \cdot (r_D - r_A) = \begin{bmatrix} 0{,}25\ \text{m} \\ 0{,}75\ \text{m} \\ 0{,}5\ \text{m} \end{bmatrix}$$

Lagerreaktion bei A

$$F_A := \begin{bmatrix} A_x \\ A_y \\ A_z \end{bmatrix}$$

Gewichtskraft

$$F_M := \begin{bmatrix} 0 \\ 0 \\ -G \end{bmatrix} \quad G := 10\ \text{kN}$$

Beachten Sie, dass in diesem Beispiel die Unbekannten als Maßeinheiten markiert werden müssen, damit das Gleichungssystem symbolisch aufgestellt werden kann. Die Stabkraftvektoren werden als Produkt der bekannten Einheitsvektoren mal der unbekannten Stabkraft dargestellt.

[1] Entspricht Aufgabe 5.1 in Henning, Jahr und Mrowka (2004)

Stabvektoren

$$r_{BF} := r_F - r_B = \begin{bmatrix} 1\ \mathrm{m} \\ 0 \\ -0{,}5\ \mathrm{m} \end{bmatrix} \quad r_{CE} := r_E - r_C = \begin{bmatrix} 1\ \mathrm{m} \\ -0{,}5\ \mathrm{m} \\ -1{,}5\ \mathrm{m} \end{bmatrix} \quad r_{DG} := r_G - r_D = \begin{bmatrix} 0{,}5\ \mathrm{m} \\ 0{,}5\ \mathrm{m} \\ -1\ \mathrm{m} \end{bmatrix}$$

Stablängen und E-Moduli $j := [1..3]$

$$r := \begin{bmatrix} r_{CE} \\ r_{BF} \\ r_{DG} \end{bmatrix} \quad l_j := \sqrt{{r_j}^2} = \begin{bmatrix} 1{,}87\ \mathrm{m} \\ 1{,}12\ \mathrm{m} \\ 1{,}22\ \mathrm{m} \end{bmatrix} \quad E_j := E_{St} = \begin{bmatrix} 210 \\ 210 \\ 210 \end{bmatrix} \mathrm{GPa}$$

Stabkraftvektoren

$$F_B := \frac{r_2}{l_2} S_2 = \begin{bmatrix} 0{,}894\ S_2 \\ 0{,}00 \\ -0{,}447\ S_2 \end{bmatrix} \quad F_C := \frac{r_1}{l_1} S_1 = \begin{bmatrix} 0{,}535\ S_1 \\ -0{,}267\ S_1 \\ -0{,}802\ S_1 \end{bmatrix} \quad F_D := \frac{r_3}{l_3} S_3 = \begin{bmatrix} 0{,}408\ S_3 \\ 0{,}408\ S_3 \\ -0{,}816\ S_3 \end{bmatrix}$$

Die Gleichgewichtsbedingungen werden zunächst für die tatsächliche Last F_M (Gewicht der Platte) aufgestellt.

Resultierende Kraft $\Sigma F := F_A + F_B + F_C + F_D + F_M$

Resultierendes Moment $\Sigma M_A := r_A \times F_A + r_B \times F_B + r_C \times F_C + r_D \times F_D + r_M \times F_M$

Gleichgewichtsbedingungen und unbekannte Lagerreaktionen $GGB := \mathrm{stack}(\Sigma F; \Sigma M_A)$

$$R := \begin{bmatrix} S_1 \\ S_2 \\ S_3 \\ A_x \\ A_y \\ A_z \end{bmatrix}$$

Die Lösung wird ermittelt und die Stabkräfte werden abgespeichert.

$L := \mathrm{Assign}(\mathrm{Solve}(GGB; R))$

$$S := \begin{bmatrix} S_1 \\ S_2 \\ S_3 \end{bmatrix} = \begin{bmatrix} 1590 \\ 1330 \\ -4880 \end{bmatrix} \mathrm{N} \qquad \begin{bmatrix} S_1 \\ S_2 \\ S_3 \\ A_x \\ A_y \\ A_z \end{bmatrix} = \begin{bmatrix} 1590 \\ 1330 \\ -4880 \\ -42{,}4 \\ 2420 \\ 7880 \end{bmatrix} \mathrm{N}$$

Nun wird das Gleichungssystem geändert und erneut gelöst. Die tatsächliche Last wird entfernt und die virtuelle Last hinzugefügt. Es wird mit $F_{Dv} = 1\,\mathrm{N}$ gerechnet, da es sonst zu einem Einheitenkonflikt kommt. Die so ermittelten Stabkräfte werden dann in der Variable S_v gespeichert.

Stabkräfte infolge der virtuellen Last

$$D_v := \begin{bmatrix} 1\ \mathrm{N} \\ 0 \\ 0 \end{bmatrix} \quad \mathrm{Clear}(S_1; S_2; S_3; A_x; A_y; A_z) = 1$$

$\Sigma F := F_A + F_B + F_C + F_D + D_v$

$\Sigma M_A := r_A \times F_A + r_B \times F_B + r_C \times F_C + r_D \times F_D + r_D \times D_v$

$GGB := \mathrm{stack}(\Sigma F; \Sigma M_A)$ $L := \mathrm{Assign}(\mathrm{Solve}(GGB; R))$

$$S_v := \begin{bmatrix} S_1 \\ S_2 \\ S_3 \end{bmatrix} = \begin{bmatrix} -1{,}27 \\ -1{,}06 \\ 0{,}228 \end{bmatrix} \mathrm{N}$$

Nun kann die Verschiebung in Richtung der virtuellen Kraft gemäß (8.2) bestimmt werden. Man muss aber beachten, dass die virtuelle Kraft hier nicht den Wert 1 hat, wir also durch ihren Betrag teilen müssen. Man könnte hier natürlich einfach durch ein Newton teilen, aber so sind wir unabhängig vom konkreten Wert der virtuellen Kraft. Die Funktion `norme()` berechnet die Euklidische Norm eines Vektors, also seinen Betrag.

$$u_D := \frac{1}{\mathrm{norme}\left(D_v\right)} \cdot \sum_{j=1}^{3} \frac{S_j \cdot S_{v_j} \cdot l_j}{E_j \cdot A_j} = -1{,}31\ \mathrm{mm}$$

Beispiel 8.2: Gemischtes Tragwerk

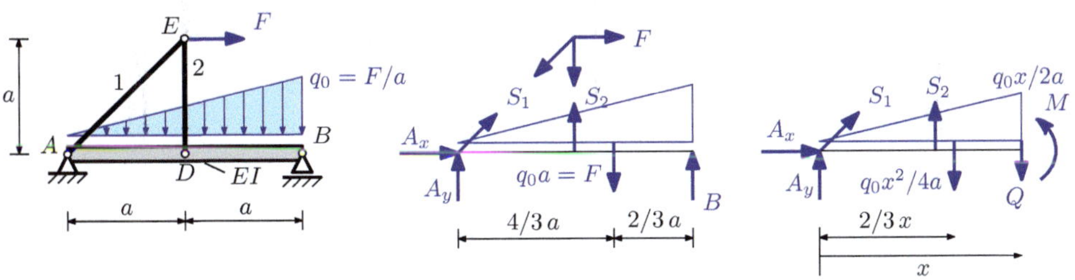

Abbildung 8.2.: Gemischtes Tragwerk mit Belastung. Mitte: Freischnitt für die Bestimmung der Stabkräfte und Auflagerreaktionen. Rechts: Freischnitt für die Bestimmung der Schnittlasten.

Für das System gemäß Abb. 8.2 sind die Horizontalverschiebung bei E und die Verdrehung des Balkens bei B zu ermitteln.[2].

Lösungsweg

An der Verformung sind beide Stäben und beide Balkenabschnitte beteiligt.

Zunächst sind die Schnittlasten infolge der tatsächlichen Belastung zu ermitteln.

Knotenschnitt bei E liefert

$$S_1 = \sqrt{2}F, \quad S_2 = -F.$$

Das Gleichgewicht am Gesamtsystem (Freischnitt Abb. (8.2) Mitte) liefert

$$A_x = -F, \quad A_y = -F/2 + F/3 = -F/6, \quad B = 1/2\,F + 2/3\,F = 7/6\,F.$$

Das Biegemoment im Abschnitt 1 mit $x < a$ ergibt sich aus dem Momentengleichgewicht um x (Freischnitt Abb. (8.2) rechts)

$$M_1(x) = \left(A_y + S_1/\sqrt{2}\right) x + \frac{q_0 x^2}{4a}\,\frac{x}{3}.$$

[2]Entspricht Aufgabe 5.2 in Henning, Jahr und Mrowka (2004)

In Abschnitt 2 mit $x > a$ kommt noch das Moment aus der Stabkraft S_2 dazu:

$$M_2(x) = M_1(x) + S_2(x - a).$$

Für die Bestimmung der Horizontalverschiebung bei E sind die Schnittlasten infolge einer virtuellen horizontalen Einheitskraft 1 bei E zu berechnen. Das entspricht den Werten für die reale Belastung wenn man $F = 1$ setzt und die Streckenlast entfällt. Damit können wir den Freischnitt Abb. (8.2) rechts wiederverwenden.

$$S_{1v} = \sqrt{2}, \quad S_{2v} = -1,$$
$$A_{xv} = -1, \quad A_{yv} = -1/2, \quad B_v = 1/2,$$
$$M_{1v}(x) = \left(A_{yv} + S_{1v}/\sqrt{2}\right) x,$$
$$M_{2v}(x) = \left(A_{yv} + S_{1v}/\sqrt{2}\right) x + S_{2v}(x - a).$$

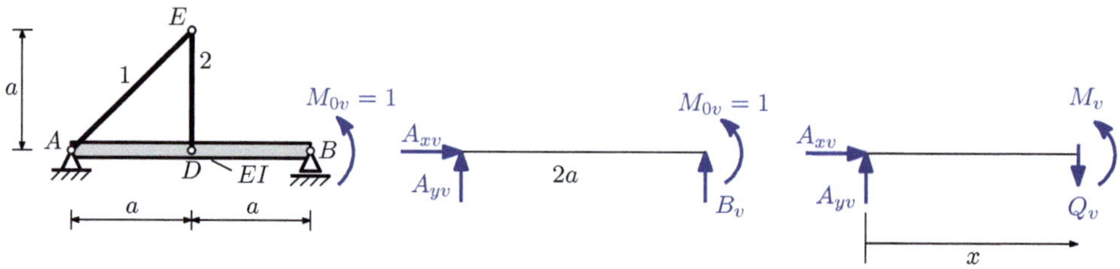

Abbildung 8.3.: Links: Gemischtes Tragwerk mit virtueller Belastung zur Bestimmung der Verdrehung bei B. Mitte: Freischnitt für die Bestimmung der virtuellen Auflagerreaktionen. Rechts: Freischnitt für die Bestimmung der virtuellen Schnittlasten.

Für die Bestimmung der Verdrehung bei B wird dort ein virtuelles Moment $M_{0v} = 1$ aufgebracht (Abb. 8.3). Die Stäbe werden dadurch nicht belastet, die virtuellen Formänderungsenergien der Stäbe sind also gleich Null. Eine Bereichsteinteilung des Balkens ist damit auch nicht nötig.

$$S_{1v} = 0, \quad S_{2v} = 0,$$
$$A_{xv} = 0, \quad A_{yv} = 1/2a, \quad B_v = -1/2a,$$
$$M_v(x) = A_{yv}x.$$

Umsetzung mit SMath

Da die Schnittlasten aus den Gleichgewichtsbedingungen an einem Schnitt variabler Position (und nicht durch Integration) bestimmt werden, kann die SMath-interne Integrationsfunktion für die Integration der virtuellen Arbeit benutzt werden.

Starten Sie ein neues Rechenblatt (*8.2.sm*).

Gegebene Größen:

Abmessung	$a := 2{,}5\ \mathrm{m}$
E-Modul des Balkens und der Stäbe	$E := 210\ \mathrm{GPa}$
Einzelkraft bei D	$F := 20\ \mathrm{kN}$
Streckenlast	$q_0 := \frac{F}{a} = 8\ \frac{\mathrm{kN}}{\mathrm{m}}$
Stabquerschnitte	$A_1 := 5\ \mathrm{cm}^2$ $\quad A_2 := 3\ \mathrm{cm}^2$
Stablängen	$l_1 := \sqrt{2} \cdot a$ $\quad l_2 := a$
Flächenträgheitsmoment des Balkens	$I := 4 \cdot 10^4\ \mathrm{cm}^4$

Schnittlasten infolge der tatsächlichen Belastung. Der Momentenverlauf wird bereichsweise definiert.

Schnittgrößen infolge der tatsächlichen Belastung

Stabkräfte	$S_1 := \sqrt{2} \cdot F$	$S_1 = 28{,}28\ \mathrm{kN}$
	$S_2 := -F$	$S_2 = -20\ \mathrm{kN}$
Auflagerreaktionen	$A_x := -F$	$A_x = -20\ \mathrm{kN}$
	$A_y := -\frac{F}{6}$	$A_y = -3{,}333\ \mathrm{kN}$
	$B := \frac{7}{6} \cdot F$	$B = 23{,}33\ \mathrm{kN}$
Biegemomente	$M_1(x) := \left(A_y + \frac{S_1}{\sqrt{2}}\right) \cdot x - \frac{1}{12} \cdot q_0 \cdot \frac{x^3}{a}$	$M_1(a) = 37{,}5\ \mathrm{kN\,m}$
	$M_2(x) := M_1(x) + S_2 \cdot (x - a)$	

Für die grafische Darstellung wird hier der Standard-2D-Plotbereich benutzt. Die Fallunterscheidung und den ternären Vergleichsoperator $\blacksquare < \blacksquare \leq \blacksquare$ erhält man in der Palette Custom Functions, die durch das gleichnamige Plug-in bereitgestellt wird. Zusätzliche Fälle erhält man durch mehrfache Eingabe des Argumenttrennzeichens (Semikolon).

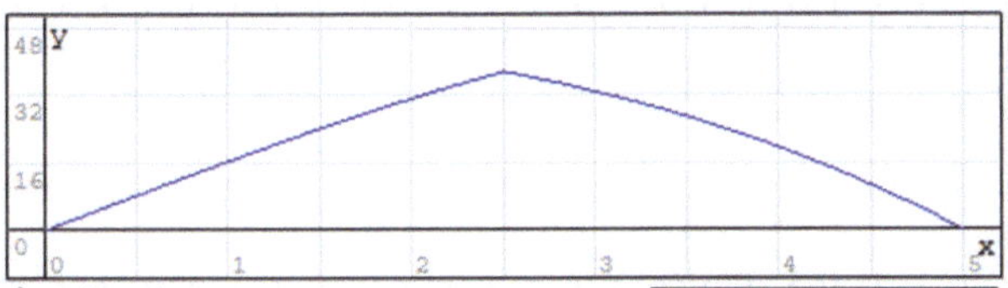

$$\begin{cases} \dfrac{M_1(x\ \mathrm{m})}{\mathrm{kN\,m}} & \text{if } 0 < x\ \mathrm{m} \leq a \\ \dfrac{M_2(x\ \mathrm{m})}{\mathrm{kN\,m}} & \text{if } a < x\ \mathrm{m} \leq 2 \cdot a \\ \text{""} & \text{otherwise} \end{cases}$$

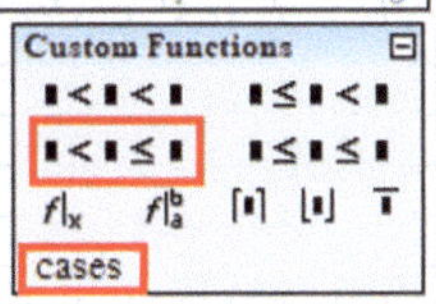

Die leere Zeichenkette im "otherwise"-Zweig der Fallunterscheidung ist nicht darstellbar im Diagramm. Damit wird die Kurve auf den gültigen Bereich beschränkt.

Schnittlasten infolge einer virtuellen Horizontalkraft $F_v = 1$ bei E.

Schnittlasten infolge einer virtuellen horizontalen Kraft bei E

Stabkräfte $S_{1v} := \sqrt{2}$ $\quad S_{1v} = 1,414$

$S_{2v} := -1$ $\quad S_{2v} = -1$

Auflagerreaktionen $A_{xv} := -1$ $\quad A_{xv} = -1$

$A_{yv} := -\frac{1}{2}$ $\quad A_{yv} = -0,5$

$B_v := \frac{1}{2}$ $\quad B_v = 0,5$

Biegemomente $M_{1v}(x) := \left(A_{yv} + \frac{S_{1v}}{\sqrt{2}}\right) \cdot x$ $\quad M_{1v}(a) = 1,25\ \mathrm{m}$

$M_{2v}(x) := M_{1v}(x) + S_{2v} \cdot (x - a)$

Das virtuelle Biegemoment hat die Einheit Meter, weil die virtuelle Kraft den Wert 1 hat.

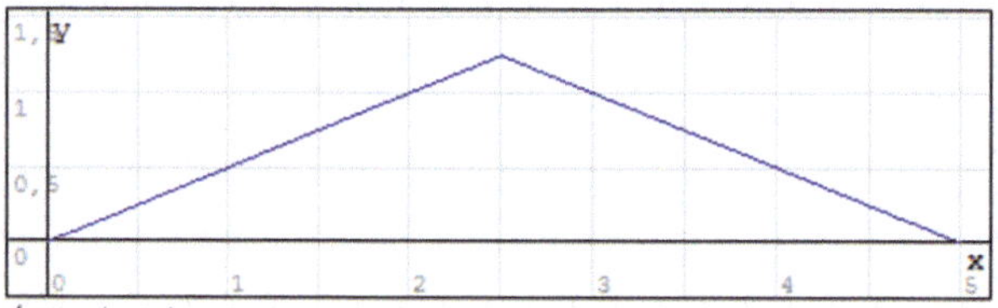

$$\begin{cases} \frac{M_{1v}(x\ \mathrm{m})}{\mathrm{m}} & \text{if } 0 < x\ \mathrm{m} \le a \\ \frac{M_{2v}(x\ \mathrm{m})}{\mathrm{m}} & \text{if } a < x\ \mathrm{m} \le 2 \cdot a \\ "" & \text{otherwise} \end{cases}$$

Bestimmung der Horizontalverschiebung bei E. Für die Integration wird die numerische Integrationsfunktion in SMath benutzt.

$$f_E := \frac{S_1 \cdot S_{1v} \cdot l_1}{E \cdot A_1} + \frac{S_2 \cdot S_{2v} \cdot l_2}{E \cdot A_2} + \int_0^a \frac{M_1(x) \cdot M_{1v}(x)}{E \cdot I}\, dx + \int_a^{2 \cdot a} \frac{M_2(x) \cdot M_{2v}(x)}{E \cdot I}\, dx$$

$$f_E = 3,15\ \mathrm{mm}$$

Alternativ kann man den Momentenverlauf auch mit einer durchgehenden Funktion darstellen. Die Sprungfunktion $x > a$ akiviert den Faktor mit S_2 im zweiten Bereich.

$$M(x) := \left(A_y + \frac{S_1}{\sqrt{2}}\right) \cdot x - \frac{1}{12} \cdot q_0 \cdot \frac{x^3}{a} + S_2 \cdot (x - a) \cdot (x > a)$$

$$M_v(x) := \left(A_{yv} + \frac{S_{1v}}{\sqrt{2}}\right) \cdot x + S_{2v} \cdot (x - a) \cdot (x > a)$$

$$f_E := \frac{S_1 \cdot S_{1v} \cdot l_1}{E \cdot A_1} + \frac{S_2 \cdot S_{2v} \cdot l_2}{E \cdot A_2} + \int_0^{2 \cdot a} \frac{M(x) \cdot M_v(x)}{E \cdot I}\, dx \qquad f_E = 3,15\ \mathrm{mm}$$

Bestimmung der Verdrehung bei B. Es wirkt ein virtuelles Moment $M_{0v} = 1$ bei B. Die virtuellen Schnittlasten sind einfach zu bestimmen. Insbesondere sind die Stabkräfte gleich Null.

Schnittlasten infolge eines virtuellen Moments bei B

Stabkräfte $S_{1v} := 0 \quad S_{2v} := 0$

Auflagerreaktionen $A_{xv} := 0 \quad A_{yv} := \frac{1}{2 \cdot a} \quad B_v := -\frac{1}{2 \cdot a}$

Biegemoment $M_v(x) := A_{yv} \cdot x$

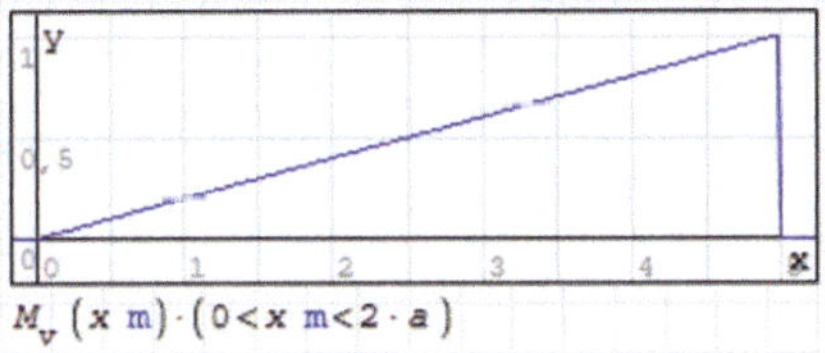

$$\varphi_E := \frac{S_1 \cdot S_{1v} \cdot l_1}{E \cdot A_1} + \frac{S_2 \cdot S_{2v} \cdot l_2}{E \cdot A_2} + \int_0^{2 \cdot a} \frac{M(x) \cdot M_v(x)}{E \cdot I}\,dx$$

$\varphi_E = 0{,}0365\,°$

Beispiel 8.3: Bogenträger mit Querlast

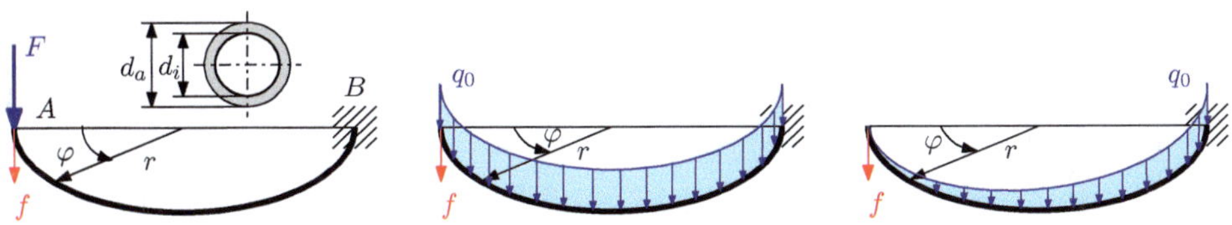

Abbildung 8.4.: Bogenträger mit verschiedenen Belastungen quer zur Ebene.

Abb. 8.4 zeigt den bereits aus Beispiel 5.7 bekannten einseitig eingespannten 180°-Kreisbogenträger mit dem Radius r und dem skizzierten Querschnittsprofil. Für die folgenden Lastfälle (alle quer zur Bogenebene) ist die Verschiebung f bei A zu berechnen.

1. Einzelkraft F bei A,
2. konstante Streckenlast q_0,
3. linear mit φ steigende Streckenlast mit dem Maximalwert q_0.

Gegeben: $r = 1{,}5\,\text{m}$, $d_a = 100\,\text{mm}$, $d_i = 80\,\text{mm}$, $E = 210\,\text{GPa}$, $F = 2\,\text{kN}$, $q_0 = 1{,}5\,\text{kN/m}$.[3]

Lösungsweg: Die Verläufe für Biegemoment und Torsionsmoment infolge der tatsächlichen Lasten werden direkt von Beispiel 5.7 übernommen. Die Momenten-

[3] Entspricht Aufgabe 5.3 in Henning, Jahr und Mrowka (2004)

verläufe für eine virtuelle Kraft $F_v = 1$ am Ort und in Richtung der gesuchten Verschiebung ergeben sich aus den Verläufen für die Einzelkraft bei A mit $F = 1$.

Umsetzung mit SMath

Starten Sie ein neues Rechenblatt (*8.3.sm*).

Die Schnittlasten werden wie in Abschnitt 5.7 berechnet. Da wir aber ein weiteres Mal integrieren müssen, kommt diesmal die Computeralgebra in Maxima zur Anwendung. Daher können wir analytische Lösungen erhalten, in die wir dann die gegebenen Zahlenwerte einsetzen.

$$r_{BQ}(\alpha) := r \cdot \sin(\alpha) \qquad r_{Bq}(\alpha;\varphi) := r \cdot \sin(\alpha - \varphi)$$

$$r_{TQ}(\alpha) := r \cdot (1 - \cos(\alpha)) \qquad r_{Tq}(\alpha;\varphi) := r \cdot (1 - \cos(\alpha - \varphi))$$

Damit übernimmt Maxima einige SMath-Funktionen

```
MaximaTakeover(all)="diff(), int(), lim(), sum(), det() handled by Maxima"
```

Virtuelle Last. Diese besteht aus einer Einzelkraft mit dem Wert 1 am Ort und in Richtung der gesuchten Verschiebung.

Schnittlasten infolge der virtuellen Last $\quad q(\alpha) := 0 \quad F := 1 \quad Q_0 := -F$

$$M_{Bv}(\alpha) := Q_0 \cdot r_{BQ}(\alpha) \qquad \boxed{M_{Bv}(\alpha) = -r \cdot \sin(\alpha)}$$

$$M_{Tv}(\alpha) := -Q_0 \cdot r_{TQ}(\alpha) \qquad \boxed{M_{Tv}(\alpha) = r \cdot (1 - \cos(\alpha))}$$

Lastfall Einzelkraft

Schnittlasten infolge der Einzelkraft am freien Ende $\quad \mathrm{Clear}(F) = 1 \quad q(\alpha) := 0 \quad Q_0 := -F$

$$M_B(\alpha) := Q_0 \cdot r_{BQ}(\alpha) \qquad \boxed{M_B(\alpha) = -F \cdot r \cdot \sin(\alpha)}$$

$$M_T(\alpha) := -Q_0 \cdot r_{TQ}(\alpha) \qquad \boxed{M_T(\alpha) = F \cdot r \cdot (1 - \cos(\alpha))}$$

$$f_F := \frac{r}{E \cdot I} \cdot \int_0^{\pi} M_{Bv}(\alpha) \cdot M_B(\alpha)\, d\alpha + \frac{r}{G \cdot I_T} \cdot \int_0^{\pi} M_{Tv}(\alpha) \cdot M_T(\alpha)\, d\alpha$$

$$\boxed{f_F = \frac{\pi \cdot r^3 \cdot F \cdot (G \cdot I_T + 3 \cdot E \cdot I)}{2 \cdot G \cdot I_T \cdot E \cdot I}}$$

Lastfall konstante Streckenlast. Das Integrationsergebnis hängt vom Vorzeichen von α ab, daher wird Maxima mit einer entsprechenden Annahme versorgt, siehe dazu auch Abschn. 3.3.6.

Schnittlasten infolge einer konstanten Streckenlast $\quad Q_0 := 0 \quad q(\varphi) := q_0$

$$\mathrm{assume}(\alpha > 0) = \{\alpha > 0\}$$

$$M_B(\alpha) := Q_0 \cdot r_{BQ}(\alpha) - r \cdot \int_0^{\alpha} q(\varphi) \cdot r_{Bq}(\alpha;\varphi)\, d\varphi \qquad \boxed{M_B(\alpha) = r^2 \cdot q_0 \cdot (-1 + \cos(\alpha))}$$

$$M_T(\alpha) := -Q_0 \cdot r_{TQ}(\alpha) + r \cdot \int_0^{\alpha} q(\varphi) \cdot r_{Tq}(\alpha;\varphi)\, d\varphi \qquad \boxed{M_T(\alpha) = r^2 \cdot q_0 \cdot (\alpha - \sin(\alpha))}$$

$$f_{const} := \frac{r}{E \cdot I} \cdot \int_0^{\pi} M_{Bv}(\beta) \cdot M_B(\beta)\, d\beta + \frac{r}{G \cdot I_T} \cdot \int_0^{\pi} M_{Tv}(\beta) \cdot M_T(\beta)\, d\beta$$

$$f_{const} = \frac{r^4 \cdot q_0 \cdot \left(4 \cdot G \cdot I_T + E \cdot I \cdot \pi^2\right)}{2 \cdot G \cdot I_T \cdot E \cdot I}$$

Lastfall lineare Streckenlast

Schnittlasten infolge einer linearen Streckenlast $Q_0 := 0$ $q(\varphi) := q_0 \cdot \frac{\varphi}{\pi}$

$$M_B(\alpha) := Q_0 \cdot r_{BQ}(\alpha) - r \int_0^{\alpha} q(\varphi) \cdot r_{Bq}(\alpha, \varphi)\, d\varphi \qquad M_B(\alpha) = \frac{r^2 \cdot q_0 \cdot (-\alpha + \sin(\alpha))}{\pi}$$

$$M_T(\alpha) := -Q_0 \cdot r_{TQ}(\alpha) + r \cdot \int_0^{\alpha} q(\varphi) \cdot r_{Tq}(\alpha; \varphi)\, d\varphi \qquad M_T(\alpha) = \frac{r^2 \cdot q_0 \cdot \left(-2 + \alpha^2 + 2 \cdot \cos(\alpha)\right)}{2 \cdot \pi}$$

$$f_{lin} := \frac{r}{E \cdot I} \cdot \int_0^{\pi} M_{Bv}(\beta) \cdot M_B(\beta)\, d\beta + \frac{r}{G \cdot I_T} \cdot \int_0^{\pi} M_{Tv}(\beta) \cdot M_T(\beta)\, d\beta$$

$$f_{lin} = \frac{r^4 \cdot q_0 \cdot \left(3 \cdot G \cdot I_T + E \cdot I \cdot \left(-3 + \pi^2\right)\right)}{6 \cdot G \cdot I_T \cdot E \cdot I}$$

Nun werden die gegebenen Größen definiert. Diese werden dann bei der Anzeige der Ergebnisse automatisch eingesetzt.

$E := 210\ \text{GPa}$ $G := 80\ \text{GPa}$ $q_0 := 1{,}5\ \frac{\text{kN}}{\text{m}}$ $F := 2\ \text{kN}$ $d_a := 100\ \text{mm}$ $d_i := 80\ \text{mm}$ $r := 1{,}5\ \text{m}$

$$I := \frac{\pi}{64} \cdot \left(d_a^4 - d_i^4\right) = 290\ \text{cm}^4 \qquad I_T := 2 \cdot I = 580\ \text{cm}^4$$

Einzelkraft	konstante Streckenlast	lineare Streckenlast
$f_F = 86{,}0\ \text{mm}$	$f_{const} = 106\ \text{mm}$	$f_{lin} = 25{,}0\ \text{mm}$

8.2. Statisch unbestimmte Systeme

Das Prinzip der virtuellen Kräfte kann auch für statisch unbestimmte Systeme eingesetzt werden, bei denen die Gleichgewichtsbedingungen nicht reichen, um die Auflagerreaktionen und Schnittlasten zu ermitteln.

Dabei wird wie folgt vorgegangen:

1. Eine oder mehrere Lagerungen werden entfernt, bis das verbleibende System statisch bestimmt ist. Damit erhält man das sogenannte Null-System (0).
2. Die damit wegfallenden Auflager- oder Verbindungsreaktionen werden durch unbekannte äußere Kräfte oder Momente („statisch Überzählige" X_i) ersetzt.

3. Anschließend berechnet man die Verschiebung oder Verdrehung an den entfernten Lagerungen oder Verbindungen infolge der gegebenen Lasten und infolge der X_i.
4. Die Forderung nach Einhaltung der zunächst entfernten Zwangsbedingungen liefert dann die Gleichungen für die Bestimmung der X_i.

In Schritt 3 benötigt man neben den Schnittlasten am Nullsystem auch die Schnittlasten infolge einer virtuellen Last mit Betrag 1 am Ort und in Richtung der X_i. Das mit der virtuellen 1-Last belastete System heißt auch Eins-System (1).

Abb. 8.5 zeigt einen Träger, der links eingespannt und rechts gelenkig gestützt ist (Loslager).

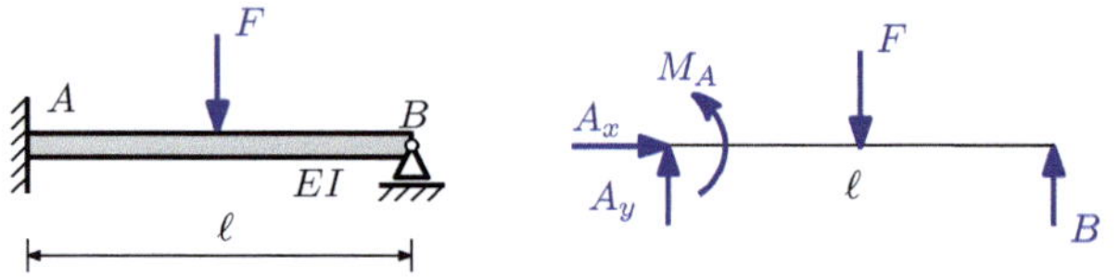

Abbildung 8.5.: Statisch unbestimmtes Tragwerk und Freischnitt.

Das Loslager bei B wird entfernt und die dortige Reaktion durch eine unbekannte Kraft X ersetzt. Da die Verschiebung bei B zu berechnen ist, wird dort eine virtuelle Kraft $F_v = 1$ eingeführt (Abb. 8.6).

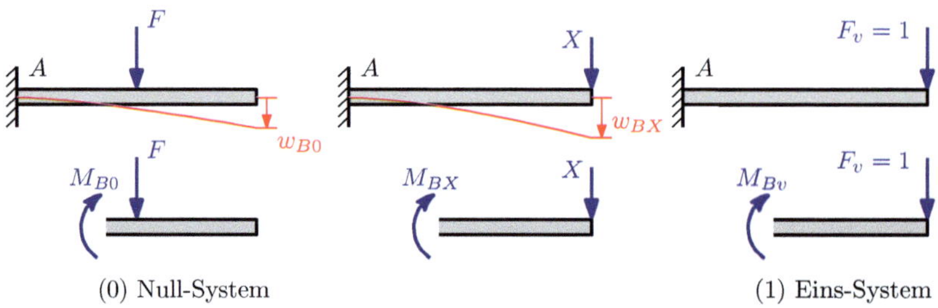

Abbildung 8.6.: Null-System (statisch bestimmt, tatsächliche Last) und Eins-System (virtuelle 1-Last am Ort und in Richtung der gesuchten Lagerreaktion)

Zunächst sind die Momentenverläufe M_{B0} am Null-System und M_{Bv} am Eins-System zu bestimmen. Die Verschiebung am entfernten Lager am Null-System ist dann

$$w_{B0} = \frac{1}{EI} \int_0^\ell M_{B0} M_{Bv} \mathrm{d}x. \tag{8.4}$$

Die Verschiebung infolge der statisch Überzähligen X ist das X-fache der Verschiebung am 1-System

$$w_{BX} = \frac{1}{EI} \int_0^\ell M_{BX} M_{Bv} \mathrm{d}x = X \frac{1}{EI} \int_0^\ell M_{Bv}^2 \mathrm{d}x. \tag{8.5}$$

Die Verschiebungsbedingung am Lager B des Originalsystems lautet $w_B = w_{B0} + w_{BX} = 0$. Einsetzen von (8.4) und (8.5) und Umstellen nach X liefert

$$X = -\frac{\int_0^\ell M_{B0} M_{Bv} \mathrm{d}x}{\int_0^\ell M_{Bv}^2 \mathrm{d}x}.$$

Damit ist die Auflagerreaktion $B = -X$ bekannt.

Beispiel 8.4: Gemischtes Tragwerk

Für das innerlich statisch unbestimmte gemischte Tragwerk gemäß Abb. 8.7 sind die Auflagerkräfte, die Stabkräfte und der Momentenverlauf im Balken zu bestimmen. Gegeben: $F = 20\,\mathrm{kN}$, $a = 2{,}5\,\mathrm{m}$, $E = 210\,\mathrm{GPa}$, $A_1 = 5\,\mathrm{cm}^2$, $A_2 = 3\,\mathrm{cm}^2$, $A_3 = 5\,\mathrm{cm}^2$, $I = 4 \cdot 10^4\,\mathrm{cm}^4$.[4]

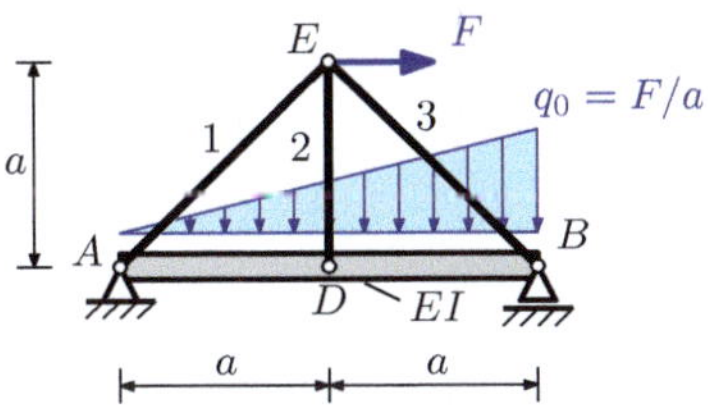

Abbildung 8.7.: Statisch unbestimmtes gemischtes Tragwerk.

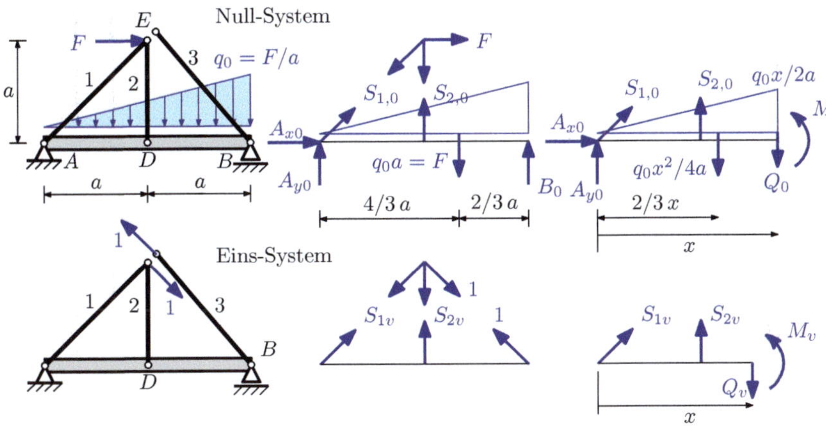

Abbildung 8.8.: Statisch unbestimmtes gemischtes Tragwerk: Null- und Eins-Systeme mit Freischnitten zur Bestimmung der Stabkräfte, Auflagerreaktionen und des Biegemoments. Stab 3 ist leicht gedreht gezeichnet, um die Trennstelle bei E zu verdeutlichen.

Das statisch bestimmte Null-System wird erzeugt, indem eine beliebige Stabverbindung gelöst wird. Im vorliegenden Fall trennen wir Stab 3 vom Gelenk in E

[4] Entspricht Aufgabe 5.4 in Henning, Jahr und Mrowka (2004)

ab (Abb. 8.8). Dann entspricht das Null-System dem System in Beispiel 8.2, denn Stab 3 ist im Nullsystem unbelastet. Die Auflagerreaktionen, Stabkräfte und der Biegemomentenverlauf können von dort übernommen werden. Sie werden mit dem Index 0 bezeichnet.

Starten Sie ein neues Rechenblatt (*8.4.sm*).

Die Stabgrößen werden als Vektorelemente gespeichert, dann kann man vorteilhaft die Summenschreibweise verwenden.

Abmessung $a := 2{,}5\ \mathrm{m}$ $L := 2 \cdot a$ $l_1 := \sqrt{2} \cdot a$ $l_2 := a$ $l_3 := \sqrt{2} \cdot a$

Querschnitts-werte $I := 4 \cdot 10^4\ \mathrm{cm}^4$ $A_1 := 5\ \mathrm{cm}^2$ $A_2 := 3\ \mathrm{cm}^2$ $A_3 := 5\ \mathrm{cm}^2$

E-Modul $E := 210\ \mathrm{GPa}$

Belastung $F := 20\ \mathrm{kN}$ $q_0 := \frac{F}{a} = 8\ \frac{\mathrm{kN}}{\mathrm{m}}$

Tatsächliche Belastung am (0)-System

$S_{0_1} := \sqrt{2} \cdot F$ $S_{0_2} := -F$ $S_{0_3} := 0$

$A_{x0} := -F$ $A_{y0} := -\frac{F}{6}$ $B_0 := \frac{7}{6} \cdot F$

$$M_0(x) := \left(A_{y0} + \frac{S_{0_1}}{\sqrt{2}}\right) \cdot x - \frac{1}{12} \cdot q_0 \cdot \frac{x^3}{a} + S_{0_2} \cdot (x-a) \cdot (x > a)$$

$S_0 = \begin{bmatrix} 28{,}3 \\ -20 \\ 0 \end{bmatrix} \mathrm{kN}$

$A_{x0} = -20\ \mathrm{kN}$

$A_{y0} = -3{,}33\ \mathrm{kN}$

$B_0 = 23{,}3\ \mathrm{kN}$

$M_0(a) = 37{,}5\ \mathrm{kN\,m}$

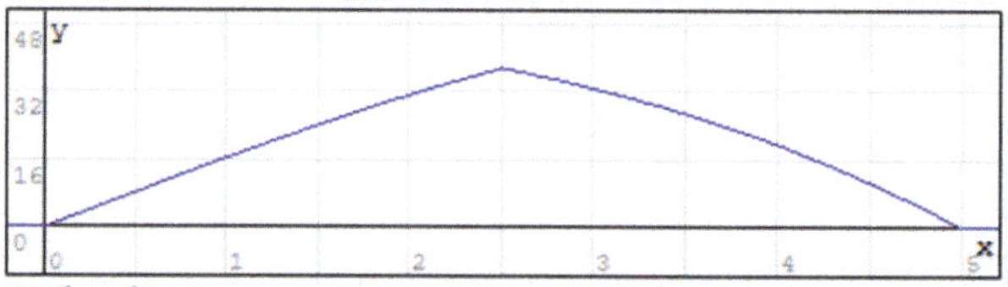

$\frac{M_0(x\ \mathrm{m})}{\mathrm{kN\,m}} \cdot (0 < x\ \mathrm{m} < 2 \cdot a)$

Das Eins-System wird durch eine virtuelle Kraft in Richtung der Stabkraft $X = S_3$ des entfernten Stabs belastet (Abb. 8.8 unten). Dies erfolgt an beiden Seiten der Trennstelle bei E, daher ergeben sich äußerlich kein resultierendes Moment und keine resultierende Kraft. Damit sind die Auflagerreaktionen am Eins-System gleich Null.

Virtuelle Belastung

$S_{v_1} := 1$ $S_{v_2} := -\sqrt{2}$ $S_{v_3} := 1$

$A_{xv} := 0$ $A_{yv} := 0$ $B_v := 0$

$S_v = \begin{bmatrix} 1 \\ -1{,}414 \\ 1 \end{bmatrix}$

$$M_v(x) := \frac{S_{v_1}}{\sqrt{2}} \cdot x + S_{v_2} \cdot (x-a) \cdot (x > a)$$

$M_v(a) = 1{,}768\ \mathrm{m}$

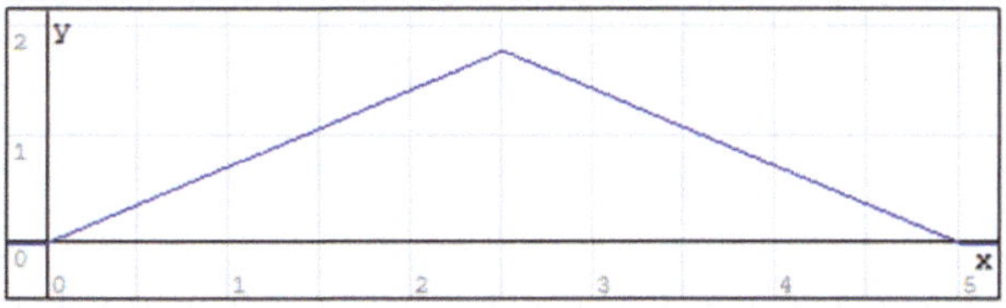

$$\frac{M_v(x\ \mathrm{m})}{\mathrm{m}} \cdot (0 < x\ \mathrm{m} < 2 \cdot a)$$

Die unbekannte Stabkraft wird nun aus dem Verhältnis der virtuellen Formänderungsenergie infolge der Belastung am Null-System und am Eins-System gebildet. Achten Sie beim Schreiben der Formel darauf, dass das Integral nicht mit unter der Summe steht.

$$X := -\frac{\displaystyle\sum_{j=1}^{3} \frac{S_{0_j} \cdot S_{v_j} \cdot 1_j}{E \cdot A_j} + \int_0^{2 \cdot a} \frac{M_0(x) \cdot M_v(x)}{E \cdot I}\, d x}{\displaystyle\sum_{j=1}^{3} \frac{\left(S_{v_j}\right)^2 \cdot 1_j}{E \cdot A_j} + \int_0^{2 \cdot a} \frac{\left(M_v(x)\right)^2}{E \cdot I}\, d x} \qquad X = -16{,}8\ \mathrm{kN}$$

Die tatsächlichen Schnittlasten ergeben sich durch Überlagerung der Schnittlasten aus den beiden Teilsystemen. Bei der Berechnung des Maximalmoments wird der Verlauf einfach an vielen Stellen (hier 201) berechnet und von diesen Werten das Maximum genommen.

$$S := S_0 + X \cdot S_v \qquad S = \begin{bmatrix} 11{,}5 \\ 3{,}71 \\ -16{,}8 \end{bmatrix} \mathrm{kN}$$

$$M(x) := M_0(x) + X \cdot M_v(x)$$

Maximales Biegemoment

$$M_{max} := \max\left(\overrightarrow{M([0;0{,}01 \cdot a..(2 \cdot a)])}\right) \qquad M_{max} = 9{,}26\ \mathrm{kN\ m}$$

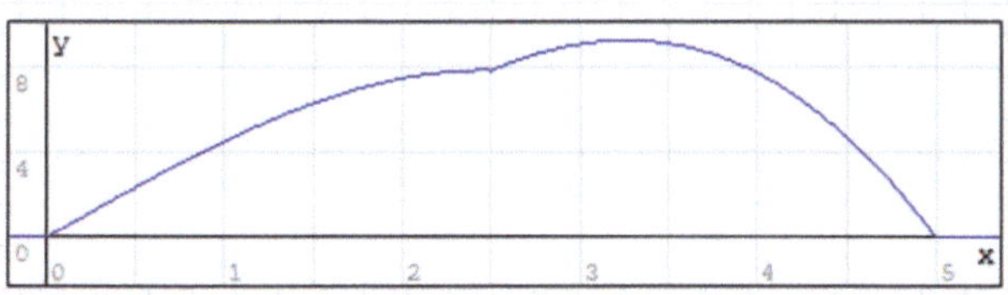

$$\frac{M(x\ \mathrm{m})}{\mathrm{kN\ m}} \cdot (0 < x\ \mathrm{m} < 2 \cdot a)$$

Literatur

Gross, D. u. a. (2024). *Technische Mechanik 2: Elastostatik.* Springer Berlin Heidelberg. ISBN: 9783662684238. DOI: 10.1007/978-3-662-68423-8.

Henning, G., A. Jahr und U. Mrowka (2004). *Technische Mechanik mit Mathcad, Matlab und Maple.* Wiebaden: Vieweg.

9. Kinematik

Die Kinematik beschreibt die Bewegung mechanischer Systeme, insbesondere den Zusammenhang zwischen Position, Geschwindigkeit und Beschleunigung. Die dafür erforderlichen Antriebskräfte oder die daraus entstehenden Zwangskräfte spielen dabei in der Kinematik keine Rolle.

Die Position eines Massenpunkts P wird durch den im Allgemeinen zeitabhängigen Ortsvektor $\mathbf{r}(t)$ beschrieben. Das ist eine gerichtete Strecke zwischen einem festen Bezugspunkt (Koordinatenursprung) O und dem Punkt P. Die Gesamtheit der möglichen Positionen heißt Bahn des Punktes, die konkrete zeitliche Abfolge ist die Bewegung.

Die Bewegung starrer Körper wird durch die Bewegung eines körperfesten Bezugspunkts und eine Drehung um diesen Bezugspunkt beschrieben. In der Ebene haben starre Körper drei Freiheitsgrade, im Raum sechs.

9.1. Kinematik des Massenpunktes in der Ebene

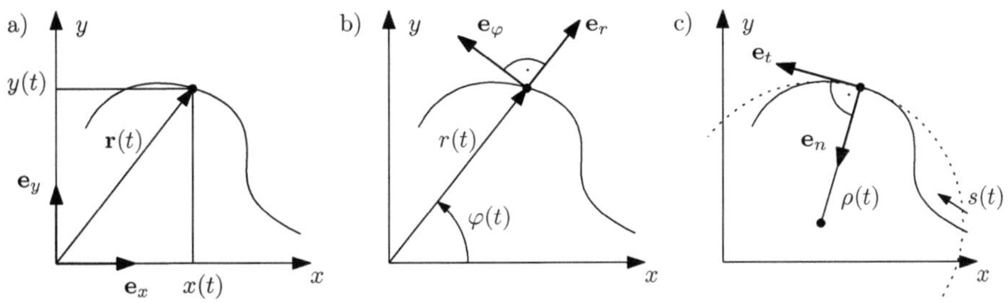

Abbildung 9.1.: Koordinatensysteme in der Ebene: a) Kartesische Koordinaten, b) Polarkoordinaten, c) Natürliche Koordinaten.

Der Ortsvektor kann auf verschiedene Weisen dargestellt werden, Abb. 9.1 zeigt einige Möglichkeiten. Je nach Aufgabenstellung haben sie spezifische Vor- und Nachteile. Wir beschränken uns im Weiteren auf die ebene Bewegung. Zur Vertiefung sei Abschn. 1.1 in Gross u. a. (2024) empfohlen.

M. Kraska, *Technische Mechanik mit SMath Studio*,
https://doi.org/10.1007/978-3-658-50592-9_9

Darstellung in kartesischen Koordinaten. Der Ortsvektor $\mathbf{r}(t)$ wird bezüglich einer raumfesten Basis, den Einheitsvektoren $\mathbf{e}_x$ und $\mathbf{e}_y$, mit den Koordinaten $x(t)$ und $y(t)$ dargestellt:

$$\mathbf{r}(t) = x(t)\mathbf{e}_x + y(t)\mathbf{e}_y.$$

Geschwindigkeit und Beschleunigung sind definiert als erste und zweite Ableitung des Ortsvektors nach der Zeit. Abzuleiten sind dabei nur die Koordinaten, da die Basis konstant ist:

$$\mathbf{v}(t) = v_x(t)\mathbf{e}_x + v_y(t)\mathbf{e}_y \ \text{ mit } \ v_x(t) = \frac{\mathrm{d}}{\mathrm{d}t}x(t), \ \ v_y(t) = \frac{\mathrm{d}}{\mathrm{d}t}y(t).$$

Analog erhält man die Komponenten der Beschleunigung:

$$\mathbf{a}(t) = a_x(t)\mathbf{e}_x + a_y(t)\mathbf{e}_y \ \text{ mit } \ a_x(t) = \frac{\mathrm{d}}{\mathrm{d}t}v_x(t), \ \ a_y(t) = \frac{\mathrm{d}}{\mathrm{d}t}v_y(t).$$

Darstellung in Polarkoordinaten. Die Position des Punktes wird durch Richtungswinkel $\varphi(t)$ und Abstand vom Ursprung $r(t)$ vermessen. Der Ortsvektor $\mathbf{r}(t)$ wird mit Hilfe des Einheitsvektors $\mathbf{e}_r$ in r-Richtung dargestellt als:

$$\mathbf{r}(t) = r(t)\mathbf{e}_r(t) \quad \text{mit} \quad \mathbf{e}_r(t) = \cos\varphi(t)\mathbf{e}_x + \sin\varphi(t)\mathbf{e}_y.$$

Der zweite Basisvektor ergibt sich durch Ableiten nach φ:

$$\mathbf{e}_\varphi = \frac{\partial}{\partial\varphi}\mathbf{e}_r = -\sin\varphi(t)\mathbf{e}_x + \cos\varphi(t)\mathbf{e}_y$$

Da die Basisvektoren konstante Länge haben, müssen ihre Zeitableitungen notwendigerweise senkrecht zu ihnen stehen und sich damit durch den jeweils anderen Basisvektor ausdrücken lassen:

$$\frac{\mathrm{d}}{\mathrm{d}t}\mathbf{e}_r = \frac{\mathrm{d}\varphi}{\mathrm{d}t}\mathbf{e}_\varphi \quad \frac{\mathrm{d}}{\mathrm{d}t}\mathbf{e}_\varphi = -\frac{\mathrm{d}\varphi}{\mathrm{d}t}\mathbf{e}_r.$$

Damit lassen sich die Geschwindigkeit und die Beschleunigung berechnen:

$$\mathbf{v}(t) = v_r\mathbf{e}_r + v_\varphi\mathbf{e}_\varphi \quad \text{mit} \quad v_r = \frac{\mathrm{d}r}{\mathrm{d}t}, \quad v_\varphi = r\frac{\mathrm{d}\varphi}{\mathrm{d}t} \tag{9.1}$$

$$\mathbf{a}(t) = a_r\mathbf{e}_r + a_\varphi\mathbf{e}_\varphi \quad \text{mit} \quad a_r = \frac{\mathrm{d}^2 r}{\mathrm{d}t^2} - r\frac{\mathrm{d}\varphi}{\mathrm{d}t}^2, \quad a = r\frac{\mathrm{d}^2\varphi}{\mathrm{d}t^2} + 2\frac{\mathrm{d}r}{\mathrm{d}t}\frac{\mathrm{d}\varphi}{\mathrm{d}t} \tag{9.2}$$

Darstellung in natürlichen Koordinaten. Basisvektoren sind der Normalenvektor $\mathbf{e}_n$, welcher in Richtung des momentanen Krümmungsmittelpunkts der Bahn zeigt, und der Tangentenvektor $\mathbf{e}_t$, welcher in Richtung der Tangente an die Bahn weist. Die Bewegung wird durch die Bogenlänge $s(t)$ entlang der Bahn beschrieben. Die

Geschwindigkeit ist stets tangential zur Bahn und ihre Größe[1] ist die Zeitableitung der Bogenlänge:

$$\mathbf{v}(t) = v\mathbf{e}_t \quad \text{mit} \quad v = \frac{\mathrm{d}s}{\mathrm{d}t}.$$

Die Winkelgeschwindigkeit, mit der sich die Basisvektoren drehen, ist gleich der Krümmung κ (Kehrwert des Krümmungsradius ρ) mal der Bahngeschwindigkeit v:

$$\frac{\mathrm{d}\varphi}{\mathrm{d}t} = \frac{\mathrm{d}\varphi}{\mathrm{d}s}\frac{\mathrm{d}s}{\mathrm{d}t} = \kappa v = \frac{v}{\rho}.$$

Somit gilt für die Beschleunigung:

$$\mathbf{a}(t) = a_t\mathbf{e}_t + a_n\mathbf{e}_n \quad \text{mit} \quad a_t = \frac{\mathrm{d}v}{\mathrm{d}t} \quad \text{und} \quad a_n = \frac{v^2}{\rho}.$$

Vorgegebene Beschleunigung. Bei gegebener Beschleunigung können Geschwindigkeit und Weg (oder Ort oder Position) durch Integration gewonnen werden. Im Fall konstanter Beschleunigung a ergeben sich die aus der Schulphysik bekannten Gleichungen:

$$v(t) = v_0 + a\,(t - t_0), \tag{9.3}$$

$$x(t) = x_0 + v_0\,(t - t_0) + \frac{1}{2}a\,(t - t_0)^2. \tag{9.4}$$

Beispiel 9.1: Geradlinige Bewegung

Betrachtet wird die Bewegung eines Fahrzeugs, welches zum Zeitpunkt $t = 0$ am Punkt $x = 0$ aus dem Stand heraus startet. Sie unterteilt sich in drei Abschnitte:

1. Konstante Beschleunigung $a_1 = 5\,\mathrm{m/s^2}$ für die Zeitdauer $\Delta t_1 = 3\,\mathrm{s}$.
2. Abbremsen mit der Beschleunigung $a_2 = -3\,\mathrm{m/s^2}$ für eine zu ermittelnde Zeitdauer Δt_2 auf ein Drittel der zuvor erreichten Geschwindigkeit.
3. Beibehaltung der Geschwindigkeit für $\Delta t_3 = 20\,\mathrm{s}$.

Gesucht sind die Zeit Δt_2, der Gesamtweg sowie die Verläufe von Geschwindigkeit $v(t)$ und Weg $x(t)$ einschließlich deren grafischer Darstellung. [2]

Lösungsweg

Bei dieser Aufgabe sind nur Geschwindigkeit und Beschleunigung in Richtung der Bahn relevant. Unabhängig davon, ob tatsächlich eine gerade Strecke gefahren wurde, können die Formeln (9.3, 9.4) für die gleichmäßig beschleunigte Bewegung ($a = \text{const.}$) abschnittsweise angewendet werden.

[1] Da auch eine Rückwärtsbewegung auf der Bahn möglich ist, sprechen wir hier lieber nicht vom Betrag.

[2] Entspricht Aufgabe 6.1 in Henning, Jahr und Mrowka (2004)

Umsetzung mit SMath

Starten Sie ein neues Rechenblatt (*9.1.sm*).

Zunächst werden die allgemeinen Funktionen definiert. Sie werden dann abschnittweise ausgewertet und am Ende für die grafische Darstellung verwendet. Geschwindigkeiten und Positionen werden abschnittsweise ermittelt. Der erste Index kennzeichnet den Abschnitt, der zweite ist 0 für den Anfangswert und E für den Endwert.

Allgemeine Formeln für konstante Beschleunigung

$$v(t; t_0; v_0; a) := a \cdot (t - t_0) + v_0$$

$$x(t; t_0; x_0; v_0; a) := x_0 + v_0 \cdot (t - t_0) + \frac{1}{2} \cdot a \cdot (t - t_0)^2$$

In Abschnitt 1 sind die Anfangsbedingungen sowie die Beschleunigung und Zeitdauer bekannt.

Abschnitt 1: v(t) und x(t) werden direkt mit den gegebenen Daten definiert.

Zeit, Ort und Geschwindigkeit am Anfang $t_{10} := 0\ s$ $x_{10} := 0\ m$ $v_{10} := 0\ \frac{m}{s}$

Beschleunigung und Zeitdauer $a_1 := 5\ \frac{m}{s^2}$ $\Delta t_1 := 7\ s$

Ort und Geschwindigkeit als Funktionen der Zeit $x_1(t) := x(t; t_{10}; x_{10}; v_{10}; a_1)$

$v_1(t) := v(t; t_{10}; v_{10}; a_1)$

Werte am Ende des Abschnitts $t_{1E} := \Delta t_1 = 7\ s$ $v_{1E} := v_1(t_{1E})$ $x_{1E} := x_1(t_{1E})$

$v_{1E} = 126\ kmh$ $x_{1E} = 122\ m$

In Abschnitt 2 ist anstelle der Zeitdauer die Endgeschwindigkeit gegeben.

Abschnitt 2: Zeitdauer unbekannt, Endgeschwindigkeit vorgegeben

Zeit, Ort und Geschwindigkeit am Anfang $t_{20} := t_{1E}$ $x_{20} := x_{1E}$ $v_{20} := v_{1E}$

Beschleunigung und Endgeschwindigkeit $a_2 := (-3)\ \frac{m}{s^2}$ $v_{2E} := \frac{1}{3} \cdot v_{1E}$

Ort und Geschwindigkeit als Funktionen der Zeit $x_2(t) := x(t; t_{20}; x_{20}; v_{20}; a_2)$

$v_2(t) := v(t; t_{20}; v_{20}; a_2)$

Bestimmung der Zeitdauer aus der Endgeschwindigkeit

$\mathrm{FindRoot}(v_2(t) = v_{2E}; t_{2E} = 1\ s) = 14{,}8\ s$ $\Delta t_2 := t_{2E} - t_{20} = 7{,}78\ s$

Alternativ: direkte Bestimmung aus Geschwindigkeitsdifferenz und Beschleunigung $\Delta t_2 := \frac{v_{2E} - v_{20}}{a_2} = 7{,}78\ s$

Werte am Ende des Abschnitts $t_{2E} = 14{,}8\ s$ $x_{2E} := x_2(t_{2E})$ $x_{2E} = 304\ m$ $v_{2E} = 42\ kmh$

In Abschnitt 3 kann man wieder die allgemeinen Formeln direkt anwenden.

Abschnitt 3: gleichformige Bewegung

$t_{30} := t_{2E}$ $\quad x_{30} := x_{2E}$ $\quad v_{30} := v_{2E}$ $\quad a_3 := 0\,\frac{m}{s^2}$ $\quad \Delta t_3 := 20\,s$

$v_3(t) := v(t;\, t_{30};\, v_{30};\, a_3) \qquad x_3(t) := x(t;\, t_{30};\, x_{30};\, v_{30};\, a_3)$

$t_{3E} := t_{30} + \Delta t_3 \qquad v_{3E} := v_3(t_{3E}) \qquad x_{3E} := x_3(t_{3E})$

$t_{3E} = 34{,}8\,s \qquad v_{3E} = 42\,kmh \qquad x_{3E} = 537\,m$

Die abschnittsweise definierten Funktionen werden nun mit der cases()-Anweisung aus der Custom Functions-Palette zusammengefasst. Platzhalter für zusätzliche Fälle werden durch doppeltes Eintippen des Argumenttrennzeichens ; erzeugt.

$$v(t) := \begin{cases} v_1(t) & \text{if } t < t_{1E} \\ v_2(t) & \text{if } t_{20} < t \le t_{2E} \\ v_3(t) & \text{if } t_{30} < t \le t_{3E} \\ \text{""} & \text{otherwise} \end{cases} \qquad x(t) := \begin{cases} x_1(t) & \text{if } t < t_{1E} \\ x_2(t) & \text{if } t_{20} < t \le t_{2E} \\ x_3(t) & \text{if } t_{30} < t \le t_{3E} \\ \text{""} & \text{otherwise} \end{cases}$$

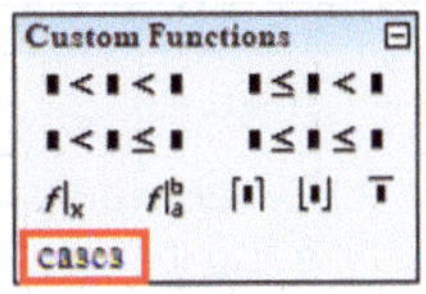

Im X-Y-Plot-Bereich kann man einzelnen Grafikobjekten eine zweite y-Achse zuweisen. Achsenbeschriftung, Legende und Bereichsgrenzen werden im Format-Dialog (per Doppelklick erreichbar) definiert. Der Platzhalter mit der Objektliste P wurde per Kontextmenü versteckt (Eingabedaten anzeigen abwählen).

$$P := \begin{cases} \dfrac{v(t\,s)}{kmh} \\ \dfrac{x(t\,s)}{m} \end{cases}$$

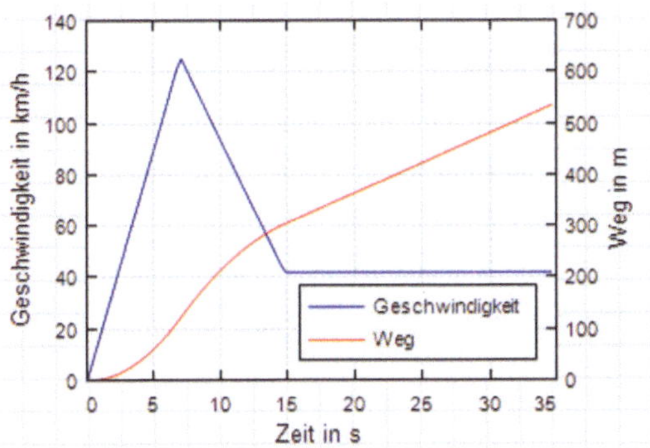

Übungsanregung

Wenden Sie die eben beschriebene Vorgehensweise auf Beispiel 1.1 in Gross u. a. (2024) an.

Beispiel 9.2: Ebene Bewegung

Ein als Massenpunkt idealisierter Greifer eines Handhabungsautomats (Abb. 9.2) bewegt sich mit konstanter Geschwindigkeit $\dot{r} = v_0$ auf dem Arm nach außen. Der radial angeordnete Arm schwenkt mit konstanter Winkelgeschwindigkeit $\dot{\varphi} = \omega_0$ um den Ursprung. Gegeben: $v_0 = 1\,\text{m/s}$, $\omega_0 = 1\,\text{rad/s}$.

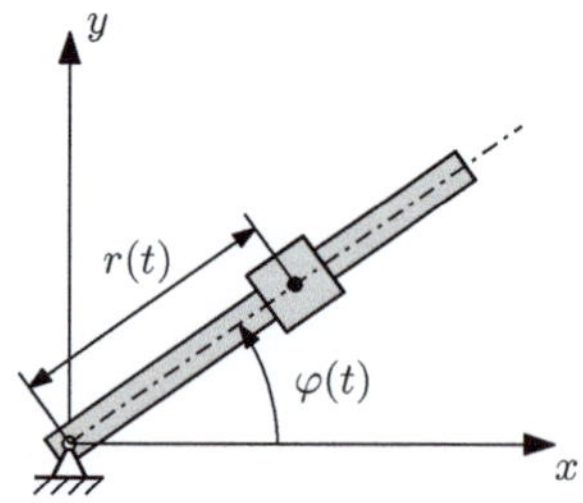

Abbildung 9.2.: Handhabungsautomat mit Greifer.

Ermitteln Sie:

1. $r(t)$ und $\varphi(t)$, wenn sich zum Zeitpunkt $t = 0\,\mathrm{s}$ der Greifer im Koordinatenursprung befindet und der Arm des Handhabungsautomaten horizontal liegt,
2. Geschwindigkeit und Beschleunigung (einschließlich der Beträge) des Greifers beim Durchgang des Greifers durch die y-Achse
   a) in kartesischen Koordinaten,
   b) in Polarkoordinaten,
   c) in natürlichen Koordinaten.[3]

Umsetzung in SMath

In diesem Beispiel kommt die symbolische Ableitungsberechnung zum Einsatz, die SMath von Haus aus beherrscht. Man findet den Ableitungsoperator in der Funktionen-Palette, kann aber auch den Funktionsnamen `diff()` über die Tastatur eingeben.

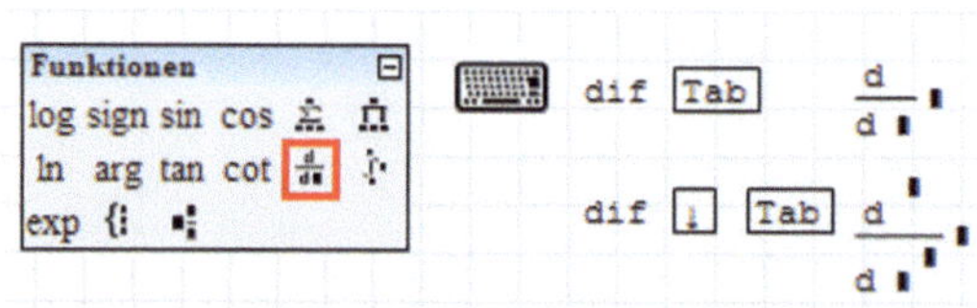

Starten Sie ein neues Rechenblatt (*9.2.sm*).

Der hier dargestellte Weg kommt gänzlich ohne Programmerweiterungen (Plug-ins) aus und ist damit auch in der Online-Version von SMath Studio nachvollziehbar. Zunächst werden die gegebenen Größen sowie die Zeitfunktionen für Radius und Winkel definiert. Dann wird die Zeit t_1 bestimmt, bei der der Durchgang des Greifers durch die y-Achse erfolgt ($\varphi(t_1) = 90°$).

[3] Entspricht Aufgabe 6.2 in Henning, Jahr und Mrowka (2004)

Anfangsposition | Anfangsgeschwindigkeit | Winkellage am Ende

$r_0 := 0\ \mathrm{m}$ $\quad \varphi_0 := 0\ °$ $\quad v_0 := 1\ \frac{\mathrm{m}}{\mathrm{s}}$ $\quad \omega_0 := 1\ \frac{\mathrm{rad}}{\mathrm{s}}$ $\quad \varphi_1 := 90\ °$

Position als Zeitfunktion | Endzeit

$r(t) := v_0 \cdot t$ $\quad \varphi(t) := \omega_0 \cdot t$ $\quad t_1 := \frac{\varphi_1}{\omega_0} = 1{,}57\ \mathrm{s}$

Kartesische Koordinaten: Für die Bestimmung der Geschwindigkeit und Beschleunigung werden die kartesischen Ortskoordinaten aufgestellt und differenziert.

Position $\quad x(t) := r(t) \cdot \cos(\varphi(t)) \quad y(t) := r(t) \cdot \sin(\varphi(t))$

Geschwindigkeit

$v_x(t) := \frac{d}{dt} x(t) \quad v_y(t) := \frac{d}{dt} y(t) \quad v(t) := \sqrt{v_x(t)^2 + v_y(t)^2}$

$v_x(t_1) = -1{,}57\ \frac{\mathrm{m}}{\mathrm{s}} \quad v_y(t_1) = 1\ \frac{\mathrm{m}}{\mathrm{s}} \quad v(t_1) = 1{,}86\ \frac{\mathrm{m}}{\mathrm{s}}$

Beschleunigung

$a_x(t) := \frac{d}{dt} v_x(t) \quad a_y(t) := \frac{d}{dt} v_y(t) \quad a(t) := \sqrt{a_x(t)^2 + a_y(t)^2}$

$a_x(t_1) = -2\ \frac{\mathrm{m}}{\mathrm{s}^2} \quad a_y(t_1) = -1{,}57\ \frac{\mathrm{m}}{\mathrm{s}^2} \quad a(t_1) = 2{,}54\ \frac{\mathrm{m}}{\mathrm{s}^2}$

Die Bahn des Greifers ist parametrisch gegeben und kann nicht als explizite Funktion $y(x)$ dargestellt werden. Daher wird zunächst der Parametervektor T (Zeiten von $0 \ldots t_1$) erzeugt. Die Funktionen $x(t)$ und $y(t)$ werden elementweise auf die Parameterwerte angewendet und die entstehenden Vektoren zu einer zweispaltigen Matrix zusammengefasst, welche als Polygonzug dargestellt werden kann. Das Achsenkreuz wird hier als Variable definiert, weil es in diesem Beispiel noch öfter gebraucht wird.

$T := [0; 1..20] \cdot \frac{t_1}{20} \quad Achsen := [0\ 0\ \text{"+"}\ 1000] \quad P := \begin{cases} \text{augment}\left(\overrightarrow{x(T)}; \overrightarrow{y(T)}\right) \\ Achsen \end{cases}$

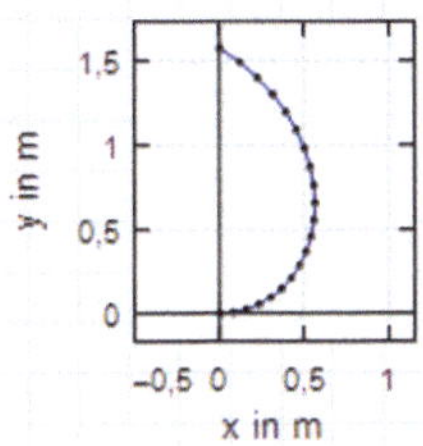

P

Die Komponenten und Beträge von Geschwindigkeit und Beschleunigung können hingegen direkt als Funktion geplottet werden. Die unabhängige Variable ist dimensionslos. Daher muss sie noch mit einer Zeiteinheit multipliziert werden, wenn die Funktionen ein Zeitargument erwarten.

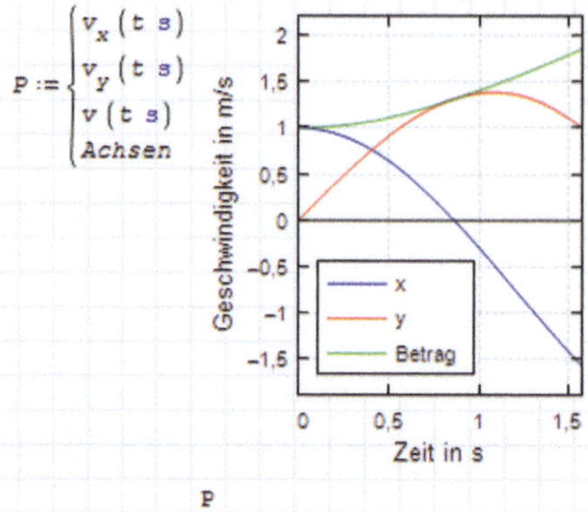

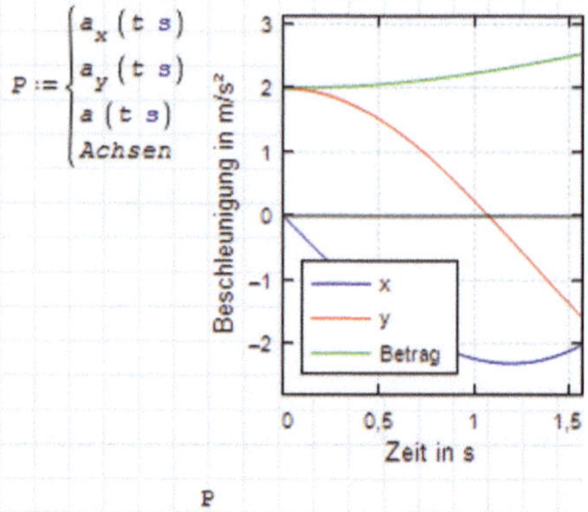

Polarkoordinaten: Die Komponenten der Geschwindigkeit und der Beschleunigung werden gemäß (9.1) und (9.2) direkt definiert.

$$v_r(t) := \frac{d}{dt} r(t) \qquad v_\varphi(t) := r(t) \cdot \frac{d}{dt} \varphi(t) \qquad v(t) := \sqrt{v_r(t)^2 + v_\varphi(t)^2}$$

$$v_r(t_1) = 1\ \frac{m}{s} \qquad v_\varphi(t_1) = 1{,}57\ \frac{m}{s} \qquad v(t_1) = 1{,}86\ \frac{m}{s}$$

$$a_r(t) := \frac{d^2}{dt^2} r(t) - r(t) \cdot \left(\frac{d}{dt} \varphi(t)\right)^2 \qquad a_r(t_1) = -1{,}57\ \frac{m}{s^2}$$

$$a_\varphi(t) := r(t) \cdot \frac{d^2}{dt^2} \varphi(t) + 2 \cdot \frac{d}{dt} r(t) \cdot \frac{d}{dt} \varphi(t) \qquad a_\varphi(t_1) = 2\ \frac{m}{s^2}$$

$$a(t) := \sqrt{a_r(t)^2 + a_\varphi(t)^2} \qquad a(t_1) = 2{,}54\ \frac{m}{s^2}$$

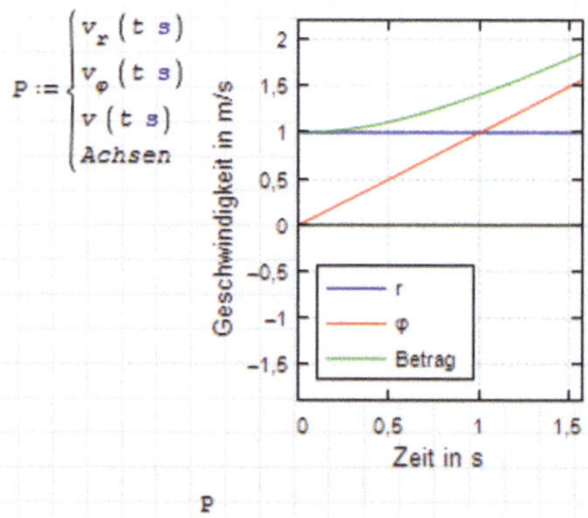

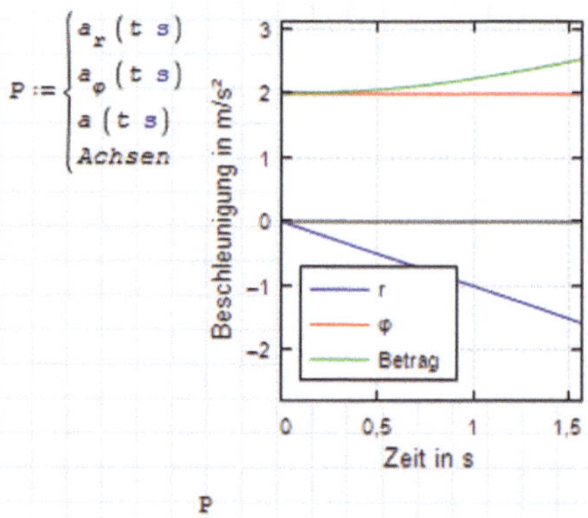

Natürliche Koordinaten: Ausgangspunkt ist hier die kartesische Darstellung von Geschwindigkeit und Beschleunigung. Aus der Geschwindigkeit wird der Tangenteneinheitsvektor bestimmt und daraus durch Kreuzprodukt mit $\mathbf{e}_z$ der Normaleneinheitsvektor berechnet.

$$v_{xyz} := \begin{bmatrix} v_x(t) \\ v_y(t) \\ 0 \end{bmatrix} \quad e_z := \begin{bmatrix} 0 \\ 0 \\ 1 \end{bmatrix} \quad e_t(t) := \frac{v_{xyz}}{\sqrt{v_{xyz}^2}} \quad e_t(t_1) = \begin{bmatrix} -0,844 \\ 0,537 \\ 0 \end{bmatrix}$$

$$e_n(t) := e_z \times e_t(t) \quad e_n(t_1) = \begin{bmatrix} -0,537 \\ -0,844 \\ 0 \end{bmatrix}$$

Die Geschwindigkeit hat nur einen tangentialen Anteil $v_t = v$. Die Beschleunigung hat Anteile in tangentiale und Normalenrichtung. Diese lassen sich aus der kartesischen Darstellung mittels Skalarprodukt mit den Basisvektoren gewinnen.

$$a_{xyz}(t) := \begin{bmatrix} a_x(t) \\ a_y(t) \\ 0 \end{bmatrix} \quad a_t(t) := a_{xyz}(t) \cdot e_t(t) \quad a_t(t_1) = 0,844 \frac{m}{s^2}$$

$$a_n(t) := a_{xyz}(t) \cdot e_n(t) \quad a_n(t_1) = 2,4 \frac{m}{s^2}$$

$$P := \begin{cases} v(t\,s) \\ \text{Achsen} \end{cases}$$

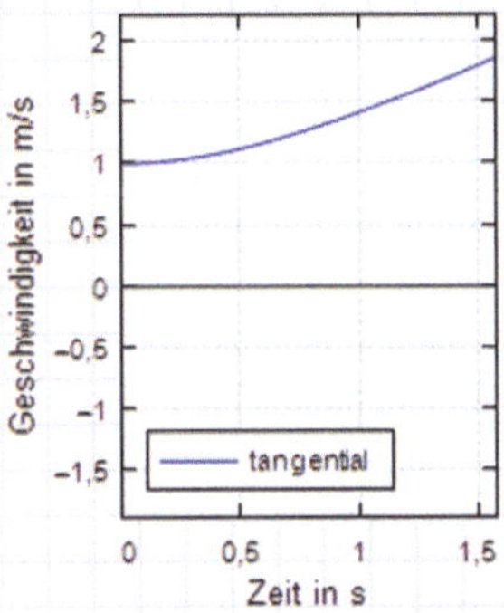

$$P := \begin{cases} a_t(t\,s) \\ a_n(t\,s) \\ a(t\,s) \\ \text{Achsen} \end{cases}$$

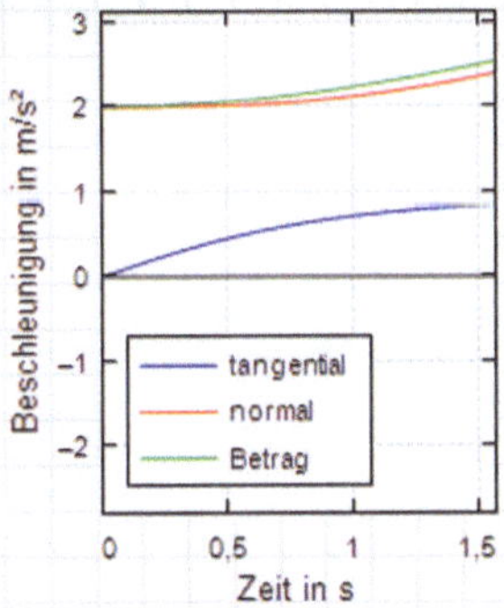

9.2. Kinematik starrer Körper in der Ebene

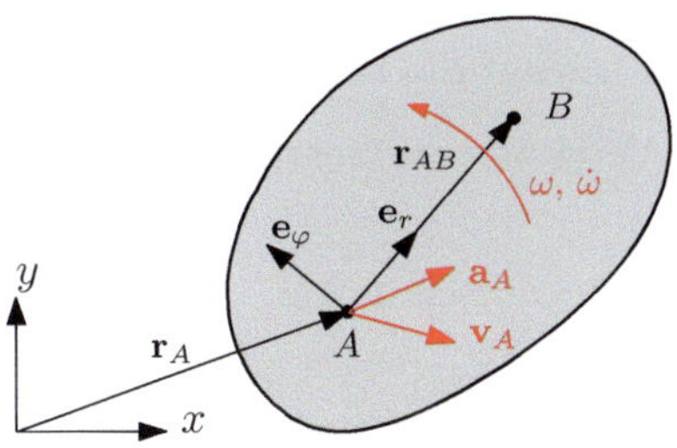

Abbildung 9.3.: Ebene Bewegung eines starren Körpers

Abb. 9.3 zeigt einen starren Körper mit dem körperfesten Bezugspunkt A und einem beliebigen körperfesten Punkt B. Geschwindigkeit $\mathbf{v}_B$ und Beschleunigung $\mathbf{a}_B$ in B lassen sich aus der Winkelgeschwindigkeit ω und der Winkelbeschleunigung $\dot{\omega}$ des Körpers sowie Geschwindigkeit $\mathbf{v}_A$ und Beschleunigung $\mathbf{a}_A$ im Bezugspunkt A bestimmen.

Geschwindigkeit:

$$\mathbf{v}_B = \mathbf{v}_A + r_{AB}\omega\mathbf{e}_\varphi$$

Beschleunigung:

$$\mathbf{a}_B = \mathbf{a}_A + r_{AB}\dot{\omega}\mathbf{e}_\varphi - r_{AB}\omega^2\mathbf{e}_r$$

Zur Vertiefung sei Abschn. 3.1 in Gross u. a. (2024) empfohlen.

Beispiel 9.3: Rutschende Leiter

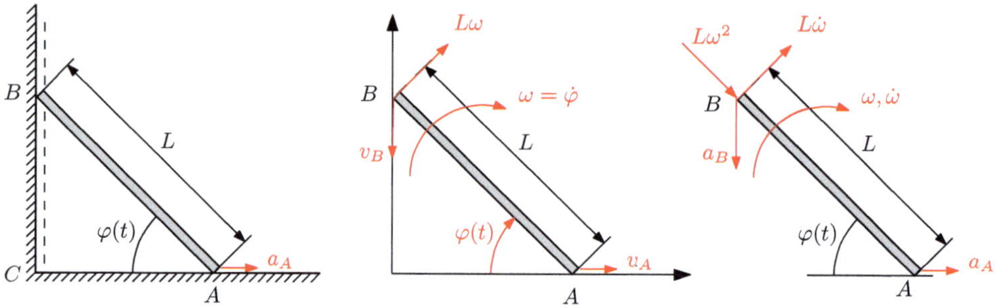

Abbildung 9.4.: Rutschende Leiter. Links: Systemskizze, Mitte: Geschwindigkeiten, rechts: Beschleunigungen

Abb. 9.4 zeigt eine Leiter der Länge $L = 4\,\text{m}$, die zunächst senkrecht an der vertikalen Wand BC lehnt. Beginnend zur Zeit $t = 0\,\text{s}$ bewegt sich das untere Ende bei A mit der konstanten Beschleunigung $a_A = 4\,\text{m/s}^2$ entlang des Bodens. Das obere Ende bei B gleitet an der senkrechten Wand hinab.

1. Nach welcher Zeit t_E schlägt die Leiter mit dem Ende B auf dem Boden auf?
2. Bestimmen Sie die Verläufe von Geschwindigkeit $v_B(t)$ und Beschleunigung $a_B(t)$.
3. Stellen Sie diese jeweils grafisch dar.[4]

Lösungsweg

Zeit t_E bis zum Aufschlagen der Leiter: Der Punkt A wird mit Anfangsgeschwindigkeit $v_A(t = 0) = 0$ und Anfangsposition $x_A(t = 0) = 0$ mit der vorgegebenen Beschleunigung a_A gleichmäßig beschleunigt. Somit gilt

$$v_A = a_A t, \quad x_A = \frac{1}{2}a_A t^2.$$

Das Aufschlagen der Leiter erfolgt bei $x_A = L$, somit ist $t_E = \sqrt{2L/a_A}$.

[4]Entspricht Aufgabe 6.3 in Henning, Jahr und Mrowka (2004)

Geschwindigkeit und Beschleunigung am Punkt B: Mit $v_A = -L\omega \sin\varphi$ gilt

$$\omega = -\frac{v_A}{L\sin\varphi}$$

und

$$v_B = -L\omega\cos\varphi.$$

Der Winkel φ ergibt sich aus x_A über das Dreieck ABC:

$$\cos\varphi(t) = \frac{x_A}{L}.$$

Die Winkelbeschleunigung ergibt sich aus $a_{Bx} = L\omega^2\cos\varphi - L\dot{\omega}\sin\varphi = 0$ zu

$$\dot{\omega} = \frac{\omega^2}{\tan\varphi}.$$

Die Beschleunigung ist

$$a_B = L\omega^2\sin\varphi - L\dot{\omega}\cos\varphi.$$

Alternativ kann man auch y_B direkt durch x_A ausdrücken

$$y_B = \sqrt{L^2 - x_A^2}$$

und dann differenzieren.

Umsetzung mit SMath

Starten Sie ein neues Rechenblatt (*9.3.sm*).

Die gegebenen Größen werden definiert. Daraus werden Ort und Geschwindigkeit von Punkt A berechnet. Die Endzeit t_E wird aus der Bedingung $x_A(t_E) = L$ mit der Lösungsfunktion `FindRoot()` aus dem Plug-in Nonlinear Solvers berechnet. Das erfolgt hier nur zu Demonstrationszwecken, die Lösung hätte man natürlich auch wie oben angegeben direkt hinschreiben können.

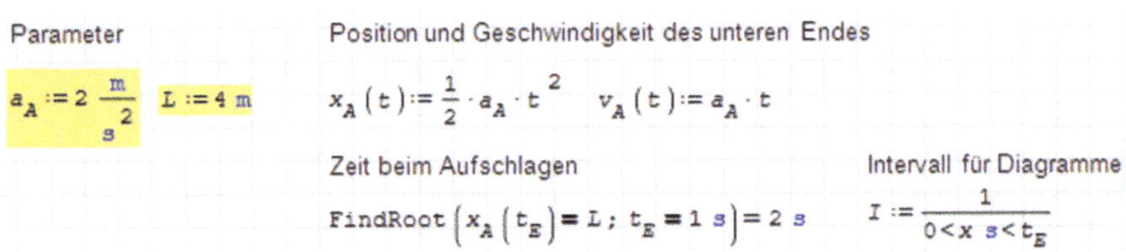

I ist eine Funktion von x, die nur im Intervall von 0 bis t definiert ist und im Diagramm für die Beschränkung der Kurven auf den sinnvollen Wertebereich sorgt.

Nun werden der Winkel φ, die Winkelgeschwindigkeit und die Winkelbeschleunigung sowie Geschwindigkeit und Beschleunigung von Punkt B gemäß den oben gegebenen Formeln berechnet:

Neigung, Winkelgeschwindigkeit und Winkelbeschleunigung

$$\varphi(t) := \operatorname{acos}\left(\frac{x_A(t)}{L}\right) \qquad \omega(t) := -\frac{v_A(t)}{L \cdot \sin(\varphi(t))} \qquad d\omega(t) := -\frac{(\omega(t))^2}{\tan(\varphi(t))}$$

Geschwindigkeit und Beschleunigung des oberen Endes

$$v_B(t) := -\omega(t) \cdot L \cdot \cos(\varphi(t)) \qquad a_B(t) := L \cdot \omega(t)^2 \cdot \sin(\varphi(t)) - L \cdot d\omega(t) \cdot \cos(\varphi(t))$$

Grafische Darstellung:

$$P := \begin{cases} v_B(t\ s) \\ a_B(t\ s) \end{cases}$$

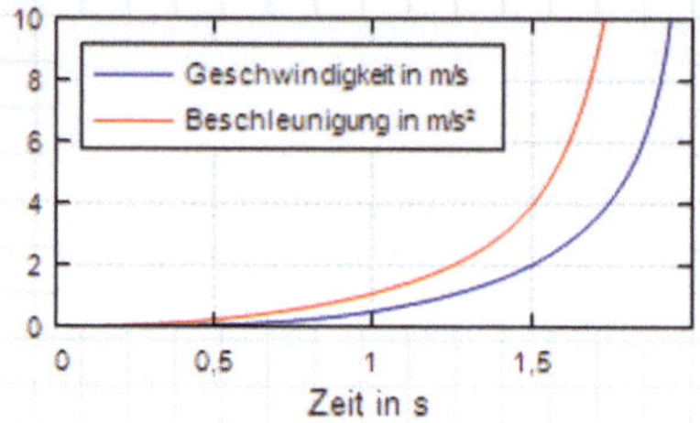

P

Die Geschwindigkeit und die Beschleunigung gehen gegen unendlich, wenn Punkt A die Position $x_A = L$ erreicht.

Zusätzlich werden hier noch die Zeitverläufe für den Winkel, die Winkelgeschwindigkeit und die Winkelbeschleunigung angegeben:

$$P := \begin{cases} \dfrac{\omega(t\ s)}{°} \\ \dfrac{d\omega(t\ s)}{°} \\ \dfrac{\varphi(t\ s)}{°} \\ 0 \end{cases}$$

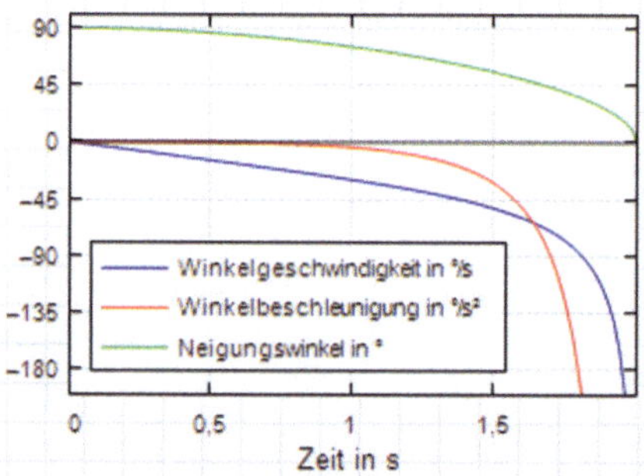

P

Alternativ wird y_B über den Satz des Pythagoras definiert. Daraus kann SMath Geschwindigkeit und Beschleunigung bei B durch symbolische Ableitung bestimmen. Hier wird auf die explizite Angabe des Zeitarguments verzichtet, wodurch die Formeln kompakter ausfallen. Man muss dann aber beim Plot dafür sorgen, dass t durch die dimensionslose x-Koordinate mal Zeiteinheit ersetzt wird.

$$x_A := \frac{1}{2} \cdot a_A \cdot t^2 \qquad v_A := a_A \cdot t$$

$$y_B := \sqrt{L^2 - x_A(t)^2} \qquad v_B := -\frac{d}{d\,t} y_B \qquad a_B := -\frac{d^2}{d\,t^2} y_B$$

Bei dieser Variante ist die Modellbildung wesentlich einfacher, da wir keinerlei Winkelfunktionen benötigen, solange der Neigungswinkel und dessen Zeitableitungen nicht benötigt werden. Zudem braucht man dafür neben der Systemskizze keine weiteren Skizzen. Den erhöhten Aufwand für die Ableitungsbildung überlassen wir SMath.

Zum Vergleich werden hier jeweils Ort, Geschwindigkeit und Beschleunigung der Punkte A und B angegeben.

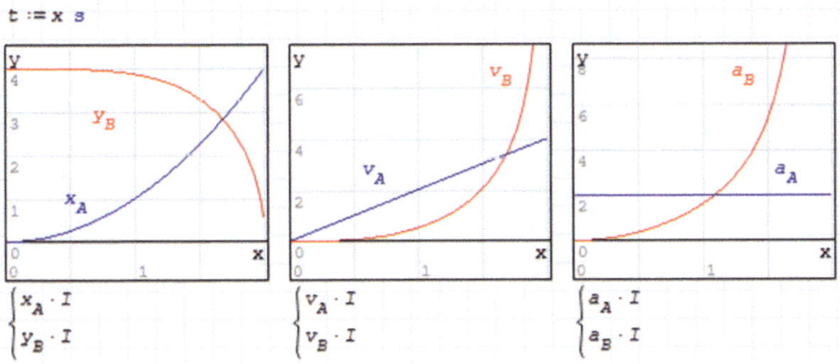

Die symbolischen Ergebnisse bekommt man, wenn man die zu Anfang definierten Zahlenwerte wieder löscht.

Löschen der Variablen

$\text{Clear}\left(a_A;\ L;\ t_E;\ t\right) = 1$

Maxima soll die Ableitungen berechnen (wird etwas kompakter)

$\text{MaximaTakeover}\left(diff\right) = \text{"diff() handled by Maxima"}$

Position und Geschwindigkeit des unteren Endes

$$x_A := \frac{1}{2} \cdot a_A \cdot t^2 \qquad v_A := a_A \cdot t$$

Position, Geschwindigkeit und Beschleunigung des oberen Endes

$$y_B := \sqrt{L^2 - x_A^2} = \frac{\sqrt{4 \cdot L^2 - a_A^2 \cdot t^4}}{\sqrt{4}}$$

$$v_B := -\frac{d}{d\,t}\,y_B = \frac{a_A^2 \cdot t^3}{\sqrt{4 \cdot L^2 - a_A^2 \cdot t^4}}$$

$$a_B := -\frac{d^2}{d\,t^2}\,y_B = \frac{a_A^2 \cdot t^2 \cdot \left(3 \cdot \left(4 \cdot L^2 - a_A^2 \cdot t^4\right) + 2 \cdot a_A^2 \cdot t^4\right)}{2\sqrt{4 \cdot L^2 - a_A^2 \cdot t^4}^{\,3}}$$

Literatur

Gross, D. u. a. (2024). *Technische Mechanik 3: Kinetik.* Springer Berlin Heidelberg. ISBN: 978-3-662-69441-1. DOI: https://doi.org/10.1007/978-3-662-69441-1.

Henning, G., A. Jahr und U. Mrowka (2004). *Technische Mechanik mit Mathcad, Matlab und Maple.* Wiebaden: Vieweg.

10. Kinetik

In der Kinetik wird der Zusammenhang zwischen den wirkenden Lasten (Kräfte und Momente) und der Bewegung (Geschwindigkeit und Beschleunigung) untersucht.

In Beispiel 10.1 betrachten wir zunächst ein Massenpunktproblem, bei welchem die Reibungskraft von der Geschwindigkeit und der Position abhängt. Die Bewegungsgleichungen sind nichtlinear und werden numerisch gelöst. Zur Vertiefung der Kinematik sei Abschn. 1.2 in Gross u. a. (2024) empfohlen, zur Numerik gewöhnlicher Differenzialgleichungen Abschn. 9.1 in Schwarz (1988).

Beispiel 10.2 betrachtet die erzwungenen Schwingungen eines linearen Feder-Dämpfer-Masse-Systems mit einem Freiheitsgrad. Hier werden numerische und analytische Lösungsverfahren benutzt. Erzwungene Schwingungen werden in Gross u. a. (2024), Abschn. 5.3 behandelt.

In Beispiel 10.3 werden die Zwangskräfte infolge eines vorgegebenen Bewegungsablaufs für einen starren Körper in der Ebene untersucht.

Abschließend werden erzwungene Schwingungen von Mehrkörpersystemen mit einem Freiheitsgrad betrachtet. Die Bewegungsgleichungen werden mit dem Prinzip der virtuellen Arbeit in generalisierten Koordinaten aufgestellt. In Beispiel 10.4 wird das Verfahren eingeführt und in Beispiel 10.5 in ein Kochrezept für komplexere Systeme verallgemeinert. Siehe dazu auch Kap. 4 in Gross u. a. (2024).

10.1. Kinetik des Massenpunktes in der Ebene

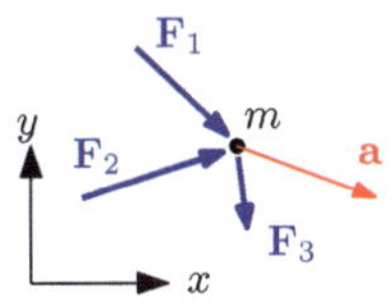

Abbildung 10.1.: Massenpunkt mit Kräften und Beschleunigung in der Ebene

Für einen Massenpunkt gemäß Abb. 10.1 besagt das zweite Newtonsche Gesetz, dass die Summe aller Kräfte gleich der zeitlichen Änderung des Impulses (Produkt

M. Kraska, *Technische Mechanik mit SMath Studio*,
https://doi.org/10.1007/978-3-658-50592-9_10

aus Masse mal Geschwindigkeit) ist. Bei konstanter Masse entspricht dies dem Produkt aus Masse mal Beschleunigung:

$$m\mathbf{a} = \sum_{i=1}^{n} \mathbf{F}_i$$

oder komponentenweise bei Bewegung in der xy-Ebene

$$m\ddot{x} = \sum_{i=1}^{n} F_{xi}, \quad m\ddot{y} = \sum_{i=1}^{n} F_{yi}. \tag{10.1}$$

Bei gegebenen Kräften können aus den so ermittelten Beschleunigungen die Geschwindigkeit und der Ort durch Integration ermittelt werden.

Aus dem zweiten Newtonschen Gesetz ergibt sich durch Integration über den Weg der **Arbeitssatz**. Dieser besagt, dass die Änderung der Energie zwischen zwei Zuständen gleich der durch die äußeren Kräfte geleisteten Arbeit W am Massenpunkt ist.

Die Energie einer Punktmasse besteht aus der kinetischen Energie

$$E_k = \frac{1}{2}mv^2$$

und der potenziellen Energie im Erdschwerefeld

$$E_p = mgh$$

mit der Erdbeschleunigung g und der Höhenposition h. Für die Bewegung zwischen zwei Zuständen 0 und 1 gilt

$$E_{k1} + E_{p1} = E_{k0} + E_{p0} + W_{01}. \tag{10.2}$$

Dabei ist W_{01} die zwischen den Zuständen 0 und 1 am System von den äußeren Kräften geleistete Arbeit. Die Gewichtskraft zählt dabei nicht mit, denn sie wird bereits durch die potenzielle Energie berücksichtigt.

Die zugeführte Arbeit ist gleich dem Wegintegral über den tangentialen Anteil der äußeren Kraft F_t in Richtung der Bahn:

$$W_{01} = \int_{s_0}^{s_1} F_t \mathrm{d}s.$$

Beispiel 10.1: Pendelschwingung mit Trockenreibung

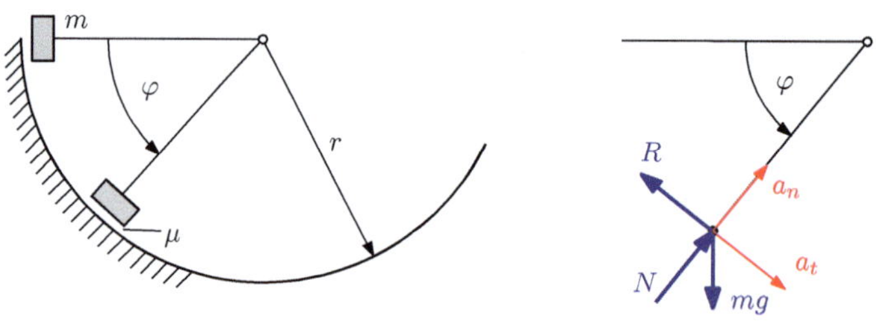

Abbildung 10.2.: Rutschende Kiste auf rauer zylindrischer Fläche

Eine als Massenpunkt idealisierte Kiste vernachlässigbarer Größe gleitet auf einer rauen zylindrischen Fläche aus der Ruhelage $\varphi = 0$ heraus nach unten (Abb. 10.2).

Ermitteln Sie die Geschwindigkeit v der Kiste und die Normalkraft N, mit der die Kiste auf die Wand drückt, in Abhängigkeit vom Winkel φ. Stellen Sie den Verlauf von Geschwindigkeit und Normalkraft für den Winkelbereich $0 \leq \varphi \leq 90°$ grafisch dar. Gegeben: $r = 1\,\mathrm{m}$, $m = 1\,\mathrm{kg}$, $g = 9{,}81\,\mathrm{m/s^2}$, $\mu = 0{,}2$.[1]

Es werden insgesamt vier Varianten zur Lösung vorgestellt:

1. Wegintegral (mit dem Arbeitssatz) mit einem einfachen selbstgebauten Programm,
2. Zeitintegral (mit der Kräftegleichung) mit einem einfachen selbstgebauten Programm,
3. Integration als System von DGL erster Ordnung mit dem Runge-Kutta-Verfahren (einheitenfrei),
4. Wie 3. aber mit Maßeinheiten. Dies erfordert ein paar Tricks.

Bewegungsgleichung

Die Kräftegleichung in tangentiale Richtung ergibt

$$\searrow\!: m a_t = m r \ddot{\varphi} = m g \cos\varphi - R \quad \Longleftrightarrow \quad \ddot{\varphi} = \frac{g}{r}\cos\varphi - \frac{R}{mr} \tag{10.3}$$

und in Normalenrichtung

$$\nearrow\!: m a_n = m r \dot{\varphi}^2 = N - m g \sin\varphi \quad \Longleftrightarrow \quad N = m r \dot{\varphi}^2 + m g \sin\varphi. \tag{10.4}$$

Zudem gilt das Gleitreibungsgesetz

$$R = \mu N.$$

Referenzlösung für den reibungsfreien Fall

Für den reibungsfreien Fall gilt Energieerhaltung. Mit der Wahl des Nullpunkts für die potenzielle Energie bei $\varphi = 0$ gilt

$$E_{k0} = 0, \quad E_{p0} = 0 \quad E_{k1} = \frac{1}{2} m v^2, \quad E_{p1} = -m g r \sin\varphi$$

und damit

$$\frac{1}{2} m v^2 = m g r \sin\varphi.$$

Für $\varphi = 90°$ erhält man

$$v(\varphi = 90°) = \sqrt{2gr}, \quad \omega(\varphi = 90°) = \sqrt{2\frac{g}{r}}.$$

[1] Entspricht Aufgabe 7.1 in Henning, Jahr und Mrowka (2004)

Dies dient im Folgenden als analytische Vergleichslösung. Die Normalkraft hat dann übrigens den Wert

$$N(\varphi = 90^\circ) = mr\left(\sqrt{2\frac{g}{r}}\right)^2 + mg\sin 90^\circ = 3mg.$$

Numerische Wegintegration mit dem Arbeitssatz

Der Gesamtvorgang $\varphi \in [0, 90^\circ]$ wird in n Winkelschritte $\Delta\varphi$ aufgeteilt. Die Änderung der kinetischen Energie innerhalb eines Schritts ist gleich der Summe aller Kräfte in Bewegungsrichtung F_s mal dem Wegintervall Δs

$$E_{k,i+1} - E_{k,i} = F_{s,i}\Delta s.$$

Darin sind $E_{k,i} = \frac{1}{2}mv_i^2$, $\Delta s = r\Delta\varphi$ und $F_{s,i} = mg\cos\varphi_i - \mu N_i$. In dieser Form des Arbeitssatzes sind die Gewichtskräfte auf der rechten Seite zu berücksichtigen. Somit ergeben sich

$$v_{i+1} = \sqrt{v_i^2 + 2r\Delta\varphi\left(g\cos\varphi_i - \frac{\mu}{m}N_i\right)} \quad \text{und}$$
$$N_{i+1} = \frac{m}{r}v_{i+1}^2 + mg\sin\varphi_{i+1}.$$

Praktisch ist das ein explizites Näherungsverfahren für die Integration der Differenzialgleichung $\mathrm{d}E_k/\mathrm{d}\varphi = F_s r$ mit einen Vorwärts-Differenzenquotienten.

Starten Sie ein neues Rechenblatt (*10.1_AS.sm*).

Die gegebenen Größen werden definiert und die Ergebnisfelder für den Anfangszustand mit den Startwerten belegt. Der Vektor für die Winkelwerte wird aus Endwert $\varphi_{\max}$ und Schrittzahl n vorbelegt.

Systemparameter $\quad m := 1\ \text{kg} \quad r := 1\ \text{m} \quad \mu := 0{,}2 \quad g := 9{,}81\ \frac{\text{m}}{\text{s}^2}$

Anfangswerte für die Winkelposition, die Geschwindigkeit und die Normalkraft $\quad \varphi_1 := 0 \quad v_1 := 0 \quad N_1 := m \cdot g \cdot \sin\left(\varphi_1\right) + \frac{m}{r} \cdot v_1^2$

Integrationsparameter $\quad \varphi_{max} := 90\ ° \quad n := 90 \quad \Delta\varphi := \frac{\varphi_{max}}{n} \quad \varphi := [0..n] \cdot \Delta\varphi$

In einer Schleife über die Winkelschritte werden jeweils die neue Geschwindigkeit und Normalkraft berechnet. Zur Kontrolle werden die Anfangsbereiche der Datenvektoren und ihre Endwerte angezeigt.

for $j \in [1..n]$

$\quad v_{j+1} := \sqrt{\left(v_j\right)^2 + 2 \cdot r \cdot \Delta\varphi \cdot \left(g \cdot \cos\left(\varphi_j\right) - \frac{\mu}{m} \cdot N_j\right)}$

$\quad N_{j+1} := m \cdot g \cdot \sin\left(\varphi_{j+1}\right) + \frac{m}{r} \cdot \left(v_{j+1}\right)^2$

$$\varphi = \begin{bmatrix} 0 \\ 1 \\ 2 \\ 3 \\ \vdots \end{bmatrix} {}^\circ \qquad v = \begin{bmatrix} 0 \\ 0{,}585 \\ 0{,}825 \\ 1{,}008 \\ \vdots \end{bmatrix} \frac{m}{s} \qquad N = \begin{bmatrix} 0 \\ 0{,}514 \\ 1{,}024 \\ 1{,}53 \\ \vdots \end{bmatrix} N$$

$$\varphi_{n+1} = 90\,^\circ \qquad v_{n+1} = 3{,}214\,\frac{m}{s} \qquad N_{n+1} = 20{,}138\,N$$

Nun wird die Referenzlösung für den reibungsfreien Fall definiert und zusammen mit der numerischen Lösung für den reibungsbehafteten Fall grafisch dargestellt. Man erkennt, dass Geschwindigkeit und Normalkraft durch die Reibung deutlich geringer ausfallen.

Referenzlösung für $\mu = 0$

$$v_{ref} := \overrightarrow{\sqrt{2 \cdot g \cdot r \cdot \sin(\varphi)}} \qquad N_{ref} := \overrightarrow{m \cdot g \cdot \sin(\varphi) + \frac{m}{r} \cdot \left(v_{ref}\right)^2}$$

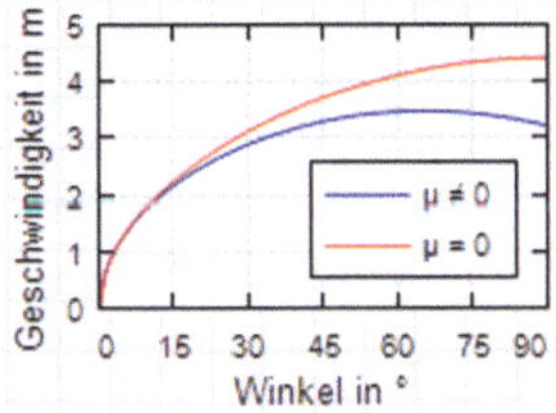

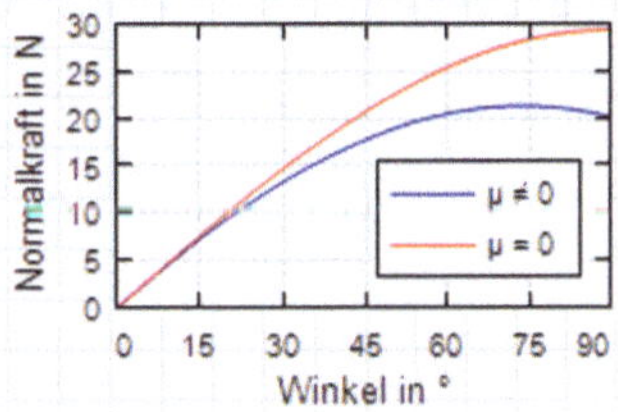

$$\begin{cases} \text{augment}\left(\frac{\varphi}{\circ}; v\right) \\ \text{augment}\left(\frac{\varphi}{\circ}; v_{ref}\right) \end{cases} \qquad \begin{cases} \text{augment}\left(\frac{\varphi}{\circ}; N\right) \\ \text{augment}\left(\frac{\varphi}{\circ}; N_{ref}\right) \end{cases}$$

Zur Verifikation wird das numerische Verfahren für den reibungsfreien Fall wiederholt, wobei die gleichen Anfangsbedingungen gelten und die Initialisierung nicht wiederholt werden muss. Die prozentuale Abweichung kann durch Erhöhung der Schrittzahl (Verkleinerung der Winkelschritte) verringert werden.

$$\mu := 0 \qquad \text{for } j \in [1..n]$$

$$\left| \begin{array}{l} v_{j+1} := \sqrt{\left(v_j\right)^2 + 2 \cdot r \cdot \Delta\varphi \cdot \left(g \cdot \cos\left(\varphi_j\right) - \frac{\mu}{m} \cdot N_j\right)} \\ N_{j+1} := m \cdot g \cdot \sin\left(\varphi_{j+1}\right) + \frac{m}{r} \cdot \left(v_{j+1}\right)^2 \end{array} \right.$$

Numerisch

$$v_{n+1} = 4{,}449\,\frac{m}{s}$$

Analytisch

$$v_{ref_{n+1}} = 4{,}429\,\frac{m}{s}$$

Abweichung

$$\frac{v_{n+1} - v_{ref_{n+1}}}{v_{ref_{n+1}}} = 0{,}434\,\%$$

Numerische Zeitintegration der Bewegungsgleichung

Die Differenzialgleichung (10.3) wird in kleinen Zeitschritten integriert. Die unabhängige Größe ist jetzt die Zeit. Winkelgeschwindigkeit und Winkel sind davon abhängige Zustandsgrößen. Dabei werden Reibkraft und Normalkraft aus der Geschwindigkeit am Anfang eines Zeitschritts berechnet. Die daraus berechnete Winkelbeschleunigung wird benutzt, um die Winkelgeschwindigkeit am Ende des

Schrittes zu berechnen. Die Winkeländerung wird aus dem Mittelwert der Geschwindigkeit während des Schritts bestimmt.

Zu Beginn $t_1 = 0$, $i = 1$ sind $\varphi_1 = 0$ und $\omega_1 = 0$.

Für jeden Zeitschritt i bis $\varphi_i \geq \pi/2$

$$\begin{aligned}
N_i &= mr\omega_i^2 + mg\sin\varphi_i \\
\omega_{i+1} &= \omega_i + \left(\frac{g}{r}\cos\varphi_i - \frac{\mu N_i}{mr}\right)\Delta t \\
\varphi_{i+1} &= \frac{1}{2}\left(\omega_i + \omega_{i+1}\right)\Delta t \\
t_{i+1} &= t_i + \Delta t \\
i &= i + 1
\end{aligned}$$

Starten Sie ein neues Rechenblatt (*10.1_ZI.sm*).

Bei der Umsetzung werden wieder Felder für die Lösungsvariablen angelegt. Eine Endzeit kann nicht festgelegt werden, da diese nicht vorab bekannt ist. Festgelegt wird lediglich der Endwinkel $\varphi_{\max}$ und die Zeitschrittweite Δt.

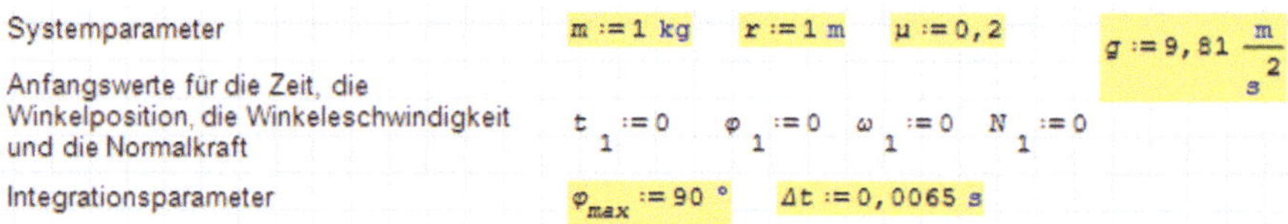

Wenn man eine For-Schleife über die Programmierung-Palette einfügt, dann ist das zunächst eine sogenannte Mengenschleife, das heißt, die Laufvariable (erstes Argument) nimmt nacheinander die Werte in einem gegebenen Vektor (zweites Argument) an. Für jeden dieser Werte wird der Schleifenkörper (drittes Argument) ausgeführt.

In unserem Fall benötigen wir aber eine kopfgesteuerte Schleife. Der Schleifenkopf enthält die drei Argumente Initialisierung, Fortsetzungsbedingung und Inkrementierung. Wie bei vielen anderen Operatoren kann man das zusätzliche Argument einfach durch Eingabe des Argument-Trennzeichens erzeugen.

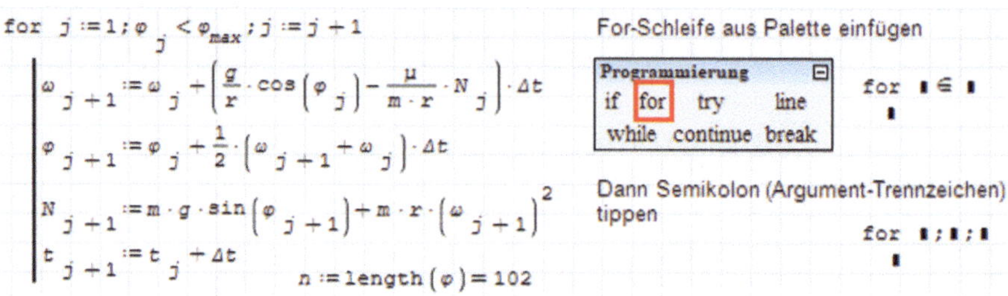

$$t=\begin{bmatrix}0\\0{,}0065\\0{,}013\\0{,}0195\\\vdots\end{bmatrix}\,\mathrm{s}\quad \varphi=\begin{bmatrix}0\\0{,}01187\\0{,}04749\\0{,}1069\\\vdots\end{bmatrix}\,°\quad r\cdot\omega=\begin{bmatrix}0\\0{,}06376\\0{,}1275\\0{,}1913\\\vdots\end{bmatrix}\,\frac{\mathrm{m}}{\mathrm{s}}\quad N=\begin{bmatrix}0\\0{,}006099\\0{,}02439\\0{,}05487\\\vdots\end{bmatrix}\,\mathrm{N}$$

$$\boxed{t_n=0{,}6565\ \mathrm{s}}\quad \boxed{\varphi_n=90{,}87\ °}\quad \boxed{r\cdot\omega_n=3{,}199\ \frac{\mathrm{m}}{\mathrm{s}}}\quad \boxed{N_n=20{,}04\ \mathrm{N}}$$

In der Diagrammdarstellung wird zum Vergleich die exakte Lösung für den reibungsfreien Fall angegeben.

Referenzlösung für $\mu = 0$

$$v_{ref}:=\overrightarrow{\sqrt{2\cdot g\cdot r\cdot \sin(\varphi)}}\qquad N_{ref}:=\overrightarrow{m\cdot g\cdot \sin(\varphi)+\frac{m}{r}\cdot\left(v_{ref}\right)^2}$$

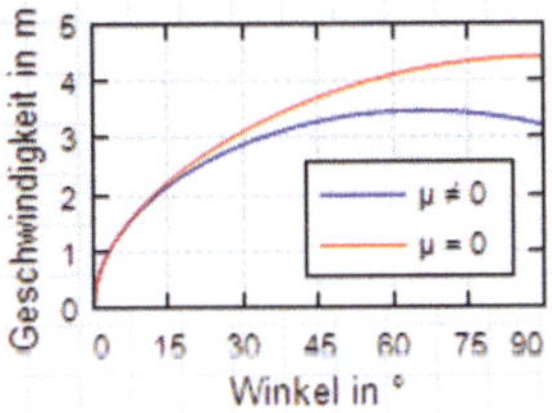

$$\begin{cases}\text{augment}\left(\frac{\varphi}{°};\ r\cdot\omega\right)\\ \text{augment}\left(\frac{\varphi}{°};\ v_{ref}\right)\end{cases}$$

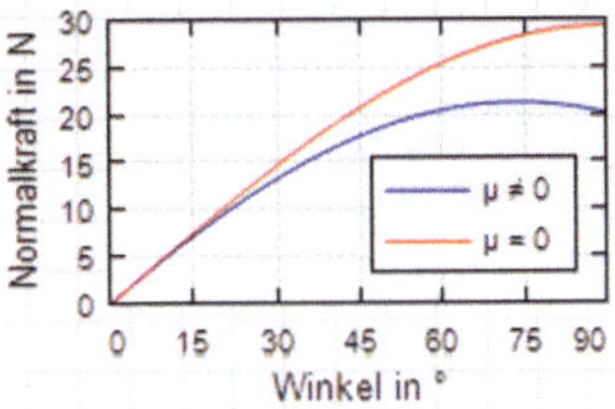

$$\begin{cases}\text{augment}\left(\frac{\varphi}{°};\ N\right)\\ \text{augment}\left(\frac{\varphi}{°};\ N_{ref}\right)\end{cases}$$

Bei geringfügig höherer Schrittanzahl (92 statt 90) ist die Genauigkeit des Verfahrens etwas schlechter als bei der Verwendung des Arbeitssatzes (0,63% statt 0,43% Abweichung).

$\mu := 0$

Daten initialisieren $\quad \text{Clear}(t;\varphi;\omega;N)=1 \quad t_1:=0 \quad \varphi_1:=0 \quad \omega_1:=0 \quad N_1:=0$

$$\begin{aligned}&\textbf{for}\ j:=1;\ \varphi_j<\varphi_{max};\ j:=j+1\\ &\quad \omega_{j+1}:=\omega_j+\left(\frac{g}{r}\cdot\cos\left(\varphi_j\right)-\frac{\mu}{m\cdot r}\cdot N_j\right)\cdot\Delta t\\ &\quad \varphi_{j+1}:=\varphi_j+\frac{1}{2}\cdot\left(\omega_{j+1}+\omega_j\right)\cdot\Delta t\\ &\quad N_{j+1}:=m\cdot g\cdot\sin\left(\varphi_{j+1}\right)+m\cdot r\cdot\left(\omega_{j+1}\right)^2\\ &\quad t_{j+1}:=t_j+\Delta t\end{aligned}$$

$$n:=\text{length}(t)=92\qquad r\cdot\omega_n=4{,}457\ \frac{\mathrm{m}}{\mathrm{s}}\qquad \varphi_n=90{,}1\ °\qquad N_n=29{,}7\ \mathrm{N}\qquad t_n=0{,}592\ \mathrm{s}$$

Die Geschwindigkeit bei 90° wird durch Interpolation bestimmt

$$v_{90}:=\text{cinterp}(\varphi;\ r\cdot\omega;\ 90\ °)\ \frac{\mathrm{m}}{\mathrm{s}}=4{,}46\ \frac{\mathrm{m}}{\mathrm{s}}\qquad v_{ref}:=\sqrt{2\cdot g\cdot r\cdot\sin(90\ °)}=4{,}429\ \frac{\mathrm{m}}{\mathrm{s}}$$

$$\boxed{\frac{v_{90}-v_{ref}}{v_{ref}}=0{,}6275\ \%}$$

Zeitintegration mit dem Runge-Kutta-Verfahren

Als dritte Variante soll hier noch gezeigt werden, wie man das bereits aus Beispiel 5.5 bekannte Runge-Kutta-Verfahren aus dem Plug-in Mathcad Toolbox für die Zeitintegration benutzen kann. Ausgangspunkt ist die Bewegungsgleichung (10.3), welche hier als System von Differenzialgleichungen erster Ordnung geschrieben wird:

$$\dot{\varphi} = \omega,$$
$$\dot{\omega} = \ddot{\varphi} = \frac{g}{r}\cos\varphi - \frac{R}{mr}.$$

mit

$$R = \mu N = \mu\left(mr\omega_i^2 + mg\sin\varphi\right).$$

Im Unterschied zu den bisherigen Umsetzungen soll hier integriert werden, bis die Masse zur Ruhe gekommen ist. Bei der Reibungskraft muss dann eine eventuelle Richtungsumkehr der Geschwindigkeit berücksichtigt werden.

Viele in Plug-ins bereitgestellte numerische Verfahren unterstützen keine Maßeinheiten. Wir zeigen daher zunächst eine Variante ohne Maßeinheiten. Anschließend benutzen wir ein paar Tricks, um doch mit Einheiten rechnen zu können.

Starten Sie ein neues Rechenblatt (*10.1_ZI.sm*).

Variante ohne Maßeinheiten. Wir verwenden hier Zahlenwerte in SI-Basiseinheiten. Die Reibkraft wird so definiert, dass sie immer entgegengesetzt zur Geschwindigkeit gerichtet ist. Dies wird durch Multiplikation mit dem Vorzeichen (`sign()`-Funktion) der Winkelgeschwindigkeit erreicht. Damit kann die numerische Simulation auch über die Umkehrpunkte der Bewegungsrichtung hinweg laufen.

Systemparameter $m:=1$ $r:=1$ $\mu:=0{,}2$ $g:=9{,}81$

Kräfte als Funktionen der Zustandsgrößen φ und ω.

$R(t):=\mu\cdot N(t)\cdot \mathrm{sign}(\omega(t))$ $N(t):=m\cdot g\cdot \sin(\varphi(t))+m\cdot r\cdot \omega(t)^2$

Zeitdauer $t_{max}:=4$

Wie in Beispiel 5.5 verwenden wir die Funktion `rkfixed()`. Allerdings gehen wir einen Schritt weiter und verwenden den sogenannten „Mathcad-Block". Dieser bietet größere Flexibilität bei der Anordnung der Differenzialgleichungen und der Anfangsbedingungen (siehe auch Abschn. 3.2.4).

Einfügen

Mathcad Block

$$\begin{cases} \varphi'(t)=\omega(t) & \varphi(0)=0 \\ \omega'(t)=\frac{g}{r}\cdot\cos(\varphi(t))-\frac{R(t)}{m\cdot r} & \omega(0)=0 \end{cases}$$

$Sln:=\mathrm{rkfixed}\left(\begin{Bmatrix}\varphi(t)\\ \omega(t)\end{Bmatrix}; t_{max}; 200\right)$

$Sln =$

t	φ(t)	ω(t)
0	0	0
0,02	0,00196	0,196
0,04	0,00784	0,392
0,06	0,0176	0,587
0,08	0,0313	0,78
0,1	0,0488	0,971
	⋮	

Der Mathcad-Block wird über Einfügen> Mathcad Block eingefügt. Seine Größe wird so angepasst, dass er die Differenzialgleichungen und die Anfangsbedingungen erfasst. Die Anordnung der Gleichungen im Block ist dabei egal.

Die Löserfunktion wird in den Platzhalter des Blocks geschrieben. `rkfixed()` ist ein Runge-Kutta-Verfahren mit fester Schrittweite. Sein erstes Argument ist eine Liste der Differenzialgleichungen und Anfangsbedingungen. Diese wird vom Mathcadblock eingesammelt und dem Löser als erstes Argument unsichtbar hinzugefügt. Die weiteren Argumente sind eine Liste der abhängigen Variablen (formal als Funktionen der unabhängigen Variablen geschrieben), der Endwert für die Zeitintegration und die Schrittanzahl. Welche Schrittzahl man braucht, sieht man daran, ob sich noch etwas ändert, wenn man sie erhöht.

Das Ergebnis der numerischen Integration wird in die Variable ***Sln*** geschrieben. Deren Spalten enthalten die unabhängige Variable und die Lösungsvariablen gemäß der Liste, die dem Löser übergeben wurde.

Außerdem werden Funktionen definiert, die die berechneten Daten interpolieren, so dass sie unmittelbar im Diagramm dargestellt werden können. Intern ist das eine Interpolation der Datenspalten.

Das folgende Diagramm zeigt die Zeitverläufe von Winkel φ in rad und Winkelgeschwindigkeit ω in rad/s. Man sieht, dass sich die Bewegungsrichtung insgesamt zweimal umkehrt, bevor das System nach ca. 3 s zur Ruhe kommt.

$$P := \begin{cases} \dfrac{\varphi(x)}{°} \\ \dfrac{\omega(x)}{°} \\ 0 \end{cases}$$

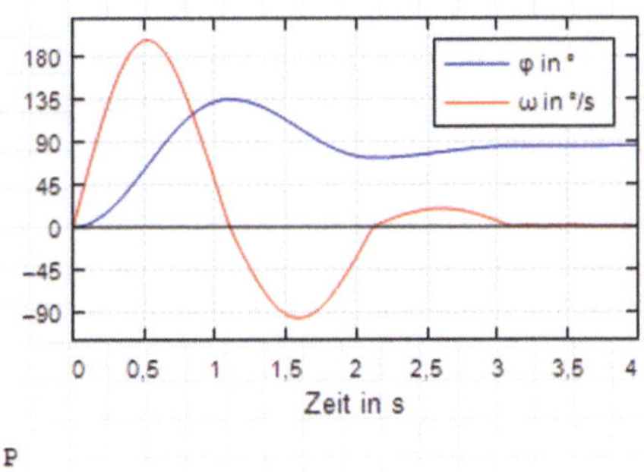

Die Daten für das Phasenbild $\omega(\varphi)$ bestehen aus der 2. und 3. Spalte der Ergebnismatrix `Sln`.

$$P := \begin{cases} \text{augment}\left(\dfrac{\text{col}(Sln;2)}{°}; \dfrac{\text{col}(Sln;3)}{°}\right) \\ x \cdot y \end{cases}$$

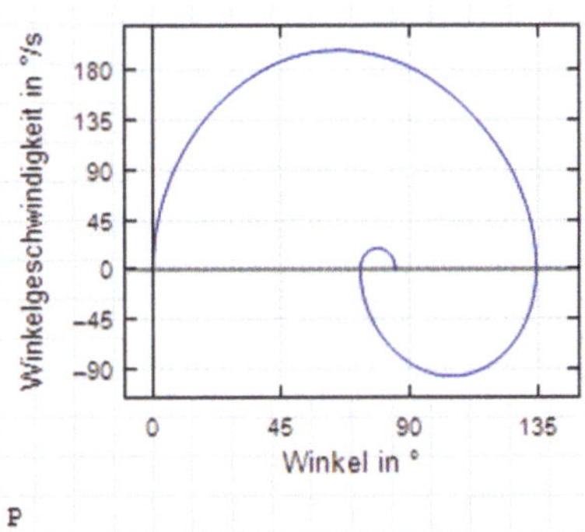

Interessant sind auch die Zeitverläufe der Normalkraft N und der Reibkraft R. Die Reibkraft verschwindet am Ende nicht, weil der Klotz etwas neben dem Tiefpunkt der Bahn zur Ruhe kommt.

$$P := \begin{cases} N(t) \\ R(t) \\ m \cdot g \\ 0 \end{cases}$$

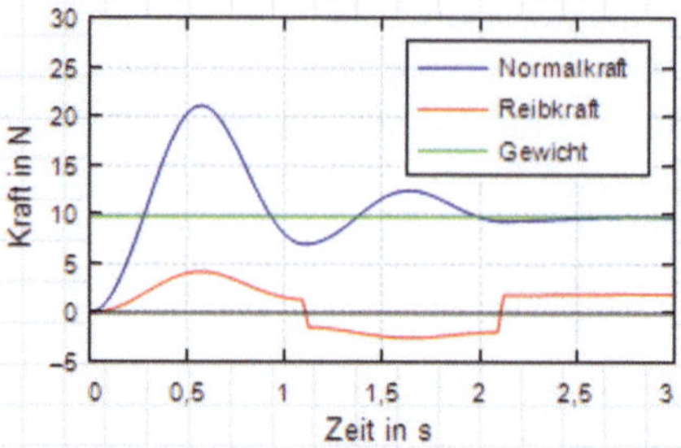

P

Variante mit Maßeinheiten. Mit einigen Tricks muss man auch bei numerischen Verfahren nicht auf Maßeinheiten verzichten.

Systemparameter $m := 1\ \mathrm{kg}$ $\quad r := 1\ \mathrm{m}$ $\quad \mu := 0{,}2$ $\quad g := 9{,}81\ \frac{\mathrm{m}}{\mathrm{s}^2}$

Kräfte als Funktionen der Zustandsgrößen φ und ω.

$$R(t) := \mu \cdot N(t) \cdot \mathrm{sign}(\omega(t)) \qquad N(t) := m \cdot g \cdot \sin(\varphi(t)) + m \cdot r \cdot \omega(t)^2$$

Zeitdauer $t_{max} := 4\ \mathrm{s}$

Trick Nummer 1: Innerhalb des Lösers werden lokal die vorkommenden Einheiten auf 1 gesetzt. Das erfolgt, indem man an der Parameterposition der Schrittanzahl nicht einfach eine Zahl hinschreibt, sondern mit Hilfe des Anweisungsblocks (Funktion `line()`) die entsprechenden Definitionen unterbringt.

$$\begin{cases} \varphi'(t) = \omega(t) & \varphi(0) = 0 \\ \omega'(t) = \frac{g}{r} \cdot \cos(\varphi(t)) - \frac{R(t)}{m \cdot r} & \omega(0) = 0 \end{cases}$$

$$Sln := \mathrm{rkfixed}\left(\begin{cases} \varphi(t) \\ \omega(t) \end{cases}; t_{max}; \begin{vmatrix} [m := 1\ \ kg := 1\ \ s := 1] \\ 200 \end{vmatrix}\right)$$

Würde man diese Definitionen global ins Rechenblatt schreiben, würde das auch funktionieren, aber dann wären die Maßeinheiten nur noch Dekoration. Einheitenkonflikte oder sonstige Einheitenfehler würden unbemerkt bleiben.

Die Ergebnismatrix ist dimensionslos. Die Spalten können individuell mit Faktoren multipliziert werden, indem man die Ergebnismatrix mit einer Diagonalmatrix multipliziert, deren Einträge den Spaltenfaktoren entsprechen.

Spalten der Ergebnismatrix mit Einheiten versehen

Original $\quad \mathrm{row}(Sln; 10) = [0{,}18\ \ 0{,}156\ \ 1{,}707]$

$$Sln := Sln \cdot \begin{bmatrix} s & 0 & 0 \\ 0 & 1 & 0 \\ 0 & 0 & \frac{1}{s} \end{bmatrix}$$

Mit Einheiten $\quad \mathrm{row}(Sln; 10) = \left[0{,}18\ s\ \ 0{,}156\ \ 1{,}707 \cdot \frac{1}{s}\right]$

Die Ergebnisfunktionen $\varphi(t)$ und $\omega(t)$ akzeptieren und erfordern sogar Zeit-Werte als Argument, sind aber selbst noch dimensionslos. Bei $\varphi(t)$ kann das auch so bleiben, da der Winkel sowieso dimensionslos ist. Die Winkelgeschwindigkeit muss jedoch neu definiert werden.

Trick Nr. 2: Intern werden die Ergebnisfunktionen als Interpolation der Ergebnismatrix definiert. Das ersetzen wir durch eine gleichartige Definition, allerdings mit Maßeinheiten. Dazu wird die Funktion `lspline()` aus dem Plug-in Mathcad Toolbox benutzt. Die resultierende Funktion $\omega(t)$ kann man mit oder ohne Maßeinheit im Zeitargument aufrufen.

Ergebnisfunktionen mit Maßeinheiten versehen

Original $\varphi(0{,}18\,s)=0{,}156$ $\quad\omega(0{,}18\,s)=1{,}707$

Neudefinition durch Interpolation der Ergebnismatrix $\omega(t):=\mathrm{lspline}(\mathrm{col}(Sln;1);\mathrm{col}(Sln;3);t)\,\frac{rad}{s}$

Mit Einheiten $\omega(2\,s)=-0{,}539\,\frac{rad}{s}$ $\quad\omega(2)=-0{,}539\,\frac{rad}{s}$

Die naheliegende Idee, die Funktion umzudefinieren mit $\omega(t) := \omega(t)/\mathrm{s}$ scheitert übrigens.

Mit diesen beiden Tricks kann die weitere Auswertung mit Maßeinheiten erfolgen. Insbesondere haben nun $N(t)$ und $R(t)$ die Maßeinheit N.

$$P := \begin{pmatrix} \frac{\varphi(t\,s)}{°} \\ \frac{\omega(t\,s)}{\frac{°}{s}} \\ 0 \end{pmatrix}$$

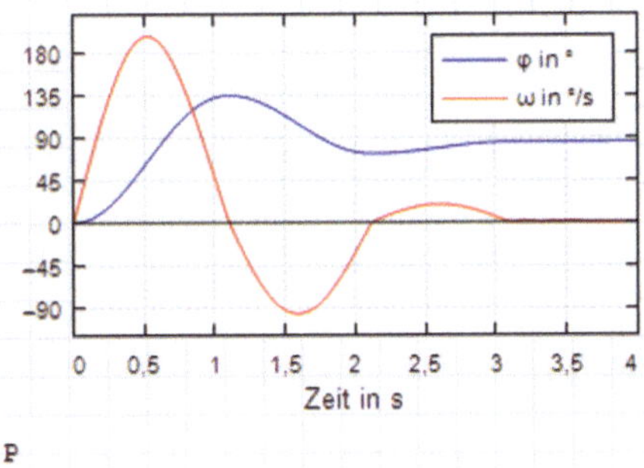

$\varphi(t_{max})=85{,}0\,°$

$\omega(t_{max})=0{,}209\,\frac{°}{s}$

$$P := \begin{pmatrix} N(t\,s) \\ R(t\,s) \\ m\cdot g \\ 0 \end{pmatrix}$$

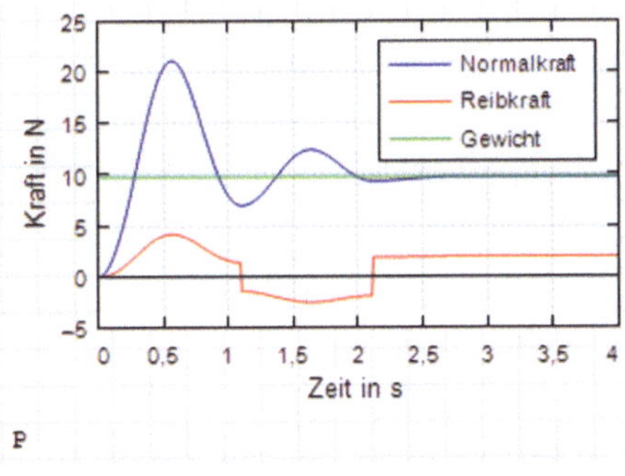

$N(t_{max})=9{,}77\,N$

$R(t_{max})=1{,}95\,N$

Beispiel 10.2: Erzwungene Schwingungen

Der in Abb. 10.3 skizzierte Schwinger besteht aus einem starren Körper (Masse m), einer Feder (Steifigkeit c) und einem Dämpfer (Dämpferkonstante d). Er wird mit einer auf die Masse wirkenden Kraft $F(t) = F_0 \sin(\Omega t)$ erregt.

Zum Zeitpunkt $t = 0\,\mathrm{s}$ wird dem Schwinger aus der Ruhelage $x(0) = x_0$ heraus ein Stoß versetzt, so dass er mit der Anfangsgeschwindigkeit $\dot{x}(0) = v_0$ startet.

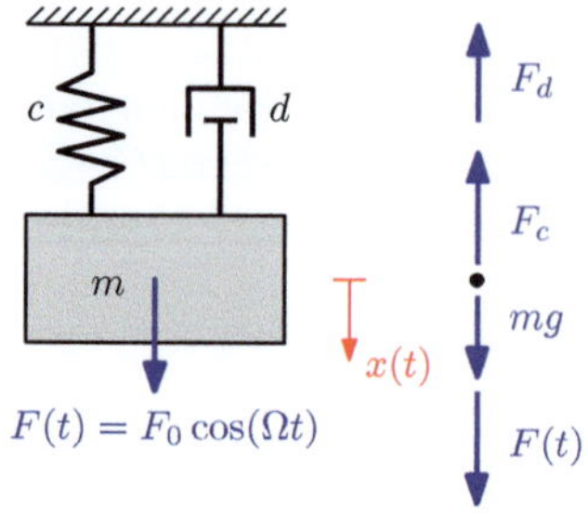

Abbildung 10.3.: Gedämpfter Einmassenschwinger mit Krafterregung

Stellen Sie die Bewegungsdifferenzialgleichungen für die Auslenkung $x(t)$ auf und geben Sie die analytische Lösung an. Stellen Sie $x(t)$ grafisch dar.

Zahlenwerte: $m = 19\,\mathrm{kg}$, $c = 900\,\mathrm{N/m}$, $d = 3\,\mathrm{Ns/m}$, $F_0 = 5\,\mathrm{N}$, $x_0 = 0\,\mathrm{m}$, $v_0 = 0\,\mathrm{m/s}$, Erregerfrequenz $f_E = 1{,}2\,\mathrm{Hz}$.[2]

Die **Bewegungsgleichung** wird mit Hilfe der Kräftegleichung aufgestellt:

$$m\ddot{x} = -F_c - F_d + mg + F_0 \sin(\Omega t).$$

Mit den linearen Feder- und Dämpfergesetzen $F_c = cx + mg$ (da bei $x = 0$, $\dot{x} = 0$ die Feder das Gewicht trägt) und $F_d = d\dot{x}$ gilt

$$m\ddot{x} + d\dot{x} + cx = F_0 \sin(\Omega t).$$

Die **allgemeine Lösung der homogenen Differenzialgleichung**

$$m\ddot{x} + d\dot{x} + cx = 0$$

ergibt sich mit dem Ansatz $x_h = Ce^{\lambda t}$ in der Form

$$x_h = e^{-D\omega_0 t} \left(A \cos\left(\omega t\right) + B \sin\left(\omega t\right) \right).$$

Darin sind

$$D = \frac{d}{2\sqrt{mc}} \quad \text{Lehrsches Dämpfungsmaß}$$

$$\omega_0 = \sqrt{c/m} \quad \text{Eigenkreisfrequenz des ungedämpften Systems}$$

$$\omega = \omega_0 \sqrt{1 - D^2} \quad \text{Eigenkreisfrequenz des gedämpften Systems}$$

Die Konstanten A und B werden aus den Anfangsbedingungen ermittelt.

Für die **partikuläre Lösung der inhomogenen Differenzialgleichung** wird ein Ansatz vom Typ der rechten Seite verwendet:

$$x_p = x_D \sin(\Omega t - \varphi).$$

[2]Entspricht Aufgabe 7.2 in Henning, Jahr und Mrowka (2004)

Die Lösung besteht aus einer Schwingung mit der Erregerfrequenz Ω. Die Dämpfung bewirkt eine Phasenverschiebung φ zwischen Erregerkraft und Auslenkung. x_D ist die Amplitude der stationären Schwingung (Dauerlösung), die sich nach Abklingen des Einschwingvorgangs (homogene Lösung) ergibt. Setzt man den Ansatz in die inhomogene Differenzialgleichung ein, kann man die harmonischen Funktionen eliminieren und nach der Amplitude auflösen:

$$x_D = x_{st} V.$$

$x_{st} = F_0/c$ ist die statische Auslenkung, die sich ergibt, wenn die Erregerkraft konstant mit ihrem Maximalwert F_0 wirkt.

V ist die sogenannte Vergrößerungsfunktion

$$V = \frac{1}{\sqrt{\left(1-\eta^2\right)^2 + \left(2D\eta\right)^2}}$$

mit dem Abstimmungsverhältnis $\eta = \Omega/\omega_0$, also dem Verhältnis aus Erregerkreisfrequenz Ω und der Eigenkreisfrequenz des ungedämpften Systems ω_0.

Für die Phasenverschiebung ergibt sich

$$\varphi = \arctan\left(\frac{2D}{1-\eta^2}\right).$$

Homogene und partikuläre Lösung werden zur Gesamtlösung addiert:

$$x(t) = e^{-D\omega_0 t}\left(A\cos\left(\omega t\right) + B\sin\left(\omega t\right)\right) + x_D \sin(\Omega t - \varphi).$$

Die Anfangsbedingungen $x(0) = x_0$ und $\dot{x}(0) = v_0$ liefern zwei Gleichungen für die Bestimmung von A und B:

$$A = x_0 + x_D \sin\varphi,$$
$$B = \frac{1}{\omega}\left(v_0 + D\omega_0 x_0 - x_D \Omega \cos\varphi\right).$$

Umsetzung in SMath

Starten Sie ein neues Rechenblatt (*10.2.sm*).

Zunächst wird SMath einfach nur zur Auswertung der analytischen Lösung mit den oben angegebenen Formeln benutzt. Dies ist wieder ohne Plug-ins möglich. In einer zweiten Variante zeigen wir, wie die Lösung direkt aus der Differenzialgleichung und den Anfangsbedingungen analytisch gewonnen werden kann. Dafür wird dann das Maxima-Plug-in benötigt.

Systemeigenschaften	$m := 19\ \mathrm{kg}$	$c := 900\ \frac{\mathrm{N}}{\mathrm{m}}$	$d := 3\ \frac{\mathrm{N\,s}}{\mathrm{m}}$
Erregung	$F_0 := 5\ \mathrm{N}$	$f_E := 1,2\ \mathrm{Hz}$	
Anfangsbedingungen	$v_0 := 0$	$x_0 := 0$	

Den Unterschied zwischen Frequenzen und Kreisfrequenzen sollte man anhand der Maßeinheit verdeutlichen. Frequenzen werden in Hz angegeben, während Kreisfrequenzen in rad/s oder 1/s anzugeben sind, siehe dazu auch Abschn. 2.3.4.

Erregerkreisfrequenz	$\Omega := 2 \cdot \pi \cdot f_E = 7{,}54\ \frac{rad}{s}$	
Eigenkreisfrequenz ungedämpft	$\omega_0 := \sqrt{\frac{c}{m}} = 6{,}88\ \frac{rad}{s}$	$f_0 := \frac{\omega_0}{2 \cdot \pi} = 1{,}10\ Hz$
Dämpfungsgrad, Lehrsches Dämpfungsmaß	$D := \frac{d}{2 \cdot \sqrt{c \cdot m}} = 0{,}0115$	
Eigenkreisfrequenz des gedämpften Systems	$\omega := \omega_0 \cdot \sqrt{1 - D^2} = 6{,}88\ \frac{rad}{s}$	$f := \frac{\omega}{2 \cdot \pi} = 1{,}10\ Hz$
Abstimmungsverhältnis	$\eta := \frac{\Omega}{\omega_0} = 1{,}10$	
Statische Auslenkung	$x_{st} := \frac{F_0}{c} = 5{,}56\ mm$	
Vergrößerungsfunktion	$V := \frac{1}{\sqrt{\left(1 - \eta^2\right)^2 + (2 \cdot D \cdot \eta)^2}} = 4{,}96$	
Amplitude eingeschwungen	$x_D := x_{st} \cdot V = 27{,}5\ mm$	
Phasenverschiebung	$\varphi := \operatorname{atan}\left(\frac{2 \cdot D}{1 - \eta^2}\right) = -6{,}54\ °$	
Gesamtlösung	$x(t) := x_D \cdot \sin(\Omega \cdot t - \varphi) + e^{-D \cdot \omega_0 \cdot t} \cdot (A \cdot \cos(\omega \cdot t) + B \cdot \sin(\omega \cdot t))$	
Konstanten aus den Anfangsbedingungen	$A := x_0 + x_D \cdot \sin(\varphi) = -3{,}14\ mm$ $B := \frac{1}{\omega} \cdot \left(v_0 + D \cdot \omega_0 \cdot x_0 - x_D \cdot \Omega \cdot \cos(\varphi)\right) = -30\ mm$	

Bei der grafischen Darstellung von Schwingungsvorgängen muss man auf ausreichende Genauigkeit achten. Die Zahl der darzustellenden Schwingungsperioden ist Zeitdauer mal Eigenfrequenz, hier etwa 60. Standardmäßig tastet der X-Y-Plot Funktionen nur mit 100 Datenpunkten ab. Das ist hier viel zu grob. Der Wert muss im Format-Dialog erhöht werden. Daumenregel: Mindestens 10 Datenpunkte pro Periode, mit 1000 Punkten liegt man auf der sicheren Seite.

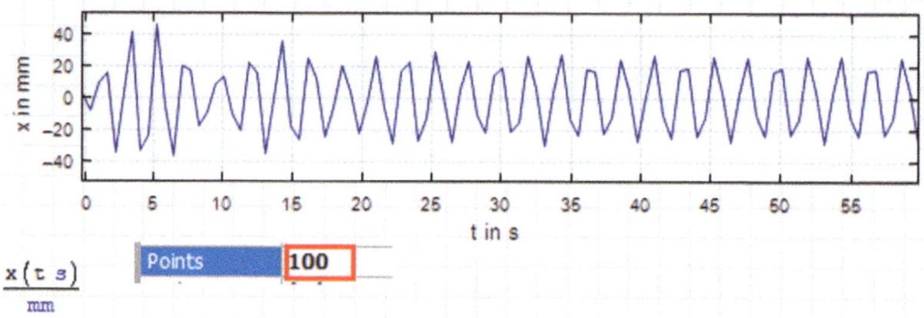

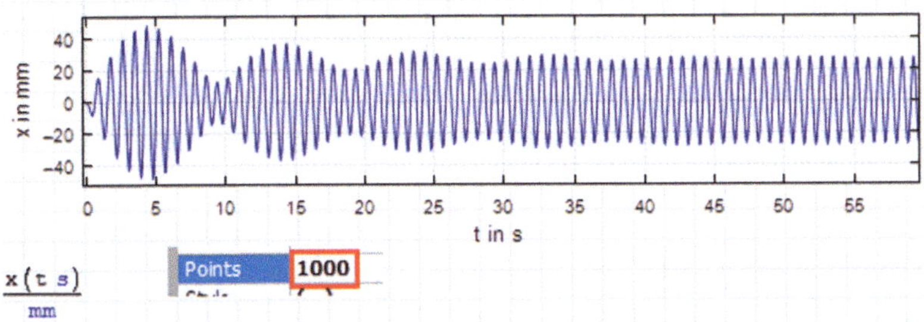

Beim Einschwingvorgang kommt es zu einer Schwebung (niederfrequentes An- und Abschwellen der Amplitude) zwischen der Eigenfrequenz des Systems und der dicht benachbarten Erregerfrequenz.

Der Einschwingvorgang wird durch die Lösung x_h der homogenen Differenzialgleichung beschrieben. Sie ist nach etwa 60 s nahezu abgeklungen.

$$x_h(t) := e^{-D \cdot \omega_0 \cdot t} \cdot (A \cdot \cos(\omega \cdot t) + B \cdot \sin(\omega \cdot t))$$

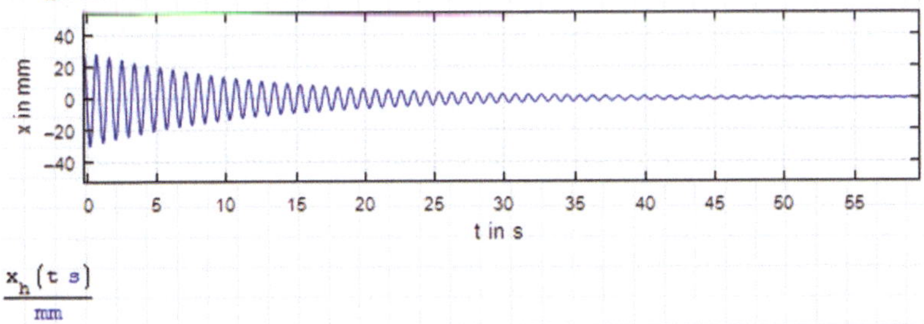

Lösung mit Computeralgebra

Die Funktion ODE.2() ist eine Schnittstelle zur Maxima-Funktion ode2(), welche Differenzialgleichungen erster und zweiter Ordnung analytisch lösen kann.

$$\mathrm{Clear}(c; m; d; F_0; \Omega; x(t)) = 1$$

$$\mathrm{MaximaControl}(\text{"restart"}) = \text{"Restart complete."}$$

Explizite Annahme, um Rückfrage durch Maxima zu vermeiden

$$\mathrm{assume}(4 \cdot c \cdot m - d^2 > 0) = \{4 \cdot c \cdot m > d^2$$

Differenzialgleichung

$$DGL := m \cdot \frac{d^2}{d t^2} x(t) + d \cdot \frac{d}{d t} x(t) + c \cdot x(t) = F_0 \cdot \sin(\Omega \cdot t)$$

Lösung

$$Sln := ODE_2(DGL; x(t); t)$$

Die Anzeige wird hier abgeschnitten.

$$Sln = x(t) = \frac{\left(k1 \cdot \sin\left(\frac{\sqrt{\frac{4 \cdot c \cdot m - d^2}{m^2}} \cdot t}{2}\right) + k2 \cdot \cos\left(\frac{\sqrt{\frac{4 \cdot c \cdot m - d^2}{m^2}} \cdot t}{2}\right)\right) \cdot \left(\Omega^2 \cdot \left(d^2 - 2 \cdot c\right.\right.}{\left(\Omega^2 \cdot \left(d^2 - 2 \cdot c \cdot m + \right.\right.}$$

$$tmp := \mathrm{eval}(\mathrm{Assign}(Sln))$$

Die Lösung wird als Gleichung $f(x) = \ldots$ zurückgegeben. Wie bei den Ergebnissen von `Solve()` kann daraus mit `Assign(Sln)=` eine Definition gemacht werden. Wir wenden hier aber einen Trick an. Mit `tmp := eval(Assign(Sln))` unterdrücken wir die Ausgabe, indem wir das Kommando in eine Definition schreiben, fordern aber die sofortige Ausführung mit `eval()` an.

Die Lösung enthält zwei Integrationskonstanten, die aus den Anfangsbedingungen bestimmt werden können.

Systemeigenschaften $m := 19\ \mathrm{kg}$ $d := 3\ \frac{\mathrm{N\ s}}{\mathrm{m}}$ $c := 900\ \frac{\mathrm{N}}{\mathrm{m}}$

Erregung $F_0 := 5\ \mathrm{N}$ $\Omega := 1{,}2\ \mathrm{Hz} \cdot 2 \cdot \pi$

Anfangsbedingungen $v_0 := 0$ $x_0 := 0$

Bestimmung der Konstanten aus den Anfangsbedingungen

$$IC := \mathrm{Solve}\left(\left\{\begin{matrix} \left.\frac{d}{dt}x(t)\right|_{t=0} = v_0 \\ x(0) = x_0 \end{matrix}\right. ; \left\{\begin{matrix} k1 \\ k2 \end{matrix}\right.\right)$$

MaximaDefine(fpprintprec; 3) = 3

$$\mathfrak{M}(\mathrm{float}(IC)) = \left\{\begin{matrix} k1 = 0{,}03\ \mathrm{m} \\ k2 = 0{,}00343\ \mathrm{m} \end{matrix}\right.$$

$$\mathrm{Assign}(IC) = \left\{\begin{matrix} 30{,}0 \\ 3{,}43 \end{matrix}\right.\ \mathrm{mm} \qquad x(3\ s) = 0{,}041\ \mathrm{m}$$

Für die grafische Darstellung wird der X-Y-Plot benutzt, da sich da eine ausreichend hohe Abtastrate einstellen lässt.

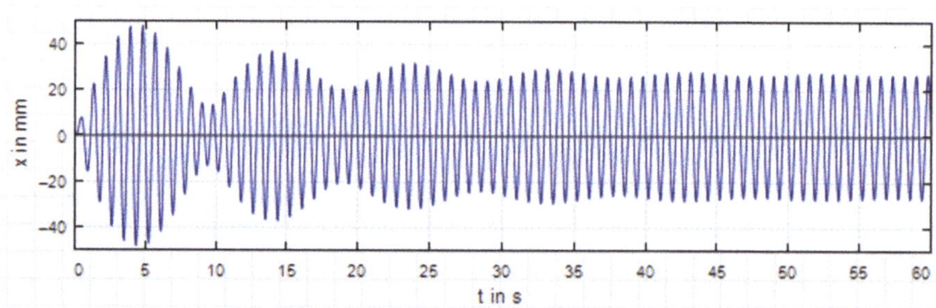

$\left\{\begin{matrix} \frac{x(t\ s)}{\mathrm{mm}} \\ [0\ 0\ "+"\ 2000] \end{matrix}\right.$ Hier muss die Abtastrate der Kurve hochgesetzt werden: Format > Points> 1500

10.2. Kinetik des starren Körpers in der Ebene

Abb. 10.4 zeigt einen starren Körper in der Ebene. Auf ihn wirken eingeprägte und Zwangskräfte (Reaktionen). Eingetragen sind ebenfalls die Trägheitskräfte $m\ddot{x}$ und $m\ddot{y}$ sowie das Scheinmoment[3] $J_S\dot{\omega}$ mit dem Massenträgheitsmoment J_S.

Trägheitskräfte und Scheinmoment stellen die Wirkung der Massenträgheit, also den Widerstand gegen eine Geschwindigkeitsänderung dar. Gleichwertig zu den

[3] Es wäre logisch, von Trägheitsmoment zu sprechen, dieser Begriff ist jedoch bereits mit dem Massenträgheitsmoment oder dem Flächenträgheitsmoment besetzt.

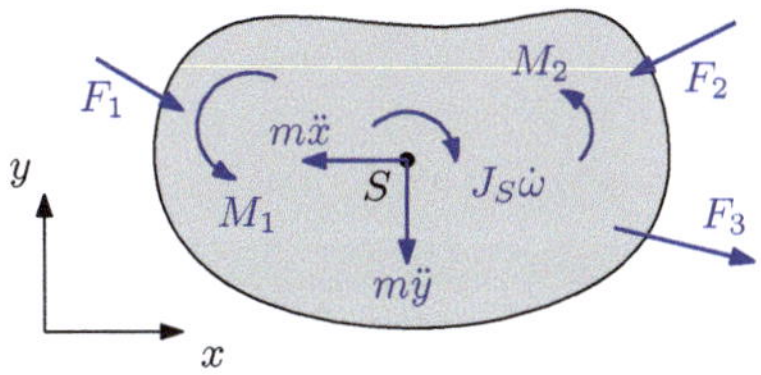

Abbildung 10.4.: Körper in der Ebene mit Belastung durch Kräfte und Momente einschließlich der Trägheitslasten.

Kräftegleichungen (10.1) kann man nun alle Kräfte im Freischnitt aufsummieren und die Summe Null setzen (dynamisches Gleichgewicht). Ergänzt wird der Gleichungssatz noch um das dynamische Momentengleichgewicht um den Massenmittelpunkt S.

$$\sum_{i=1}^{n} F_{xi} - m\ddot{x} = 0, \quad \sum_{i=1}^{n} F_{yi} - m\ddot{y} = 0, \quad \sum M_S - J_S\dot{\omega} = 0. \tag{10.5}$$

Beispiel 10.3: Ebene Bewegung

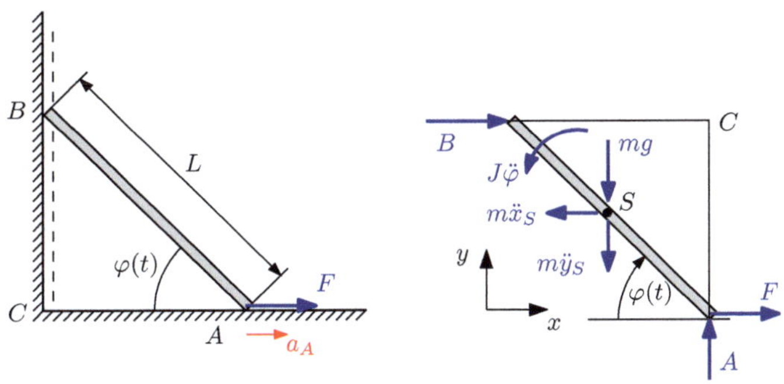

Abbildung 10.5.: Rutschende Leiter. Links: Systemskizze, rechts Freischnitt mit Trägheitslasten

Eine Leiter der Masse $m = 10\,\text{kg}$ und der Länge $L = 4\,\text{m}$ lehnt zunächst an der senkrechten Wand BC (Abb. 10.5). Zur Zeit $t = 0\,\text{s}$ in A startet der Fußpunkt A eine zwangsgeführte horizontale Bewegung mit der konstanten Beschleunigung $a_A = 2\,\text{m/s}^2$. Punkt B bewegt sich dabei abwärts an der vertikalen Wand entlang.

Ermitteln Sie jeweils bis unmittelbar vor dem Aufschlag der Leiter auf den Boden:

1. den Verlauf $F(t)$ der in A angreifenden äußeren Kraft, die erforderlich ist, damit sich die beschriebene Bewegung einstellt.
2. den Verlauf $B(t)$ der Kontaktkraft im Punkt B.[4]

[4]Entspricht Aufgabe 7.3 in Henning, Jahr und Mrowka (2004)

Das System hat aufgrund der Zwangsführung mit vorgegebener Beschleunigung keinerlei Freiheitsgrade. In der Rechnung geht es ausschließlich darum, die aus der Bewegung resultierenden Zwangskräfte zu bestimmen.

Durch Zeitintegration der vorgegebenen Beschleunigung a_A oder Anwendung der Formel (9.4) für gleichmäßig beschleunigte Bewegung wird die Position $x_A(t)$ und damit $\varphi(t)$ bestimmt:

$$x_A(t) = \frac{1}{2} a_A t^2, \quad \varphi(t) = \arccos \frac{x_A(t)}{L}.$$

Für die Schwerpunktkoordinaten gilt

$$x_S(t) = \frac{1}{2} x_A(t), \quad y_S(t) = \frac{L}{2} \sin \varphi(t).$$

Die dynamischen Gleichgewichtsbedingungen (unter Einschluss der Trägheitsterme) liefern

$$\begin{aligned} m\ddot{x}_S &= F + B, \\ m\ddot{y}_S &= A - mg, \\ J_S \ddot{\varphi} &= \frac{L}{2} \left(B \sin \varphi - F \sin \varphi - A \cos \varphi \right). \end{aligned}$$

Umsetzung in SMath

Starten Sie ein neues Rechenblatt (*10.3_F.sm*).

Die Umsetzung erfolgt zunächst unter Verwendung von expliziten Zeitfunktionen für die zeitabhängigen Größen. Dadurch werden die Formeln etwas aufgebläht, aber dafür kommt man ohne den Substitutionsoperator $\blacksquare|_{\blacksquare}$ aus, wenn man Werte einsetzen will.

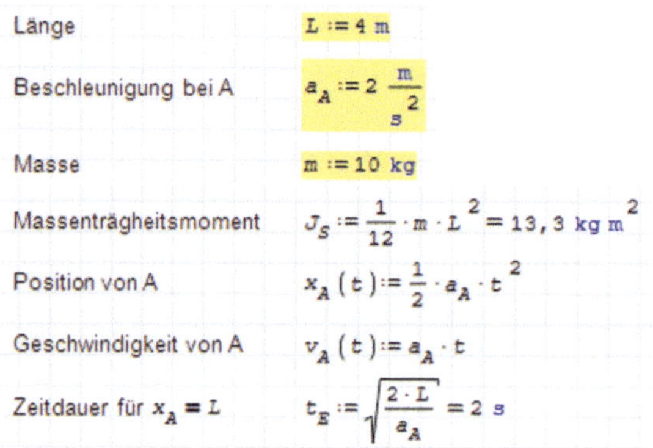

Die Zeitableitungen werden von SMath symbolisch erzeugt. Die Ergebnisse sind allerdings teilweise recht unübersichtlich, daher verzichten wir hier auf die Anzeige.

Neigungswinkel	$\varphi(t) := \operatorname{acos}\left(\frac{x_A(t)}{L}\right)$	
Winkelgeschwindigkeit	$\varphi'(t) := \frac{d}{d\,t}\varphi(t)$	
Winkelbeschleunigung	$\varphi''(t) := \frac{d^2}{d\,t^2}\varphi(t)$	
Schwerpunktlage	$x_S(t) := \frac{1}{2}\cdot x_A(t)$	$y_S(t) := \frac{L}{2}\cdot \sin(\varphi(t))$
Schwerpunkt-geschwindigkeit	$x'_S(t) := \frac{d}{d\,t}x_S(t)$	$y'_S(t) := \frac{d}{d\,t}y_S(t)$
Schwerpunkt-beschleunigung	$x''_S(t) := \frac{d^2}{d\,t^2}x_S(t)$	$y''_S(t) := \frac{d^2}{d\,t^2}y_S(t)$

Das Gleichungssystem wird symbolisch mit `Solve()` aus dem Maxima-Plug-in gelöst. Die Übernahme der Lösung mit `Assign()` erzeugt einen unübersichtlichen Anzeigewert. Der Trick mit `tmp := eval(Assign(Sln))` unterdrückt ermöglicht es, die Ausgabe zu unterdrücken, aber trotzdem die Ausführung sicherzustellen.

Wenn man in den Formeln weiter oben Fehler macht, dann kann es schnell passieren, dass Maxima beim Abarbeiten der Funktion `Solve()` hängen bleibt. Dann können Sie mit Einfügen> Maxima> Restart einen Neustart von Maxima erzwingen.

$$Eqn := \begin{cases} m\cdot x''_S(t) = F(t) + B(t) \\ m\cdot y''_S(t) = A(t) - m\, g_e \\ J_S\cdot \varphi''(t) = \frac{L}{2}\cdot\left(B(t)\cdot\sin(\varphi(t)) - F(t)\cdot\sin(\varphi(t)) - A(t)\cdot\cos(\varphi(t))\right) \end{cases}$$

$$Sln := \operatorname{Solve}\left(Eqn;\ \begin{cases} F(t) \\ A(t) \\ B(t) \end{cases}\right) \qquad tmp := \operatorname{eval}(\operatorname{Assign}(Sln))$$

$$P := \begin{cases} F(t\ s) \\ A(t\ s) \\ B(t\ s) \\ [0\ \ 0\ \ \text{"+"}\ \ 1000] \end{cases}$$

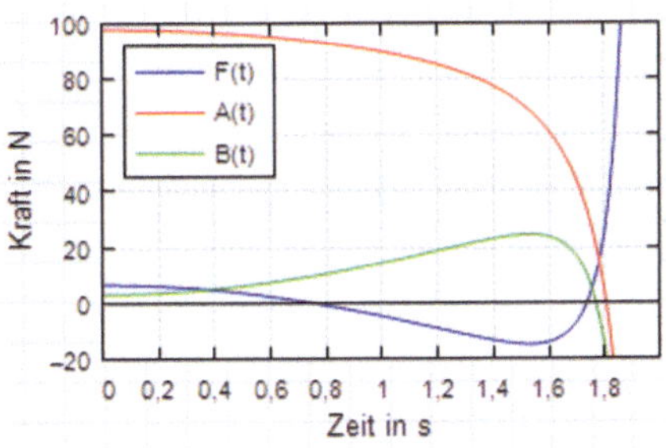

P

Die Nullstellen und Extremwerte der Kraftverläufe kann SMath nicht symbolisch berechnen, dafür ist ein numerischer Löser erforderlich. Hier kommt `solve()` zur Anwendung, da diese Funktion alle Lösungen im Suchintervall liefert. Die Lösungsvariable wird darin als dimensionslos betrachtet, daher muss im Funktionsargument noch mit einer Zeiteinheit multipliziert werden.

Das negative Vorzeichen von B ab $t = 1{,}77\,\mathrm{s}$ bedeutet, dass ab diesem Zeitpunkt die Leiter nicht mehr an der Wand lehnen würde, man also für die Aufrechterhaltung des Kontakts eine Zwangsführung bräuchte. Gleiches gilt für die Kontaktkraft bei

A ab $t = 1{,}81$ s.

Nullstellen

$\text{solve}(F(t\ s);\ t;\ 0;\ 2) = \begin{bmatrix} 0{,}757 \\ 1{,}74 \end{bmatrix}$

$\text{solve}(A(t\ s);\ t;\ 0;\ 2) = 1{,}81$

$\text{solve}(B(t\ s);\ t;\ 0;\ 2) = 1{,}77$

lokales Extremum von F

$t_{F,max} := \text{solve}\left(\frac{d}{d\,t} F(t\ s);\ t;\ 1;\ 2\right) s = 1{,}53\ \text{s} \qquad F\left(t_{F,max}\right) = -14{,}7\ \text{N}$

Umsetzung ohne explizite Funktionsargumente

Starten Sie ein neues Rechenblatt (*10.3_V.sm*). Als Basis eignet sich das vorige Rechenblatt (*10.3_F.sm*).

Die Rechnung funktioniert auch, wenn die abhängigen Variablen nicht explizit als Zeitfunktionen gekennzeichnet werden. Dabei wird dann beispielsweise $\varphi(t)$ durch φ ersetzt. Dadurch werden die Formeln deutlich kompakter und übersichtlicher. Mit dem Substitutionsoperator $\blacksquare|_{\blacksquare}$ kann man innerhalb einer Formel lokal konkrete Werte einsetzen, etwa beim Plotten oder bei der Suche nach Extremwerten und Nullstellen.

Länge	$L := 4\ \text{m}$	
Beschleunigung bei A	$a_A := 2\ \frac{\text{m}}{\text{s}^2}$	
Masse	$m := 10\ \text{kg}$	
Massenträgheitsmoment	$J_S := \frac{1}{12} \cdot m \cdot L^2 = 13{,}3\ \text{kg m}^2$	
Position von A	$x_A := \frac{1}{2} \cdot a_A \cdot t^2$	
Geschwindigkeit von A	$v_A := a_A \cdot t$	
Zeitdauer für $x_A = L$	$t_E := \sqrt{\frac{2 \cdot L}{a_A}} = 2\ \text{s}$	
Neigungswinkel	$\varphi := \text{acos}\left(\frac{x_A}{L}\right)$	
Winkelgeschwindigkeit	$\varphi' := \frac{d}{d\,t}\varphi$	
Winkelbeschleunigung	$\varphi'' := \frac{d^2}{d\,t^2}\varphi$	
Schwerpunktlage	$x_S := \frac{1}{2} \cdot x_A$	$y_S := \frac{L}{2} \cdot \sin(\varphi)$
Schwerpunkt-geschwindigkeit	$x'_S := \frac{d}{d\,t} x_S$	$y'_S := \frac{d}{d\,t} y_S$
Schwerpunkt-beschleunigung	$x''_S := \frac{d^2}{d\,t^2} x_S$	$y''_S := \frac{d^2}{d\,t^2} y_S$

$$Sln := \mathrm{Solve}\left(\begin{cases} m\cdot x''_S = F + B \\ m\cdot y''_S = A - m\, g_e \\ J_S\cdot \varphi'' = \frac{L}{2}\cdot\left(B\cdot\sin(\varphi) - F\cdot\sin(\varphi) - A\cdot\cos(\varphi)\right)\end{cases}; \begin{cases}F\\A\\B\end{cases}\right)$$

$$tmp := \mathrm{eval}(\mathrm{Assign}(Sln))$$

Die Diagrammfunktionen setzen für die unabhängige Variable immer dimensionslose Zahlen ein. Die Ausdrücke für F, A und B funktionieren aber nur, wenn t Werte mit Zeiteinheit bekommt. Das geht mit dem Substitutionsoperator, aber auch, indem man t durch x s ersetzt. Im X-Y-Plot kann man jede beliebige unbelegte Variable benutzen, im Standardplot ist man auf x festgelegt. Diese Ersetzung wird nach dem Erstellen des Diagramms wieder gelöscht.

$$t := x\ \mathrm{s}$$

$$P := \begin{cases}F\\A\\B\\ \left[0\ 0\ \text{"+"}\ 1000\right]\end{cases}$$

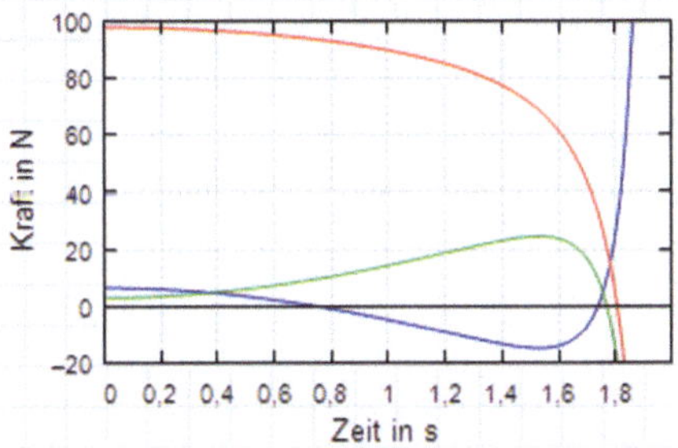

$$\mathrm{Clear}(t) = 1$$

P

Bei der Nullstellen- und Extremwertsuche mit `solve()` wenden wir wieder die Substitution an.

$$\mathrm{solve}\left(F\big|_{t\,\equiv\,t\ \mathrm{s}};\ t;\ 0;\ 2\right) = \begin{bmatrix}0{,}757\\1{,}74\end{bmatrix}$$

$$\mathrm{solve}\left(A\big|_{t\,\equiv\,t\ \mathrm{s}};\ t;\ 0;\ 2\right) = 1{,}81$$

$$\mathrm{solve}\left(B\big|_{t\,\equiv\,t\ \mathrm{s}};\ t;\ 0;\ 2\right) = 1{,}77$$

$$t_{B,max} := \mathrm{solve}\left(\frac{d}{d\,t}B\big|_{t\,\equiv\,t\ \mathrm{s}};\ t;\ 1;\ 2\right)\mathrm{s} = 1{,}53\ \mathrm{s} \qquad B\big|_{t\,\equiv\,t_{B,max}} = 24{,}7\ \mathrm{N}$$

Alternativ kann man auch die Einheitenverwaltung im Kontextmenü der Formeln abschalten (alle Einheiten werden auf den Wert 1 gesetzt). Das ist allerdings ein Bruch mit der konsequenten Einheitenbenutzung in SMath, weshalb diese Einstellung mit einem braunen Rahmen gekennzeichnet wird.

$$\mathrm{solve}(F;\ t;\ 0;\ 2) = \begin{bmatrix}0{,}757\\1{,}74\end{bmatrix}$$

☑ Maßeinheiten ignorieren

$$\mathrm{solve}(A;\ t;\ 0;\ 2) = 1{,}81$$

$$\mathrm{solve}(B;\ t;\ 0;\ 2) = 1{,}77$$

$$t_{B,max} := \mathrm{solve}\left(\frac{d}{d\,t}B;\ t;\ 1;\ 2\right) = 1{,}53 \qquad B\big|_{t\,\equiv\,t_{B,max}\ \mathrm{s}} = 24{,}7\ \mathrm{N}$$

Die Variante mit dem Substitutionsoperator hat den Nachteil, dass sie in der Online-Version von SMath nicht funktioniert, da dort vorläufig keine externen Plugins unterstützt werden.

Beispiel 10.4: Erzwungene Schwingungen

Das in Abb. 10.6 skizzierte Schwingungssystem besteht aus einer Stufenwalze, deren Radius r auf der horizontalen Unterlage ohne zu rutschen rollt. Am Umfang mit dem Radius R greifen tangential eine Feder (Steifigkeit c) und ein Dämpfer (Konstante d) an. Das System wird durch eine harmonische Kraft $F(t) = F_0 \sin(\Omega t)$ am Umfang der kleineren Walze erregt. Für die Berechnung des Massenträgheitsmoments der Walze ist von einer zylindrischen Form mit dem Radius R auszugehen.

Gegeben: $m = 50\,\text{kg}$, $c = 4000\,\text{N/m}$, $d = 50\,\text{Ns/m}$, $r = 0{,}2\,\text{m}$, $R = 0{,}45\,\text{m}$, $F_0 = 10\,\text{N}$, $f_E = 2{,}6\,\text{Hz}$ (Frequenz der Erregerkraft).

Gesucht sind

- die Differenzialgleichung für die Bewegung $\ddot{x}_S$ des Schwerpunkts,
- der Dämpfungsgrad D,
- die Eigenkreisfrequenz ohne und mit Berücksichtigung der Dämpfung,
- der Zeitverlauf der Schwingung, wenn zum Zeitpunkt $t = 0\,\text{s}$ die Walze in Ruhe ist und die Kraft $F(t) = F_0 \sin(\Omega t)$ aufgeschaltet wird,
- die Amplitude im eingeschwungenen Zustand.[5]

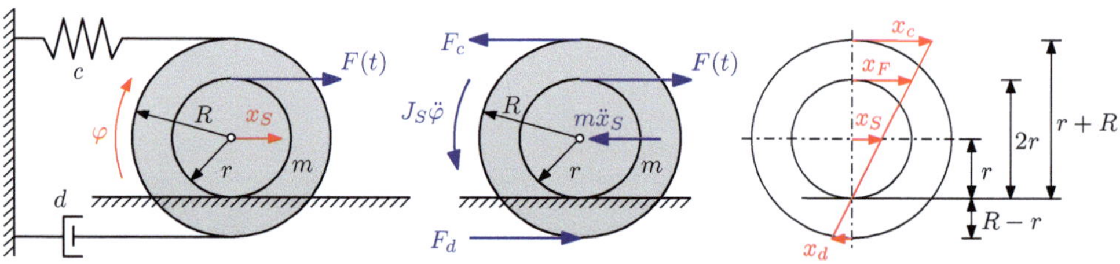

Abbildung 10.6.: Rollende Walze mit Feder, Dämpfer und Kraftanregung

Da die Walze rollt, sind Schwerpunktbewegung und Drehung gekoppelt, so dass das System nur einen Freiheitsgrad hat. Als unabhängige Koordinate wird x_S gewählt. Die resultierenden Bewegungen an den Kraftangriffspunkten sind in Abb. 10.6 rechts veranschaulicht.

Die Bewegungsgleichung wird mit dem Prinzip der virtuellen Arbeit aufgestellt. Es besagt, dass die Summe aus virtueller Arbeit der äußeren Lasten (Kräfte und Momente) δW und der virtuellen Arbeit der Trägheitslasten δW_T gleich Null ist. Die Ausdrücke sind positiv, wenn die Kraftrichtung gleichsinnig zur Bewegungsrichtung

[5]Entspricht Aufgabe 7.4 in Henning, Jahr und Mrowka (2004)

ist, anderenfalls negativ.

$$\delta W + \delta W_T = -F_c \delta x_c - F_d \delta x_d - m\ddot{x}_S \delta x_S - J_S \ddot{\varphi} \delta\varphi + F(t)\delta x_F = 0.$$

Federkraft, Dämpferkraft und Erregerkraft folgen den Gesetzen

$$F_c = cx_c, \quad F_d = d\dot{x}_d, \quad F(t) = F_0 \sin(\Omega t).$$

Das Massenträgheitsmoment beträgt

$$J_S = \frac{1}{2} m R^2.$$

In die Bewegungsgleichung eingesetzt liefert dies

$$-cx_c\delta x_c - d\dot{x}_d \delta x_d - m\ddot{x}_S \delta x_S - J_S \ddot{\varphi}\delta\varphi + F_0 \sin(\Omega t)\delta x_F = 0. \tag{10.6}$$

Die kinematischen Beziehungen werden in Abb. 10.6 rechts abgelesen:

$$x_d = \frac{R-r}{r} x_S, \quad x_F = 2x_S, \quad x_c = \frac{r+R}{r} x_S, \quad \varphi = \frac{x_S}{r}.$$

Sie gelten entsprechend auch für die Geschwindigkeiten und Beschleunigungen, sowie für die virtuellen Verrückungen. Nach Einsetzen in (10.6) und Ausklammern von δx_S lässt sich die Gleichung auf die folgende Form bringen:

$$m_g \ddot{x}_S + d_g \dot{x}_S + c_g x_S = F_{g0} \sin(\Omega t). \tag{10.7}$$

Die Koeffizienten sind die sogenannten generalisierten Systemkonstanten

$$c_g = \left(\frac{r+R}{r}\right)^2 c, \quad d_g = \left(\frac{R-r}{r}\right)^2 d, \quad m_g = \left(1 + \frac{1}{2}\frac{R^2}{r^2}\right) m, \quad F_{g0} = 2F_0.$$

Damit hat die Bewegungsgleichung die gleiche Form wie in Beispiel 10.2. Die weitere Auswertung kann also analog erfolgen.

Umsetzung in SMath

Starten Sie ein neues Rechenblatt (*10.4.sm*).

Hier benutzen wir die vorab bestimmten generalisierten Systemkonstanten.

Systemeigenschaften $m := 50\ \mathrm{kg}$ $c := 4000\ \frac{\mathrm{N}}{\mathrm{m}}$ $d := 50\ \frac{\mathrm{N\,s}}{\mathrm{m}}$ $R := 45\ \mathrm{cm}$ $r := 20\ \mathrm{cm}$

Erregung $F_0 := 10\ \mathrm{N}$ $f_E := 2{,}6\ \mathrm{Hz}$

Anfangsbedingungen $v_0 := 0$ $x_0 := 0$

Generalisierte Größen

$m_g := \left(1 + \frac{1}{2} \cdot \left(\frac{R}{r}\right)^2\right) \cdot m = 177\ \mathrm{kg}$ $d_g := \left(\frac{R-r}{r}\right)^2 \cdot d = 78{,}1\ \frac{\mathrm{N\,s}}{\mathrm{m}}$

$c_g := \left(\frac{R+r}{r}\right)^2 \cdot c = 42{,}2\ \frac{\mathrm{kN}}{\mathrm{m}}$ $F_{g0} := 2 \cdot F_0 = 20{,}0\ \mathrm{N}$

Erregerkreisfrequenz $\Omega := 2 \cdot \pi \cdot f_E = 16{,}3\ \frac{\text{rad}}{\text{s}}$

Eigenkreisfrequenz ungedämpft $\omega_0 := \sqrt{\frac{c_g}{m_g}} = 15{,}5\ \frac{\text{rad}}{\text{s}}$ $\qquad f_0 := \frac{\omega_0}{2 \cdot \pi} = 2{,}46\ \text{Hz}$

Dämpfungsgrad, Lehrsches Dämpfungsmaß $D := \frac{d_g}{2 \cdot \sqrt{c_g \cdot m_g}} = 0{,}0143$

Eigenkreisfrequenz des gedämpften Systems $\omega := \omega_0 \cdot \sqrt{1 - D^2} = 15{,}5\ \frac{\text{rad}}{\text{s}}$ $\qquad f := \frac{\omega}{2 \cdot \pi} = 2{,}46\ \text{Hz}$

Abstimmungsverhältnis $\eta := \frac{\Omega}{\omega_0} = 1{,}06$

Statische Auslenkung $x_{st} := \frac{F_{g0}}{c_g} = 0{,}473\ \text{mm}$

Vergrößerungsfunktion $V := \frac{1}{\sqrt{\left(1 - \eta^2\right)^2 + (2 \cdot D \cdot \eta)^2}} = 8{,}39$

Amplitude eingeschwungen $x_D := x_{st} \cdot V = 3{,}97\ \text{mm}$

Phasenverschiebung $\varphi := \operatorname{atan}\left(\frac{2 \cdot D}{1 - \eta^2}\right) = -13{,}9\,°$

Gesamtlösung
$$x(t) := x_D \cdot \sin(\Omega \cdot t - \varphi) + e^{-D \cdot \omega_0 \cdot t} \cdot (A \cdot \cos(\omega \cdot t) + B \cdot \sin(\omega \cdot t))$$

Konstanten aus den Anfangsbedingungen
$$A := x_0 + x_D \cdot \sin(\varphi) = -0{,}957\ \text{mm}$$
$$B := \frac{1}{\omega} \cdot \left(v_0 + D \cdot \omega_0 \cdot x_0 - x_D \cdot \Omega \cdot \cos(\varphi)\right) = -4{,}07\ \text{mm}$$

Bei der grafischen Darstellung des Schwingungsverlaufs muss auf eine ausreichende Zahl von Datenpunkten geachtet werden.

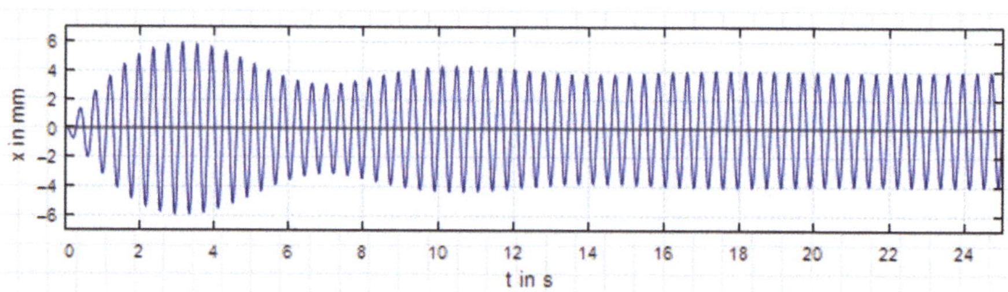

$\frac{x(t\ s)}{\text{mm}}$

[0 0 "+" 1500]

Beispiel 10.5: Erzwungene Schwingungen, Mehrkörpersystem

Das in Abb. 10.7 dargestellte Schwingungssystem besteht aus drei Massen, zwei Federn und zwei Dämpfern. Es wird durch eine Kraft $F(t) = F_0 \sin(\Omega t)$ und ein

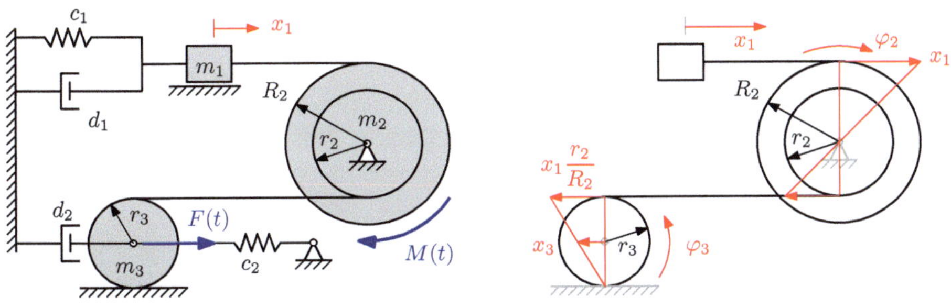

Abbildung 10.7.: Mehrkörpersystem mit $f = 1$

Moment $M(t) = M_0 \sin(\Omega t)$ angeregt. Walze 3 rollt ohne zu rutschen auf der Unterlage und die Seile zwischen den Rollen sind undehnbar. Das in der vorigen Aufgabe angewendete Verfahren zur Ermittlung der generalisierten Größen soll systematisiert werden. Für die Rolle 2 ist von einer Zylinderform mit dem Radius R_2 auszugehen.

Gegeben: $m_1 = 5\,\text{kg}$, $m_2 = 20\,\text{kg}$, $m_3 = 15\,\text{kg}$, $c_1 = 1000\,\text{N/m}$, $c_2 = 500\,\text{N/m}$, $d_1 = 4\,\text{Ns/m}$, $d_2 = 5\,\text{Ns/m}$, $r_2 = 30\,\text{cm}$, $R_2 = 60\,\text{cm}$, $r_3 = 20\,\text{cm}$, $F_0 = 10\,\text{N}$, $M_0 = 5\,\text{Nm}$, $f_E = 1{,}3\,\text{Hz}$ (Frequenz der Erregerkraft).

Gesucht sind

- die generalisierten Größen bezogen auf die Koordinate x_1 und die zugehörige Bewegungsgleichung,
- die stationäre Amplitude für alle Verrückungen (im eingeschwungenen Zustand) und
- der zeitliche Verlauf $x_1(t)$, wenn die Erregung bei $t = 0$ startet und das System sich vorher in Ruhe befand. [6]

Die Lage des Systems wird durch insgesamt vier Verrückungen beschrieben. Aufgrund der undehnbaren Seile und des schlupffreien Rollens von Walze 3 hat das System insgesamt nur einen Freiheitsgrad. Aufgabengemäß wird x_1 als Bezugsgröße gewählt und alle anderen Verrückungen werden dadurch ausgedrückt. Die Umrechnungsfaktoren (Übersetzungsverhältnisse) werden aus der Kinematikskizze abgelesen und in den Vektor $\underline{\gamma}$ geschrieben:

$$\begin{aligned} & x_1 \\ \varphi_2 &= \frac{1}{R_2} x_1 \\ x_3 &= \frac{1}{2}\frac{r_2}{R_2} x_1 \\ \varphi_3 &= \frac{r_2}{2R_2 r_3} x_1 \end{aligned} \qquad \begin{bmatrix} x_1 \\ \varphi_2 \\ x_3 \\ \varphi_3 \end{bmatrix} = \begin{bmatrix} 1 \\ \dfrac{1}{R_2} \\ \dfrac{1}{2}\dfrac{r_2}{R_2} \\ \dfrac{r_2}{2R_2 r_3} \end{bmatrix} x_1 = \underline{\gamma}\, x_1.$$

Die den Verrückungen zugeordneten Massenträgheiten, Dämpfer, Steifigkeiten und

[6] Entspricht Aufgabe 7.5 in Henning, Jahr und Mrowka (2004)

Lasten kann man ebenfalls in Vektoren schreiben:

$$\underline{m} = \begin{bmatrix} m_1 \\ 1/2\, m_2 R_2^2 \\ m_3 \\ 1/2\, m_3 r_3^2 \end{bmatrix},\ \underline{d} = \begin{bmatrix} d_1 \\ 0 \\ d_2 \\ 0 \end{bmatrix},\ \underline{c} = \begin{bmatrix} c_1 \\ 0 \\ c_2 \\ 0 \end{bmatrix},\ \underline{F} = \begin{bmatrix} 0 \\ M_0 \\ F_0 \\ 0 \end{bmatrix}.$$

Die generalisierten Größen ergeben sich dann mit dem Prinzip der virtuellen Arbeit

$$m_g = \sum_i m_i \gamma_i^2,\ d_g = \sum_i d_i \gamma_i^2,\ c_g = \sum_i c_i \gamma_i^2,\ F_{g0} = \sum_i F_i \gamma_i.$$

Das sind die Koeffizienten der Bewegungsgleichung

$$m_g \ddot{x}_S + d_g \dot{x}_S + c_g x_S = F_{g0} \sin(\Omega t).$$

Diese hat die gleiche Form wie in Aufgabe 7.2. Daher kann die weitere Vorgehensweise direkt übernommen werden.

Umsetzung mit SMath

Starten Sie ein neues Rechenblatt (*10.5.sm*).

Systemeigenschaften

$m_1 := 5\ \mathrm{kg}$, $m_2 := 20\ \mathrm{kg}$, $m_3 := 15\ \mathrm{kg}$

$c_1 := 1000\ \frac{\mathrm{N}}{\mathrm{m}}$, $c_2 := 500\ \frac{\mathrm{N}}{\mathrm{m}}$

$d_1 := 4\ \frac{\mathrm{N\,s}}{\mathrm{m}}$, $d_2 := 5\ \frac{\mathrm{N\,s}}{\mathrm{m}}$

$R_2 := 60\ \mathrm{cm}$, $r_2 := 30\ \mathrm{cm}$, $r_3 := 20\ \mathrm{cm}$

Erregung $F_0 := 10\ \mathrm{N}$, $M_0 := 5\ \mathrm{N\,m}$, $f_E := 1{,}3\ \mathrm{Hz}$

Anfangsbedingungen $v_0 := 0$, $x_0 := 0$

In diesem Beispiel benutzen wir SMath Studio, um die generalisierten Größen zu berechnen. Aus den gegebenen Größen werden zunächst die Vektoren der Übersetzungsverhältnisse, Massenträgheiten, Dämpfer, Steifigkeiten und Lasten aufgestellt.

Übersetzungsverhältnis, Massenträgheit, Dämpfung, Steifigkeit, Lasten

$$\begin{matrix} x_1 \\ \varphi_2 \\ x_3 \\ \varphi_3 \end{matrix} \quad \gamma := \begin{bmatrix} 1 \\ \dfrac{1}{R_2} \\ \dfrac{r_2}{2 \cdot R_2} \\ \dfrac{r_2}{2 \cdot R_2 \cdot r_3} \end{bmatrix} \quad m := \begin{bmatrix} m_1 \\ \dfrac{1}{2} \cdot m_2 \cdot R_2^2 \\ m_3 \\ \dfrac{1}{2} \cdot m_3 \cdot r_3^2 \end{bmatrix} \quad d := \begin{bmatrix} d_1 \\ 0 \\ d_2 \\ 0 \end{bmatrix} \quad c := \begin{bmatrix} c_1 \\ 0 \\ c_2 \\ 0 \end{bmatrix} \quad F := \begin{bmatrix} 0 \\ M_0 \\ F_0 \\ 0 \end{bmatrix}$$

Daraus werden die generalisierten Größen mit der Summenfunktion aus der Funktionen-Palette berechnet. Alternativ kann man das Skalarprodukt zwischen den Systemvektoren und dem Vektor der Übersetzungsverhältnisse oder ihrer Quadrate bilden. Die elementweise Berechnung der Quadrate wird mit dem Vektorisierung-operator $\overrightarrow{\blacksquare}$ erzwungen. Dies ergibt eine sehr kompakte Schreibweise, die allerdings für Nicht-SMath-Experten schwerer nachvollziehbar ist, als die selbsterklärende Summenfunktion.

$$m_g := \sum_{j=1}^{4} m_j \cdot \gamma_j^{\,2} = 16{,}4\ \text{kg}$$

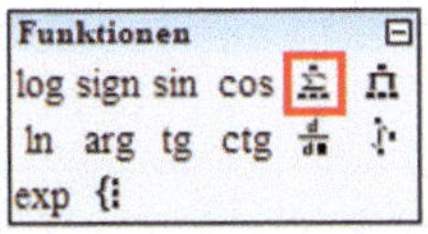

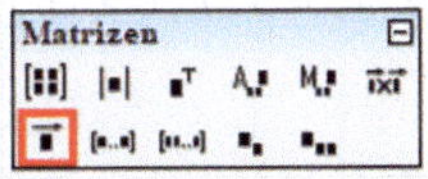

$$d_g := \sum_{j=1}^{4} d_j \cdot \gamma_j^{\,2} = 4{,}31\ \frac{\text{N}}{\text{m s}^{-1}}$$

$$c_g := \sum_{j=1}^{4} c_j \cdot \gamma_j^{\,2} = 1030\ \frac{\text{N}}{\text{m}}$$

$$F_{g0} := \sum_{j=1}^{4} F_j \cdot \gamma_j = 10{,}8\ \text{N}$$

$$\overrightarrow{m \cdot \gamma^2} = 16{,}4\ \text{kg}$$

$$\overrightarrow{d \cdot \gamma^2} = 4{,}31\ \frac{\text{kg}}{\text{s}}$$

$$\overrightarrow{c \cdot \gamma^2} = 1030\ \frac{\text{N}}{\text{m}}$$

$$F \cdot \gamma = 10{,}8\ \text{N}$$

Der restliche Ablauf ist dann identisch zur vorigen Aufgabe.

Erregerkreisfrequenz	$\Omega := 2 \cdot \pi \cdot f_E = 8{,}17\ \frac{\text{rad}}{\text{s}}$	
Eigenkreisfrequenz ungedämpft	$\omega_0 := \sqrt{\frac{c_g}{m_g}} = 7{,}93\ \frac{\text{rad}}{\text{s}}$	$f_0 := \frac{\omega_0}{2 \cdot \pi} = 1{,}26\ \text{Hz}$
Dämpfungsgrad, Lehrsches Dämpfungsmaß	$D := \frac{d_g}{2 \cdot \sqrt{c_g \cdot m_g}} = 0{,}0166$	
Eigenkreisfrequenz des gedämpften Systems	$\omega := \omega_0 \cdot \sqrt{1 - D^2} = 7{,}93\ \frac{\text{rad}}{\text{s}}$	$f := \frac{\omega}{2 \cdot \pi} = 1{,}26\ \text{Hz}$
Abstimmungsverhältnis	$\eta := \frac{\Omega}{\omega_0} = 1{,}03$	
Statische Auslenkung	$x_{st} := \frac{F_{g0}}{c_g} = 10{,}5\ \text{mm}$	
Vergrößerungsfunktion	$V := \frac{1}{\sqrt{\left(1 - \eta^2\right)^2 + (2 \cdot D \cdot \eta)^2}} = 14{,}2$	
Amplitude eingeschwungen	$x_D := x_{st} \cdot V = 149\ \text{mm}$	
Phasenverschiebung	$\varphi := \operatorname{atan}\left(\frac{2 \cdot D}{1 - \eta^2}\right) = -28{,}4\ °$	
Gesamtlösung	$x(t) := x_D \cdot \sin(\Omega \cdot t - \varphi) + e^{-D \cdot \omega_0 \cdot t} \cdot (A \cdot \cos(\omega \cdot t) + B \cdot \sin(\omega \cdot t))$	
Konstanten aus den Anfangsbedingungen	$A := x_0 + x_D \cdot \sin(\varphi) = -71{,}0\ \text{mm}$	
	$B := \frac{1}{\omega} \cdot \left(v_0 + D\ \omega_0\ x_0 - x_D \cdot \Omega \cdot \cos(\varphi)\right) = -136\ \text{mm}$	

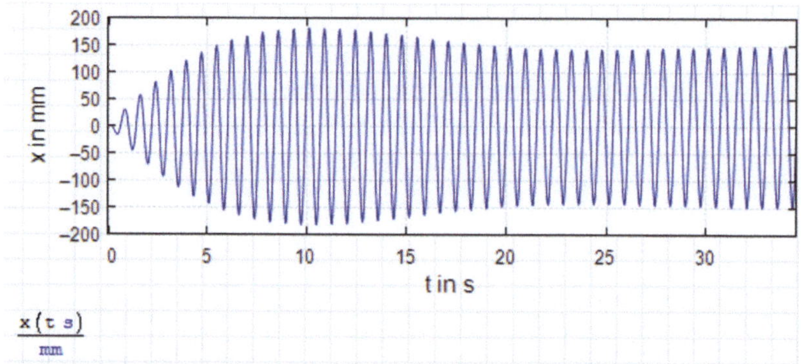

Übungsanregung

Berechnen Sie $x(t)$ durch direkte Zeitintegration der Bewegungsgleichung (10.7) mit dem Runge-Kutta-Verfahren (siehe Beispiel (10.1)) für die ersten 10 Sekunden des Einschwingvorgangs. Vergleichen Sie das Ergebnis in einem Diagramm mit der analytischen Lösung. Wie viele Zeitschritte benötigen Sie pro voller Schwingungsperiode, um eine Abweichung der maximalen Amplitude von unter 1% zu erhalten?

Literatur

Gross, D. u. a. (2024). *Technische Mechanik 3: Kinetik*. Springer Berlin Heidelberg. ISBN: 978-3-662-69441-1. DOI: `https://doi.org/10.1007/978-3-662-69441-1`.

Henning, G., A. Jahr und U. Mrowka (2004). *Technische Mechanik mit Mathcad, Matlab und Maple*. Wiebaden: Vieweg.

Schwarz, H. R. (1988). *Numerische Mathematik*. Teubner, Stuttgart.

A. Operatoren

Hier finden Sie eine vollständige Liste aller Operatoren in SMath Studio. Die meisten dieser Operatoren sind auch für Dritte, die SMath nicht kennen, verständlich.

Allerdings ist es häufig besonders für Anfänger schwer erkennbar, wie die Operatoren einzugeben sind. Solange die Paletten der Seitenleiste hier nicht alles abdecken oder die Funktionsnamen statt der Operatoren verwenden, ist diese Liste eine Hilfe.

Darstellung	Eingabe	Bedeutung
m	'm	Maßeinheit
a_b	a.b a,b	Name mit Textindex
:=	:	Zuweisung, Definition
=	=	Numerische Auswertung
=	Strg .	Symbolische Auswertung
▪|▪	at ⇄	Substitution (Plug-in Custom Functions)
▪|▪▪	at ⇄;	Substitution (Plug-in Custom Functions)
{▪ ▪	sys ⇄	Liste
[▪ ▪; ▪ ▪]	mat ⇄	Matrix
MΣ(▪)	maxi ⇄	Auswertung mit Maxima (Maxima-Plug-in)
Arithmetik		
+▪ ▪+▪	+	Positives Vorzeichen (reine Optik) oder Addition
−▪ ▪−▪	-	Negatives Vorzeichen oder Subtraktion
±▪ ▪±▪	Einfügen> Operator	Plus/Minus
∓▪ ▪∓▪	Einfügen> Operator	Minus/Plus
▪·▪	*	Multiplikation
▪!	!	Fakultät
$\frac{▪}{▪}$	/	Division
$▪^{▪}$	^	Potenzierung

M. Kraska, *Technische Mechanik mit SMath Studio*,
https://doi.org/10.1007/978-3-658-50592-9

log ▪(▪)	`log` ⇄	Logarithmus mit angebbarer Basis
|▪|	`abs` ⇄	Betrag einer Zahl
▪√▪	Strg ^	n-te Wurzel
√▪	`\`	Quadratwurzel
⌈▪⌉	`ce` ⇄	nächstgrößere Ganzzahl (Plug-in Custom Functions)
⌊▪⌋	`fl` ⇄	nächstkleinere Ganzzahl (Plug-in Custom Functions)
▪̄	`conj` ⇄	komplex konjugierte Zahl (Plug-in Custom Functions)
Matrizen und Vektoren		
{▪ ▪	`sys` ⇄	Liste
[▪ ▪; ▪ ▪]	`mat` ⇄	Matrix
▪ × ▪	Strg 8	Kreuzprodukt (Vektoren)
▪ × ▪	`Cro` ⇄	Kreuzprodukt (Vektoren), Maxima-Plug-in
|▪|	`det` ⇄	Determinante einer Matrix
▪ᵀ	`tran` ⇄	Transposition einer Matrix
▪▪ (Index)	`[`	Elementindex in Feldern (Vektoren, Listen)
▪▪ ▪ (Index)	`[` → ;	Elementindex in Matrizen
∑ ▪	`sum` ⇄	Summe aller Elemente
∑ ▪ (▪=▪ bis ▪)	`sum` ↓ ⇄	Summe
∏ ▪ (▪=▪ bis ▪)	`pr` ⇄	Produkt
[▪..▪]	`rang` ⇄	Wertebereich (Vektor)
[▪;▪..▪]	`rang` ⇄ ;	Wertebereich, 2. Wert angebbar
▪⃗	vec ⇄	Elementweise Anwendung von Funktionen
Logische und Vergleichsoperatoren (Boolesch)		
▪ = ▪	`~`	Logisches Gleich
▪ < ▪	`<`	Kleiner als
▪ > ▪	`>`	Größer als
▪ ≤ ▪	Strg 9	Kleiner oder gleich

▮≥▮	Strg 0	Größer oder gleich
▮≠▮	Strg 3	Ungleich
▮≈▮	Palette Boolesch	Ungefähr gleich
▮≉▮	Palette Boolesch	Nicht ungefähr ungleich
¬▮	Palette Boolesch	Logische Negation
▮∧▮	&	Logisches Und
▮∨▮	|	Logisches Oder
▮⊕▮	Palette Boolesch	Exklusives Oder (XOR)
▮≤▮≤▮	`lele` [⇄]	Intervall (Plug-in Custom Functions)
▮≤▮<▮	`lelt` [⇄]	
▮<▮≤▮	`ltle` [⇄]	
▮<▮<▮	`ltlt` [⇄]	
▮≥▮≥▮	`gege` [⇄]	
▮≥▮>▮	`gegt` [⇄]	
▮>▮≥▮	`gtge` [⇄]	
▮>▮>▮	`gtgt` [⇄]	
Integral- und Differenzialrechnung (Analysis)		
▮′	`dif` [⇄]	Differentiation, 1. Ableitung, (Maxima-Plug-in)
d/d▮ ▮	`dif` [⇄];	Differentiation, 1. Ableitung
$\frac{d^▮}{d ▮^▮}$ ▮	`dif` [⇄];;	Differentiation, höhere Ableitung
∫▮ d▮	`int` [⇄]	unbestimmtes Integral, (Maxima-Plug-in)
$\int_▮^▮$ ▮ d▮	`int` [⇄];;	bestimmtes Integral
lim ▮ (▮→▮)	`lim` [⇄]	Grenzwert, (Maxima-Plug-in)
Programmierung		
{ ▮ if ▮ / ▮ otherwise	`cas` [⇄];;	Fallunterscheidung (Plug-in Custom Functions)
for ▮∈▮ / ▮	`for` [⇄]	for-Schleife mit Wertebereich
for ▮;▮;▮ / ▮	`for` [⇄];	for-Schleife mit Initialisierung, Fortsetzungsbedingung und Inkrementierung
while ▮ / ▮	`wh` [⇄]	while-Schleife

`if ▮`
`  ▮`
`else`
`  ▮`
	`if` [⇄]	Bedingte Anweisung

`if ▮` `  ▮`	`if` [⇄] ⌫ ⌫	Bedingte Anweisung ohne else-Zweig
`│▮` `│▮`	`]` oder `lin` [⇄]	Anweisungsblock

`try`
`  ▮`
`on error`
`  ▮`
	`try` [⇄]	Abfangen von Fehlern

B. Tastenbelegung

Hier werden nur die Tastenkürzel angegeben, die nicht direkt das erwartete Zeichen erzeugen.

Taste	Funktion
"	Rechenblatt: Textbereich erzeugen Formelbereich: Zeichenkette erzeugen
' (Hochkomma)	Platzhalter für vordefinierte Einheit, Funktion oder Konstante
\	$\sqrt{\blacksquare}$ Quadratwurzel
[	$\blacksquare_{\blacksquare}$ Platzhalter für Elementindex (Vektor, Matrix) erzeugen
]	Anweisungsblock
.	Textindex an Namen
^	$\blacksquare^{\blacksquare}$ Platzhalter für Exponent
!	Fakultät
&	$\blacksquare \wedge \blacksquare$ Logisches Und
|	$\blacksquare \vee \blacksquare$ Logisches Oder
~	$\blacksquare \approx \blacksquare$ Logisches Ungefähr Gleich
@	2D-Diagramm
Strg .	Symbolische Auswertung
Strg ^	$\sqrt[\blacksquare]{\blacksquare}$ n-te Wurzel
Enter	Aktuellen Bereich verlassen
Strg + Enter	Rechenblatt: Trennlinie (Seitenumbruch) einfügen Textbereich: Neuen Absatz beginnen Formelbereich: Umbruch (an +, · , − oder =)
⇑ + Enter	Textbereich: Zeilenumbruch
Strg + Leer	Dynamische Hilfe aktivieren
⇆	Gehe zum nächsten Bereich
⇆	Dynamischen Hilfe: Auswahl übernehmen

M. Kraska, *Technische Mechanik mit SMath Studio*,
https://doi.org/10.1007/978-3-658-50592-9

⇑ + ⇄ Gehe zum vorigen Bereich

Strg + ⇄ Umschalten zum nächsten offenen Rechenblatt

Strg + ▪=▪ Logisches Gleich

Strg 1 $▪^{T}$ Transposition (Matrix)

Strg 3 ▪≠▪ Ungleich

Strg 8 ▪×▪ Kreuzprodukt (von Vektoren)

Strg 9 ▪≤▪ Kleiner oder gleich

Strg 0 ▪≥▪ Größer oder gleich

Strg A Alles markieren (all)

Strg B Textbereich Fettschrift an/aus (bold)

Strg C Markierung in die Zwischenablage kopieren (copy)

Strg E Einfügen> Funktion

Strg F Suchfunktion aktivieren (find)

Strg G vorherigen Buchstaben griechisch machen

Strg H Hyperlink(-bereich) einfügen (Plug-in Hyperlink Region)

Strg I Textbereich Kursivschrift an/aus (italic)

Strg K Formelbereich: Sonderzeicheneingabe aktivieren/deaktivieren

Strg M Einfügen> Matrix

Strg N Datei> Neu (new)

Strg O Datei> Öffnen (open)

Strg P Datei> Drucken (print)

Strg S Datei> Speichern (save)

Strg T Einfügen> Bild (interaktive Zeichenfläche, sehr rudimentär)

Strg U Textbereich: Unterstreichung an/aus

Strg V Inhalt der Zwischenablage einfügen

Strg W Einfügen> Einheit

Strg X Markierung ausschneiden und in Zwischenablage kopieren

Strg Y Wiederholen

Strg Z Rückgängig

⇑ + Strg P π Pi

⇑ + Strg T Einfügen> Table (Plug-in Table Region)

⇑ + Strg Z	∞ Unendlich
Pos 1	Anfang des Rechenblatts, Ausdrucks oder Textbereichs
End	Ende des Rechenblatts, Ausdrucks oder Textbereichs
F4	Rechenblatt schließen
F8	gleichzeitiges Editieren eines Namens an allen Stellen eines Formelbereichs
F9	Rechenblatt neu berechnen
F11	Rechenblatt schrittweise im Debug-Modus ausführen
F12	Gehe zur Definition des Namens, auf dem sich die Einfügemarke befindet
Alt +, Esc	Einfügen> Formel (im Rechenblatt oder im Text)

Index

M. Kraska, *Technische Mechanik mit SMath Studio*,
https://doi.org/10.1007/978-3-658-50592-9

MIX
Papier aus verantwortungsvollen Quellen
Paper from responsible sources
FSC® C105338

If you have any concerns about our products,
you can contact us on
ProductSafety@springernature.com

In case Publisher is established outside the EU,
the EU authorized representative is:
Springer Nature Customer Service Center GmbH
Europaplatz 3, 69115 Heidelberg, Germany

Printed by Libri Plureos GmbH
in Hamburg, Germany